浙江省重点教材

数控铣床综合实训教程

主 编 林 峰
副主编 周建强 郑小军
彭 伟 肖保燕

ZHEJIANG UNIVERSITY PRESS
浙江大学出版社

图书在版编目（CIP）数据

数控铣床综合实训教程 / 林峰主编. —杭州：浙江大
学出版社，2012.6（2020.1重印）
ISBN 978-7-308-10128-8

Ⅰ. ①数… Ⅱ. ①林… Ⅲ. ①数控机床－铣床－教材
Ⅳ. ①TG547

中国版本图书馆 CIP 数据核字（2012）第 137142 号

内容简介

本书依据数控铣工国家职业技能鉴定标准，结合考工培训的教学特点编写而成。在内容编排上分为上、下篇两大部分，上篇（基础篇）以介绍数控铣床基本操作、数控铣削加工工艺设计、数控铣床简单编程指令、数控铣床复合编程指令，并配以与企业产品相结合的典型实训项目，达到数控铣床中级工的要求；下篇（提高篇）选用技术先进、市场份额大的华中 HNC 21M 系统、日本 FANUC 0i 系统以及德国 SIEMENS 802D 系统作为典型数控系统进行介绍和训练，在技能上做进一步的提高，达到数控铣床高级工的要求。

本书采用项目式结构，按照模块化、层次化整合教学内容，注重内容的先进性、科学性和实用性，力求做到理论与实践的有机结合。

本书适合作为高职高专数控、模具、机电类专业的数控实训教材，也可作为数控铣床中、高级考证培训用书，还可作为高等工科院校机械类本科专业数控铣床编程及操作实践教材。

数控铣床综合实训教程

主　编　林　峰
副主编　周建强　郑小军　彭　伟　肖保燕

责任编辑　杜希武
封面设计　刘依群
出版发行　浙江大学出版社
　　　　　（杭州市天目山路 148 号　邮政编码 310007）
　　　　　（网址：http://www.zjupress.com）
排　　版　杭州好友排版工作室
印　　刷　虎彩印艺股份有限公司
开　　本　787mm×1092mm　1/16
印　　张　22.75
字　　数　553 千
版 印 次　2012 年 6 月第 1 版　2020 年 1 月第 3 次印刷
书　　号　ISBN 978-7-308-10128-8
定　　价　48.00 元

前　言

数控铣床综合实训的目的是使学生通过训练熟练掌握数控加工工艺的编制方法,掌握典型零件的数控编程及加工,学会综合应用所学的专业知识、操作技能解决现实问题,提高分析问题、解决问题、独立工作的能力。

本书是为了满足现代制造业对数控技术人才的迫切需要,依据数控铣工国家职业技能鉴定标准,结合考工培训的教学特点编写而成。在内容编排上分为上、下篇两大部分,上篇(基础篇)以介绍数控铣床基本操作、数控铣削加工工艺设计、数控铣床简单编程指令、数控铣床复合编程指令为主,并配以与企业产品相结合的典型实训项目,达到数控铣床中级工的要求;下篇(提高篇)选用技术先进、市场份额大的华中 HNC 21M 系统、日本 FANUC 0i 系统以及德国 SIEMENS 802D 系统作为典型数控系统进行介绍和训练,并通过数控铣床高级工知识的讲解和典型产品的训练,在技能上做进一步的提高,达到数控铣床高级工的要求。

本书的编写者均来自于数控教学一线的“双师型”教师,从事数控教学多年,积累了丰富的理论与实践教学经验,大多已取得数控铣工技师或高级考评员职业资格证书,并在省、市级数控技能大赛中获得各种奖项。

本书在编写上力求体现如下特色:

1. 打破传统的理论递进编写体系,直接以实际项目、生产任务作为出发点和落脚点,突出了教学过程的实践性、开放性和职业性理念。

2. 体现了以应用为目的,以必需、够用为度,按照学生的实际情况,以学生为主体确定理论深度,加强实践性教学环节,融入足够的实训内容,保证对学生实践能力的培养,体现“能适应生产、建设、服务和管理第一线需要的,德、智、体、美等方面全面发展的高素质技能型专门人才”的培养要求。

3. 注重与现代化的实训装备相匹配、与学生考工考级相结合、与行业企业相结合,为提升学生的可持续发展能力与职业迁移能力打下良好的基础。

本书由衢州学院林峰任主编;由衢州学院周建强、郑小军,河南职业技术学院彭伟,湖北十堰职业技术(集团)学校肖保燕任副主编,衢州学院吴军、程亮、邓小雷参与了本书的编写。虽然本书编写时力求严谨完善,但由于时间仓促,疏漏错误之处在所难免,敬请广大读者惠予斧正。我们十分期望读者及专业人士提出宝贵意见与建议,以便今后不断加以完善。请通过以下方式与我们交流:

● 网站:http://www.51cax.com

● E - mail:book@51cax.com

● 致电:0571－28811226,28852522

　　杭州浙大旭日科技开发有限公司为本书配套提供立体教学资源库、教学软件及相关协助,本书编写过程中还承蒙许多专家和同行提供了许多宝贵意见和建议,并得到浙江省高校重点教材建设项目资助,编者在此表示衷心感谢。

　　最后,感谢浙江大学出版社为本书的出版所提供的机遇和帮助。

作者

2012 年 6 月

目　录

上篇　基础篇

下篇　提高篇

上篇　基础篇

项目一　数控铣床基础知识

※ **知识目标**

1. 了解数控铣床基本结构；

2. 了解数控铣床操作规程；

3. 了解数控铣床坐标系的建立方法；

4. 掌握对刀的基本方法。

※ **能力目标**

1. 能按照操作规程启动及停止数控铣床；

2. 能通过操作面板输入和编辑加工程序；

2. 能进行对刀并确定相关坐标系。

任务 1.1　数控铣床概述

　　数控铣床是主要采用铣削方式加工零件的数控机床,它能够进行外形轮廓铣削、平面或曲面型腔铣削及三维复杂型面的铣削,如凸轮、模具、叶片等,另外数控铣床还具有孔加工的功能,通过特定的功能指令可进行一系列孔的加工,如钻孔、扩孔、铰孔、镗孔和攻丝等。

一、数控铣床的组成

数控铣床大体由输入装置、数控装置、伺服系统、检测装置运动部件和辅助装置等组成。

1. 输入装置

　　数控程序编制后需要存储在一定的介质上,按目前的控制介质大致分为纸介质和电磁介质,相应地通过不同方法输入到数控装置中去。纸带输入方法,即在专用的纸带上穿孔,用不同孔的位置组成数控代码,再通过纸带阅读机将代表不同含义的信息读入。手动输入是将数控程序通过数控机床上的键盘输入,程序内容将存储在数控系统的存储器内,使用时可以随时调用。

　　数控程序的产生由计算机编程软件或手工输入到计算机中,可采用通讯方式来传递数控程序到数控系统中,通常使用数控装置的 RS-232C 串行口或 RJ45 口等来完成。

2. 数控装置

　　一般数控系统是由专用或通用计算机硬件加上系统软件和应用软件组成,完成数控设备的运动控制功能、人机交互功能、数据管理功能和相关的辅助控制等功能。它是数控设备功能实现和性能保证的核心组成部分,是整个数控设备的中心

图 1-1　数控铣床

控制机构。随着开放式数控技术的出现,数控系统具备了自我扩展和自我维护的功能,为数控设备的应用提供了自由完善、自定义系统软硬件功能和性能的能力。

数控装置是数控铣床的核心,是由数控系统、输入和输出接口等组成,它接收到的数控程序,经过编译、数学运算和逻辑处理后,输出各种信号到输出接口上。

3. 伺服系统

连接数控装置和机械结构的控制传输通道,它将数控装置的数字量的指令输出转换成各种形式的电动机运动,带动机械结构执行元件实现其所规定的运动轨迹。伺服系统包括驱动放大器和电动机两个主要部分,其任务是实现一系列数/模或模/数之间的信号转化,表现形式就是位置控制和速度控制。

伺服系统接收数控装置输出的各种信号,经过分配、放大、转换等功能,驱动各运动部件,完成零件的切削加工。

4. 检测装置

位置检测、速度反馈装置根据系统要求不断测定运动部件的位置或速度,转换成电信号传输到数控装置中,与目标信号进行比较、运算,进行控制。

5. 运动部件

由包括主轴、工作台、进给机构等组成的机械部件,伺服电机驱动运动部件运动,完成工件与刀具之间的相对运动。

6. 辅助装置

辅助装置是指数控铣床的一些配套部件,包括液压和气动装置、冷却系统和排屑装置等。

二、数控铣床的工作原理

在数控铣床上,把被加工零件的工艺过程(如加工顺序、加工类别)、工艺参数(如主轴转速、进给速度、刀具尺寸)以及刀具与工件的相对位移,用数控语言编写成加工程序单,然后将程序输入到数控装置,数控装置便根据数控指令控制机床的各种操作和刀具与工件的相对位移,当零件加工程序结束时,机床会自动停止,加工出合格的零件,其工作原理如图 1-2 所示。

图 1-2　数控铣床工作原理

三、数控铣床的分类

数控铣床是一种用途广泛的数控机床,按照不同方法分为不同种类。

1. 按主轴轴线位置方向分为数控立式铣床、数控卧式铣床。

2. 按加工功能分数控铣床、数控仿形铣床、数控齿轮铣床等。

3. 按控制坐标轴数分两轴联动数控铣床、三轴联动数控铣床、两轴半联动数控铣床、四轴联动数控铣床和五轴联动数控铣床,如图 1-3 所示。

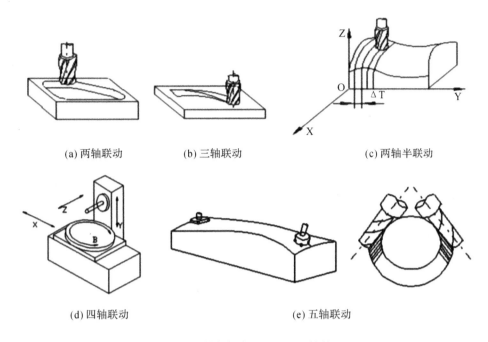

(a) 两轴联动　　　(b) 三轴联动　　　(c) 两轴半联动

(d) 四轴联动　　　　　　　(e) 五轴联动

图 1-3　数控铣床的不同联动轴数

4. 按伺服系统方式分为开环伺服系统数控铣床、闭环伺服系统数控铣床。

1)开环伺服系统数控铣床　如图 1-4 所示,这类机床的进给伺服驱动是开环的,即没有检测反馈装置。其驱动电机只能采用步进电机,该类电机的主要特征是控制电路每变换一次指令脉冲信号,电机就转动一个步距角,并且电机本身就有自锁能力。驱动控制系统的结构框图见图 1-4,数控系统输出的进给指令信号通过环行分配器来控制驱动电路,它以变换脉冲的个数来控制坐标位移量,以变换脉冲的频率来控制位移速度,以变换脉冲的分配顺序来控制位移方向。因此该控制方式的最大特点是控制方便,结构简单,价格便宜。数控系统发出的位移指令信号流是单向的,所以不存在稳定性问题。但由于机械传动误差不经过反馈校正,位移精度一般不高。世界上早期的数控机床均采用该控制方式。

图 1-4　开环伺服系统框图

2)闭环伺服系统数控铣床　这类机床的进给伺服驱动是按闭环反馈控制方式工作的。其驱动电机可采用直流或交流两种伺服电动机。并需同时配有速度反馈和位置反馈。在加工中随时检测移动部件的实际位移量,并及时反馈给数控系统中的比较器,它与插补运算所得的指令信号进行比较,其差值又作为伺服驱动的控制信号,进而带动位移部件以消除位移误差。

它按位置反馈检测元件的安装部位不同,又分为全闭环和半闭环两种控制方式。

①全闭环控制　如图 1-5 所示,其位置反馈采用直线位移检测元件,安装在机床拖板部位上,即直接检测机床坐标的直线位移量,通过反馈可以消除从电动机到机床拖板整个机械

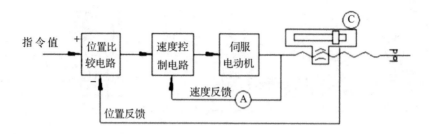

图 1-5　全闭环伺服系统框图

传动链中的传动误差。即可得到很高的机床静态定位精度。但整个闭环系统的稳定性校正困难，系统的设计和调整也都相当复杂。因此这种全闭环控制方式主要用于精度要求很高的数控铣床上。

（2）半闭环控制　如图 1-6 所示，其位置反馈采用转角检测元件，直接安装在伺服电动机或丝杠端部。由于大部分机械传动环节未包括在系统闭环环路内，因此可获得较稳定的控制特性。目前，大部分数控铣床采用该半闭环控制方式。

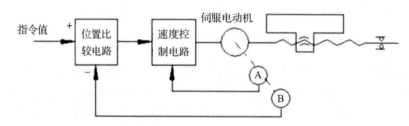

图 1-6　半闭环伺服系统框图

四、数控铣床的加工特点

数控铣床加工与普通铣床有着一定的区别，其加工有以下特点。

1. 工序集中　数控铣床一般带有可以自动换刀的刀架、刀库，换刀过程由程序控制自动进行，因此，工序比较集中，减少机床占地面积，节约厂房，同时减少或没有中间环节（如半成品的中间检测、暂存搬运等），既省时间又省人力。

2. 产品质量稳定　数控铣床的加工自动化，免除了普通机床上工人的疲劳、粗心等人为误差，提高了产品的一致性。

3. 加工效率高　数控铣床的自动换刀（加工中心）等使加工过程紧凑，提高了劳动生产率。

4. 柔性化高　改变数控加工程序，就可以在数控铣床上加工新的零件，且又能自动化操作，柔性好，效率高，因此数控铣床很适应市场竞争。

5. 加工能力强　数控铣床能精确加工各种轮廓，而有些轮廓在普通铣床上无法加工。

6. 自动化程度高　数控铣床加工时，不需人工控制刀具，自动化程度高，对操作工人的要求降低。数控操作工在数控铣床上加工出的零件比普通工在传统铣床上加工出的零件精度高，而且省时、省力，降低了工人的劳动强度。

任务 1.2　数控铣床坐标系统

为便于编程时描述机床的运动,简化程序的编制方法及保证记录数据的互换性,数控机床的坐标和运动方向都已标准化。

一、坐标系的确定原则

1. 刀具相对于静止的工件而运动的原则。即总是把工件看成是静止的,刀具作加工所需的运动。

2. 标准坐标系(机床坐标系)的规定　在数控机床上,机床的运动是由数控装置来控制的,为了确定机床上的成形运动和辅助运动,必须先确定机床上运动的方向和运动的距离,这就需要一个坐标系才能实现,这个坐标系就称为机床坐标系。

标准的机床坐标系采用右手笛卡尔直角坐标系。它用右手的大拇指表示 X 轴,食指表示 Y 轴,中指表示 Z 轴,三个坐标轴相互垂直,即规定了它们之间的位置关系。如图 1-7 所示。这三个坐标轴与机床的各主要导轨平行。A、B、C 分别是绕 X、Y、Z 旋转的角度坐标,其方向遵从右手螺旋定则,即右手的大拇指指向直角坐标的正方向,其余四指的绕向为角度坐标的正方向。

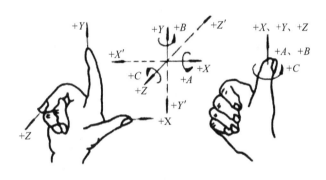

图 1-7　数控机床坐标系

3. 运动方向　数控机床的某一部件运动的正方向,是增大工件与刀具之间距离的方向。

二、坐标轴的确定方法

1. Z 坐标的确定　Z 坐标是由传递切削力的主轴所规定的,其坐标轴平行于机床的主轴。

2. X 坐标的确定　X 坐标一般是水平的,平行于工件的装夹平面。是刀具或工件定位平面内运动的主要坐标。对卧式铣(镗)床或加工中心来说,从主要的刀具主轴方向看工件时,X 轴正方向向右;对单立柱的立式铣(镗)床或加工中心来说,从主要的刀具主轴看立柱时,X 轴的正方向向右;对双立柱(龙门式)铣(镗)床或加工中心来说,从主要的刀具主轴看左侧立柱时,X 轴正方向向右。

3. Y 坐标的确定　确定了 X、Z 坐标后,Y 坐标可以通过右手笛卡尔直角坐标系来确定。

图 1-8 是立式数控铣床和卧式数控铣(镗)床的坐标示意图,读者可以参考以上坐标轴的确定规则自己判断。

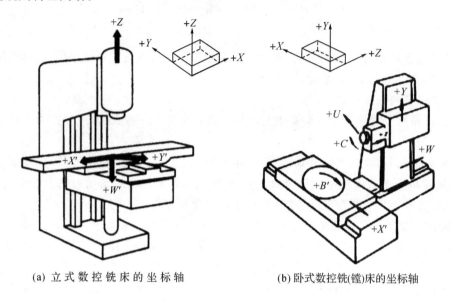

(a) 立式数控铣床的坐标轴   (b) 卧式数控铣(镗)床的坐标轴

图 1-8   数控铣床坐标示意图

三、机床坐标系

仅仅确定了坐标轴的方位,还不能确定一个坐标系,还必须确定原点的位置。数控加工中涉及到三个坐标系,分别是机床坐标系、工件坐标系和编程坐标系,对同一台机床来说,这三个坐标系的坐标轴都相互平行,只是原点位置不同。机床坐标系的原点设在机床上的一个固定位置,它在机床装配、安装、调整好后就确定下来了,是数控加工运动的基准参考点。在数控铣床或加工中心上,它的位置取在 X、Y、Z 三个坐标轴正方向的极限位置,通过机床运动部件的行程开关和挡铁来确定。数控机床每次开机后都要通过回零运动,使各坐标方向的行程开关和挡铁接触,使坐标值置零,以建立机床坐标系。

四、编程坐标系

编程人员在编程时,需要把零件的尺寸转换为刀具运动的坐标,这就要在零件图样上确定一个坐标原点,这个坐标原点就是编程原点,它所决定的坐标系就是编程坐标系。其位置没有一个统一的规定,确定原则是以利于坐标计算为准,同时尽量做到基准统一,即使编程原点与设计基准、工艺基准统一。

五、工件坐标系

工件坐标系实际上是编程坐标系从图纸上往零件上的转化,编程坐标系是在纸上确定的,工件坐标系是在工件上确定的。如果把图纸蒙在工件上,两者应该重合。数控程序中的坐标值都是按编程坐标计算的,零件在机床上安装好后,刀具与编程坐标系之间没有任何关系,如何知道程序中的坐标所对应的点在工件上什么位置呢?这就需要确定编程原点在机床坐标系中的位置,通过工件坐标系把编程坐标系与机床坐标系联系起来,刀具就能准确地定位了。

如图 1-9(b)所示的工件,编程坐标系原点取在 $O3$ 点,工件装到工作台上后,如图 1-9

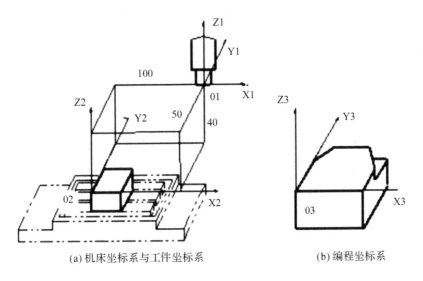

|(a) 机床坐标系与工件坐标系|(b) 编程坐标系|

图 1-9　机床坐标系、编程坐标系与工件坐标系

(a)所示,通过回零操作,把机床坐标系原点建立在 $O1$ 点,要使刀具正确加工零件,必须把工件坐标系原点建立在图示的 $O2$ 点,$O2$ 点在机床坐标系中的位置通过对刀获得。假设通过对刀,得到 $O2$ 点与 $O1$ 点间的距离为 X 方向 100mm,Y 方向 50mm,Z 方向 40mm,则可通过 G54 指令或 G92 指令把工件坐标系原点建立在 $O2$ 点,即指明了编程坐标系在机床坐标系中的位置。

任务 1.3　数控铣床对刀

对刀的目的是通过刀具或对刀工具确定工件坐标系与机床坐标系之间的空间位置关系,并将对刀数据输入到相应的存储位置。它是数控加工中最重要的操作内容,其准确性将直接影响零件的加工精度。在进行对刀前,需完成必要的准备工作,即工件和刀具的装夹。

一、工件的安装与找正

加工中常用的夹具有平口钳、分度头、三爪自定心卡盘和平台夹具等。下面以在平口钳上装夹工件为例说明工件的装夹步骤:

1. 把平口钳安装在数控铣床工作台面上,两固定钳口与 X 轴基本平行并张开到最大。

2. 把装有杠杆百分数的磁性表座吸在主轴上。

3. 使杠杆百分数的触头与固定钳口接触。

4. 在 X 方向找正,直到使百分表的指针在一个格子内晃动为止,最后拧紧平口钳固定螺母。

5. 根据工件的高度情况,在平口钳钳口内放入形状合适的表面质量较好的垫铁后,再放入工件,一般是工件的基准面朝下,与垫铁表面靠紧,然后拧紧平口钳。在放入工件前,应对工件、钳口和垫铁的表面进行清理,以免影响加工质量。

6. 在 X、Y 两个方向找正,直到使百分表的指针在一个格子内晃动为止。

7. 取下磁性表座,夹紧工件,工件装夹完成。

二、数控铣削刀具的安装

数控铣床用的刀具是由刀柄、刀体、刀片和相关附件构成的。刀柄是刀具在主轴上的定位和装夹机构;刀体用于支撑刀片,并与刀片仪器固定于刀柄上;刀片是刀具的铣削刃,是刀具中的耗材;相关附件包括接杆、弹簧夹头、刀座、平衡块(精镗刀用)以及紧固用特殊螺钉等。数控铣床用的刀柄、刀体和相关附件是成系列的。由于铣床的工艺能力强大,因此其刀具种类也较多,一般分为铣削类、镗削类、钻削类等。

1. 装刀步骤

1)选择【手轮】或【JOG】方式。

2)将装好刀具的刀柄放入主轴下端的锥孔内,对齐刀柄。

3)按主轴上的"刀具拉紧"键。

4)抓住不放,再用力向下拉,确认刀具已经被夹紧。

2. 卸刀步骤

1)用手抓紧刀柄。

2)按主轴上的"刀具松开"键。

3)用力向下拉,力要适可而止,注意避免碰伤自己、工件以及刀具。

4)如果拉不下来,就用棒轻轻地敲击刀柄,使刀柄可从主轴锥孔内掉下来,要抓紧刀具。

三、对刀

对刀操作分为 X、Y 向对刀和 Z 向对刀。

1. 对刀方法

根据现有条件和加工精度要求选择对刀方法,可采用试切法对刀、寻边器对刀、机内对刀仪对刀、自动对刀等。其中试切法对刀精度较低,加工中常用寻边器和 Z 向设定器对刀,效率高,能保证对刀精度。

2. 对刀工具

1)寻边器

寻边器主要用于确定工件坐标系原点在机床坐标系中的 X、Y 值,也可以测量工件的简单尺寸。

寻边器有偏心式和光电式等类型,其中以光电式较为常用。光电式寻边器的测头一般为 10mm 的钢球,用弹簧拉紧在光电式寻边器的测杆上,碰到工件时可以退让,并将电路导通,发出光讯号,通过光电式寻边器的指示和机床坐标位置即可得到被测表面的坐标位置,具体使用方法见下述对刀实例。

2)Z 轴设定器

Z 轴设定器主要用于确定工件坐标系原点在机床坐标系的 Z 轴坐标,或者说是确定刀具在机床坐标系中的高度。

Z 轴设定器有光电式和指针式等类型,通过光电指示或指针判断刀具与对刀器是否接触,对刀精度一般可达 0.005mm。Z 轴设定器带有磁性表座,可以牢固地附着在工件或夹具上,其高度一般为 50mm 或 100mm,如图 1-10 所示。

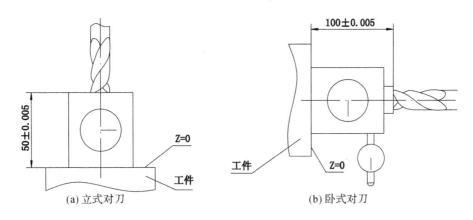

图 1-10 Z 轴设定器

3. 对刀实例

1）X、Y 向对刀

①将工件通过夹具装在机床工作台上，装夹时，工件的四个侧面都应留出寻边器的测量位置。

②快速移动工作台和主轴，让寻边器测头靠近工件的左侧；

③改用微调操作，让测头慢慢接触到工件右侧，直到寻边器发光，记下此时机床坐标系中的 X 坐标值，如－310.300；

④抬起寻边器至工件上表面之上，快速移动工作台和主轴，让测头靠近工件右侧；

⑤改用微调操作，让测头慢慢接触到工件右侧，直到寻边器发光，记下此时机械坐标系中的 X 坐标值，如－200.300；

⑥若测头直径为 10mm，则工件长度为－200.300－（－310.300）－10＝100，据此可得工件坐标系原点 W 在机床坐标系中的 X 坐标值为－310.300＋100/2＋5＝－255.300；

⑦同理可测得工件坐标系原点 W 在机械坐标系中的 Y 坐标值。

2）Z 向对刀

①卸下寻边器，将加工所用刀具装上主轴；

②将 Z 轴设定器（或固定高度的对刀块，以下同）放置在工件上平面上；

③快速移动主轴，让刀具端面靠近 Z 轴设定器上表面；

④改用微调操作，让刀具端面慢慢接触到 Z 轴设定器上表面，直到其指针指示到零位；

⑤记下此时机床坐标系中的 Z 值，如－250.800；

⑥若 Z 轴设定器的高度为 50mm，则工件坐标系原点 W 在机械坐标系中的 Z 坐标值为－250.800－50－（30－20）＝－310.800。

3）将测得的 X、Y、Z 值输入到机床工件坐标系存储地址中（一般使用 G54-G59 代码存储对刀参数）。

4. 注意事项

在对刀操作过程中需注意以下问题：

1）根据加工要求采用正确的对刀工具，控制对刀误差；

2）在对刀过程中，可通过改变微调进给量来提高对刀精度；

3)对刀时需小心谨慎操作，尤其要注意移动方向，避免发生碰撞危险；

4)对刀数据一定要存入与程序对应的存储地址，防止因调用错误而产生严重后果。

任务 1.4　数控铣床安全操作规程

为了正确合理地使用数控铣床，保证数控铣床正常运转，必须制定比较完整的数控铣床操作规程。

一、安全操作基本注意事项

1. 工作时请穿好工作服、安全鞋，戴好工作帽及防护镜，不允许戴手套操作机床。

2. 不要移动或损坏安装在机床上的警告标牌。

3. 不要在机床周围放置障碍物，工作空间应足够大。

4. 某一项工作如需要俩人或多人共同完成时，应注意相互间的协调一致。

5. 不允许采用压缩空气清洗机床、电气柜及 NC 单元。

二、工作前的准备工作

1. 机床开始工作前要先预热，认真检查润滑系统工作是否正常，如机床长时间未开动，可先采用手动方式向各部分供油润滑。

2. 使用的刀具应与机床允许的规格相符，有严重破损的刀具要及时更换。

3. 调整刀具所用工具不要遗忘在机床内。

4. 刀具安装好后应进行一、二次试切削。

5. 检查卡盘夹紧工作的状态。

三、工作过程中的安全注意事项

1. 禁止用手接触刀尖和铁屑，铁屑必须要用铁钩子或毛刷来清理。

2. 禁止用手或其他任何方式接触正在旋转的主轴、工件或其他运动部位。

3. 禁止加工过程中测量、变速，更不能用棉丝擦拭工件、也不能清扫机床。

4. 铣床运转中，操作者不得离开岗位，机床发现异常现象立即停车。

5. 经常检查轴承温度，过高时应找有关人员进行检查。

6. 在加工过程中，不允许打开机床防护门。

7. 严格遵守岗位责任制，机床由专人使用，他人使用须经本人同意。

四、工作完成后的注意事项

1. 清除切屑、擦拭机床，使机床保持清洁状态。

2. 检查润滑油、冷却液的状态，及时添加或更换。

3. 依次关掉机床操作面板上的电源和总电源。

实训 1.1 数控铣床基本操作

一、开机操作

开机的步骤如下：

1. 打开外部总电源，启动空气压缩机。

2. 打开数控铣床左侧强电控制柜后面的总电源空气开关，此时机床下操作面板上"MACHINE POWER"指示灯亮。

3. 按下操作面板上"CNC POWER ON"按钮，系统将进入自检，下、右操作面板上所有指示灯及带灯按钮将发亮。

4. 自检结束后，按下操作面板上的"MACHINE RESET"按钮 2～3s，进行机床的强电复位，如一切正常，"MACHINE READY"指示灯亮，系统进入正常的待机状态。如果在窗口下方的时间显示项后面出现闪烁的"NOT READY"提示，一般情况是"E－STOP"按钮被按下，操作人员应将"E－STOP"按钮沿按钮上的提示方向顺时针旋转释放该按钮，然后再次进行机床的强电复位。

二、返回机床参考点操作

开机后，必须进行返回机床参考点操作。其操作步骤如下：

1. 把下操作面板上的"MODE SELECT"旋钮旋至"ZRM"，进入返回参考点操作。

2. 首先一直按下"JOG AXIS SELECT"中的"＋Z"按钮（因为在返回参考点操作时，数控铣床坐标轴的移动速度较快，为避免刀具与工作台面上的夹具、工件相碰撞，所以必须先进行＋Z轴的返回参考点操作），直至 HOME 中的 Z 轴指示灯亮为止；然后一直按下"JOG AXIS SELECT"中"＋X"（或"＋Y"）按钮，直至 HOME 中的 X（或 Y）轴指示灯亮为止。

如没有一次完成返回参考点操作，在再次进行此操作时，由于工作台离参考点已很近，而轴的启动速度又很快，这样往往会出现超程现象并引起报警。对于超程通常的处理办法是按"JOG AXIS SELECT"中超程轴的负方向按钮，使轴远离参考点，再按正常的回参考点操作进行。在"ZRM"方式下，返回参考点后，因紧急情况而按下急停按钮，然后重新按"MACHINE RESET"按钮复位后；在进行空运行或机床锁定运行后，都要重新进行机床返回参考点操作，否则机床数控系统会对机床零点失去记忆而造成事故。

3. 数控铣床返回参考点后，应及时退出参考点，以避免长时间压住行程开关而影响其寿命。把下操作面板上的"MODE SELECT"旋钮旋至"RAPID"，首先按"JOG AXIS SELECT"中"－X"（或"－Y"）按钮，使工作台面移动到适当的位置；然后用手指点击"－Z"按钮 2～3 下，使主轴下降，但降低的位置不多，以便于工件的装夹和刀具的更换。在本操作步骤中，不允许按"JOG AXIS SELECT"中任何一个正方向按钮。

三、手动操作

数控铣床的手动操作包括：三轴的手摇脉冲移动、快速连续移动及调速连续移动操作；主轴的正、反转及停止操作；冷却液的开关操作等。其中开机后或由于某种原因而按过 E－STOP 重新进行强电复位的，主轴不能进行手动操作，必须先进行主轴的启动操作。

1. 主轴的启动及手动操作

1）把下操作面板上的"MODE SELECT"旋钮旋至"MDI"，进入如图 1-11 所示窗口。

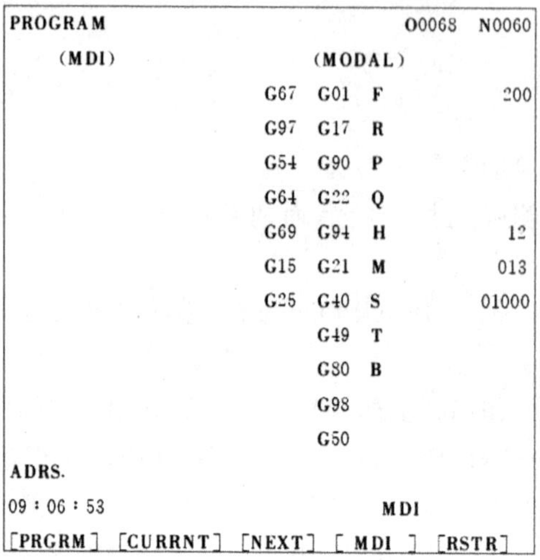

```
PROGRAM                          O0068  N0060
    (MDI)                  (MODAL)
              G67  G01  F              200
              G97  G17  R
              G54  G90  P
              G64  G22  Q
              G69  G94  H               12
              G15  G21  M              013
              G25  G40  S            01000
                   G49  T
                   G80  B
                   G98
                   G50
ADRS.
09：06：53                         M D I
[PRGRM] [CURRNT] [NEXT] [ MDI ] [RSTR]
```

图 1-11　MDI 操作窗口

2）在 CRT/MDI 面板上分别按 M、0、3 键，然后按"INPUT"键输入；分别按 S、3、0、0，然后按"INPUT"键输入，按下操作面板上的"CYCLE START"按钮执行"M03 S300"的指令操作，此时主轴开始正转。

3）把下操作面板上的"MODE SELECT"旋钮旋至"HANDLE"，此时主轴停止转动。

4）在手动方式（HANDLE、JOG、RAPID）时，按右操作面板上"SPINDLE MANUAL OPERATE"中的"CW"按钮可使主轴正转；按"CCW"按钮可使主轴反转；按"STOP"按钮可使主轴停止转动。主轴的旋转速度由"SPINDLE SPEED OVERRIDE"旋钮控制，在 50%～120% 之间进行调节。

2. 三轴的手动连续移动操作

1）把下操作面板上的"MODE SELECT"旋钮旋至"JOG"。

2）按"JOG AXIS SELECT"中的"－X"～"＋Z"按钮，进行任一轴的正或负方向的调速移动，其移动速度由"FEEDRATE OVERRIDE"旋钮调节，另外应注意其移动速度与"FEEDRATE OVERRIDE"旋钮上的百分数不成正比关系。

3. 利用手摇脉冲发生器进行三轴的移动操作

1）把下操作面板上的"MODE SELECT"旋钮旋至"HANDLE"。

2）在下操作面板上的"AXIS SELECT"旋钮中选取要移动的坐标轴；在"HANDLE MULTIPLER"旋钮中选取适当的脉冲倍率，摇动"MANUAL PULSE GENERATOR"作顺时针或逆时针旋转进行任一轴的正或负方向移动。

4. 冷却液的开关操作

下操作面板上的"MODE SELECT"旋钮旋至任一位置都能进行冷却液的开关操作，在右操作面板上按"COOL MANUAL OPERATE"中的"ON"按钮开启冷却液，按"OFF"按钮关闭冷却液。

四、加工程序的输入和编辑

1. 查看已有的程序

1)把下操作面板上的"MODE SELECT"旋钮旋至"EDIT"。

2)在 CRT/MDI 面板上按"PRGRM"键。

3)在图 1-12 所示的内存显示窗口中找出要查看的程序名,如果该窗口中没有,可用 "PAGE↓"进行翻页,在 CRT/MDI 面板上键入"O××××(程序名)",按"CURAOR↓", 此时所要查看的程序就会显示出来。利用"PAGE↓"键可以查看后面的程序段(图 1-13)。

图 1-12 数控铣床内存(程序)信息显示窗口

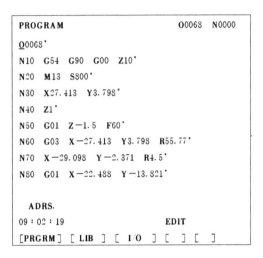

图 1-13 程序显示窗口

2. 输入加工程序

1)把下操作面板上的"MODE SELECT"旋钮旋至"EDIT"。

2)在 CRT/MDI 面板上按"PRGRM"键进入内存显示窗口,查看一下所输入的程序名 在内存中是否已经存在,如果已经存在,应输入新的程序名,在 CRT/MDI 面板上键入 O× ×××(程序名)→按"EOB"键,程序段换行(进入如图 1-14 所示窗口,N10 等顺序号系统自 动生成)→键入字→按"INSRT"键……键入程序段的最后一个字→按"EOB"键,程序换 段……

3)程序输入完毕后,按"RESET"键,使程序复位到起始位置,这样就可以进行自动运行 加工了。

3. 编辑程序

(1)插入漏掉的字

1)利用查看程序的方法,打开所要编辑的程序。

2)利用 CURAOR↓或↑及 PAGE↓或↑使光标移动到所需插入位置前面的字。

3)键入数字或字母键后,按下"INSRT"键,完成编辑。

(2)删除输入错误的字

在程序输入完毕后,经检查发现在程序段中有输入错误的字,则必须要删除或修改。删 除不需要的字的方法:

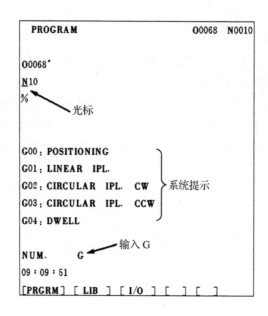

图 1-14　程序输入窗口

1）利用 CURAOR↓或↑及 PAGE↓或↑使光标移动到所需要删除的字。

2）按"DELET"键进行删除。

3）处理完毕后,按"RESET"键,使程序复位到起始位置。

（3）删除内存中的程序

1）把下操作面板上的"MODE SELECT"旋钮旋至"EDIT"。

2）在 CRT/MDI 面板上按"PRGRM"键进入图 1-12 所示的内存窗口。

3）在 CRT/MDI 面板上键入 O××××（要删除的程序名）,按"DELET"删除该程序。

五、自动操作

1. 机床锁定操作

对于已经输入到内存中的程序,其程序格式（或语句）是否有问题,可以采用空运行（一般情况下是关闭的）或机床锁定进行程序的运行,如果程序有问题,系统会作出错误报警,根据提示可以对错误的程序段进行修改。但这种操作不能检验程序对零件进行加工的正确性,即不像 CAM 软件中能对零件进行加工模拟。

1）用查看已有的程序方法,把所加工零件的程序调出。

2）把"MODE SELECT"旋钮旋至"AUTO"。

3）按下"MLK"按钮。

4）按下"CYCLE START"键,执行机床锁定操作。此时机床没有进给,但位置显示仍将更新（脉冲分配仍有效）,M、S 等功能继续有效。

5）在运行中如果出现报警,则程序有格式问题,根据提示修改程序。

6）运行完毕后,重新执行返回参考点操作。

2. MDI 操作

有时加工比较简单的零件或只需要加工几个程序段,往往不编写程序输入到内存中,而采用在 MDI 方式边输入边加工的操作。

1）把"MODE SELECT"旋钮旋至"MDI"。

2）键入字→按"INPUT"输入→输完整个程序段→按下"CYCLE START"按钮,执行输入的程序段;执行完毕后,继续输入程序段,再按"CYCLE START"按钮,执行程序段。

3. 内存操作

内存操作是对零件进行正式加工的操作。

1）用查看已有的程序方法,把所加工零件的程序调出。

2）在工件已同坐标轴校正平行度、夹紧、对刀后找出工件坐标系原点的机床坐标值、设置好工件坐标系、装上加工的刀具等后,把"MODE SELECT"旋钮旋至"AUTO"。

3）把下操作面板上的"FEEDRATE OVERRIDE"旋钮旋至 0,把右操作面板上的"SPINDLE SPEED OVERRIDE"旋钮旋至 100%。

4）按下"CYCLE START"按钮,使数控铣床进入自动操作状态。

5）把"FEEDRATE OVERRIDE"旋钮逐步调大,观察切削下来的切屑情况及数控铣床的振动情况,调到适当的进给倍率进行切削加工。图 1-15 为自动运行时坐标显示窗口。

在自动运行过程中,如果按下操作面板上的"SBK"按钮(灯亮),则系统进入单步运行的操作,即数控系统执行完一个程序段后,进给停止,必须重新按下"CYCLE START"按钮,才能执行下一个程序段。

```
ACTUAL   POSITION           O0088  N0080

        (RELATIVE)          (ABSOLUTE)

  X        10.985       X        10.985
  Y        77.158       Y        77.158
  Z       -32.000       Z       -32.000


        (MACHINE)           (DISTANCE  TO  GO)
  X      -380.580       X       -76.326
  Y      -162.693       Y       -67.721
  Z       -45.622       Z         0.000

ACTF        80   MM/M
09:08:31         BUF AUTO
[ ABS ]  [ REL ]  [ ALL ]  [    ]  [    ]
```

图 1-15　自动运行时坐标显示窗口

六、关机操作

1. 打扫机床,工作台、导轨等处润滑。

2. 一般把"MODE SELECT"旋钮旋到"EDIT",把"FEEDRATE OVERRIDE"旋钮旋至 0。

3. 按下急停按钮。

4. 关闭控制系统电源,即按下下操作面板上"CNC POWER"的"OFF"按钮,使系统断电。

5. 关闭数控铣床左侧强电控制柜后面的总电源空气开关。

6. 关闭空气压缩机;关闭外部总电源。

七、数控铣床操作注意事项

在数控铣床操作时应注意以下事项:

1. 每次开机前要检查一下铣床后面中央自动润滑系统。检查油箱中的润滑油是否充裕,冷却液是否充足等。

2. 在手动操作时,必须时刻注意,在进行 X、Y 轴移动前,必须使 Z 轴处于抬刀位置。移动过程中,不能只看 CRT 屏幕中坐标值的变化,而要观察刀具的实际移动情况,等刀具移动到位后,再看 CRT 屏幕进行微调。

3. 铣床出现报警时,要根据报警号,查找原因,及时解除报警。不可关机了事,否则开机后仍处于报警状态。

4. 更换刀具时注意操作安全。在更换刀具时,要把刀具柄体擦干净后,才能装入弹性筒夹。在装上刀具组前,必须把锥柄擦干净。

5. 注意对数控铣床的日常维护,如每次加工零件完毕后,要把工作台面上的切屑清理干净;下班前要把数控铣床的外部擦干净;根据维护要求,定期对润滑脂润滑的轴承、升降工作台的传动部分加注润滑脂;定期对润滑升降工作台导轨的油杯加注润滑油。

实训 1.2　数控铣床试切法对刀训练

试切法对刀就是用铣刀直接对刀,就是在工件已装夹完成并装上刀具组后通过手摇脉冲发生器操作,移动刀具,使刀具与工件的前(后)、左(右)侧面及工件的上表面作极微量的接触切削(图 1-16),分别记下刀具在作极微量切削时所处的机床坐标值,对这些坐标值作一定的数值处理后就可以设定 G54～G59 的工件坐标系了。

下面通过图 1-17 的例子来说明怎样用铣刀进行直接对刀。在图中,我们通过 1～5 的位置进行对刀操作。

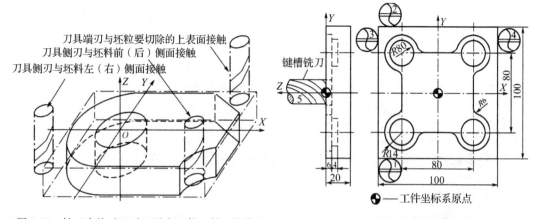

图 1-16　铣刀直接对刀时刀具在工件坯料上的位置　　图 1-17　铣刀直接对刀举例图

1. 工件装夹完毕,装上刀具。

2. 以手摇脉冲发生器方式进行三轴的移动操作。把"HANDLE MULTIPLER"旋钮旋至 100μm 的脉冲倍率(以下简称为倍率选择),在"AXIS SELECT"旋钮中选取 Z 轴(以下简称为坐标选择),摇动"MANUAL PULSE GENERATOR"(以下简称为摇动手脉)作顺时针旋转把刀具上升到工件与夹具的最高点上方(这样便于刀具在水平面内移动,并且不会与工件或夹具相碰撞）。

在"AXIS SELECT"旋钮中分别选取 X、Y 轴，摇动手脉使刀具移动到工件范围外，刀具下降到一定位置，然后刀具逐渐靠近工件侧面，直至接触。

对图 1-17 中 1～5 位置的对刀操作如下。

1. 1 号位（前侧面）对刀

1）坐标选择 Y，逆时针摇动手脉使刀具在工件的前侧面外；坐标选择 X，摇动手脉使刀具处在适当的位置（一般选取在要切除的侧面或作微量切削时不影响零件质量的侧面部位）。

2）坐标选择 Z，逆时针摇动手脉使刀具下降，一般使刀具端刃在工件的上表面以下 10～20mm。

3）坐标选择 Y，顺时针转动手脉（一般用手抓住手摇脉冲发生器的大盘进行操作，因为在这种情况下抓住小手柄操作很难控制移动距离，容易出事故），使刀具沿 Y 轴正方向移动（注意观察刀具与工件侧面间的相对位置）。当刀具接近工件侧面时，用手旋转一下主轴，使刀具侧刃与工件侧面处于正确的位置［图 1-18（b）］。

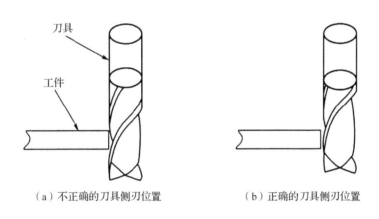

（a）不正确的刀具侧刃位置　　　　　　（b）正确的刀具侧刃位置

图 1-18　刀具侧刃与工件侧面的相对位置

4）当刀具侧刃与工件侧面间的间隙较小时，倍率选择 $10\mu m$ 或 $1\mu m$（一般精度情况下，选择 $10\mu m$）。

5）启动主轴，使主轴作 $300r/min$ 的正转；用手抓住手摇脉冲发生器的大盘作顺时针的单脉冲进给，使刀具逐渐靠近工件侧面，并留心倾听刀具与工件侧面作极微量切削时的接触声，当听到嚓嚓声后，停止进给，说明此时刀具与工件侧面已进行微量切削。

6）坐标选择 Z，倍率选择 $100\mu m$，顺时针转动手脉，使刀具上升至工件上面，关闭主轴。

7）如果 CRT 没有显示图 1-19 的窗口，那么按一下 CRT/MDI 面板上的"POS（坐标显示键）"，进入图 1-20 的窗口，并按 CRT 窗口上最后一行中 ALL 对应的软键，进入图 1-20 的窗口，记下 Y 轴的机床坐标值 $Y_{机1}$。

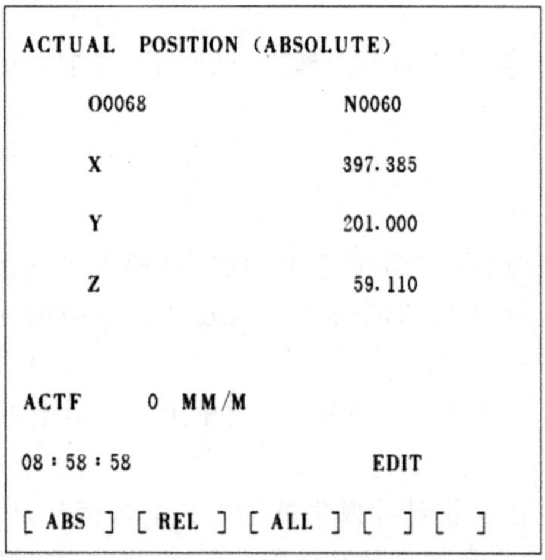

```
ACTUAL  POSITION (ABSOLUTE)

  O0068                    N0060

    X                     397.385

    Y                     201.000

    Z                      59.110


  ACTF    0  MM/M

08：58：58              EDIT
[ ABS ] [ REL ] [ ALL ] [   ] [   ]
```

图 1-19 数控铣床工件坐标系显示窗口

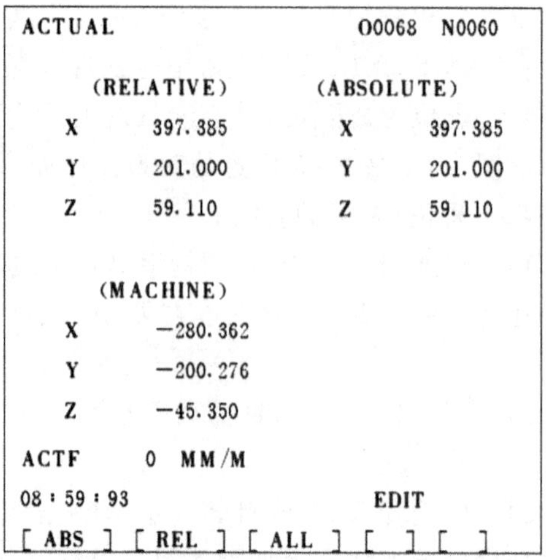

```
ACTUAL                O0068  N0060

    (RELATIVE)         (ABSOLUTE)
  X    397.385      X    397.385
  Y    201.000      Y    201.000
  Z     59.110      Z     59.110


      (MACHINE)
  X   −280.362
  Y   −200.276
  Z    −45.350
  ACTF    0  MM/M
08：59：93              EDIT
[ ABS ] [ REL ] [ ALL ] [   ] [   ]
```

图 1-20 数控铣床所有坐标位置显示窗口

2. 2 号位(后侧面)对刀

1)坐标选择 Y,手脉顺时针转动,刀具沿＋Y 移动(在工件后侧面外)。

2)坐标选择 X,手脉移动 X 轴到适当位置。

3)坐标选择 Z,手脉逆时针转动,刀具沿－Z 移动。

4)坐标选择 Y,手脉逆时针转动,刀具沿－Y 移动,调整刀具侧刃与工件侧面的位置。

5)刀具很接近工件后侧面时,倍率选择 $10\mu m$,启动主轴,单个脉冲进给,听接触声,直至接触。

6)坐标选择 Z,倍率选择 $100\mu m$,手脉顺时针转动,刀具沿＋Z 上升,关闭主轴,记下 Y 轴的机床坐标值 $Y_{机2}$。

3. 3 号位(左侧面)对刀

1)坐标选择 X,手脉逆时针转动,刀具沿－X 移动(在工件左侧面外)。

2)坐标选择 Y,手脉移动 Y 轴到适当位置。

3)坐标选择 Z,手脉逆时针转动,刀具沿－Z 移动。

4)坐标选择 X,手脉顺时针转动,刀具沿＋X 移动,调整刀具侧刃与工件侧面的位置。

5)刀具很接近工件左侧面时,倍率选择 $10\mu m$,启动主轴,单个脉冲进给,听接触声,直至接触。

6)坐标选择 Z,倍率选择 $100\mu m$,手脉顺时针转动,刀具沿＋Z 上升,关闭主轴,记下 X 轴的机床坐标值 $X_{机1}$。

4. 4 号位(右侧面)对刀

1)坐标选择 X,手脉顺时针转动,刀具沿＋X 移动(在工件右侧面外)。

2)坐标选择 Y,手脉移动 Y 轴到适当位置。

3)坐标选择 Z,手脉逆时针转动,刀具沿－Z 移动。

4)坐标选择 X,手脉逆时针转动,刀具沿－X 移动,调整刀具侧刃与工件侧面的位置。

5)刀具很接近工件右侧面时,倍率选择 $10\mu m$,启动主轴,单个脉冲进给,听接触声,直至接触。

6)坐标选择 Z,倍率选择 $100\mu m$,手脉顺时针转动,刀具沿＋Z上升,关闭主轴,记下 X 轴的机床坐标值 $X_{机2}$。

5. 5号位(上表面)对刀

1)坐标选择 X、Y,摇动手脉使刀具处在工件要切削部位的上方。

2)坐标选择 Z,逆时针摇动手脉,刀具下降,使刀具端面切削刃接近工件的上表面。

3)当刀具端刃与工件上表面间的间隙较小时,倍率选择 $10\mu m$。启动主轴,使主轴作 300r/min 的正转;用手抓住手摇脉冲发生器的大盘作逆时针的单脉冲进给,使刀具逐渐靠近工件上表面,注意观察到刀具在工件表面切出一个圆圈(有如圆规在纸上画圆),停止进给,说明此时刀具与工件上表面已进行微量切削。

4)记下此时 Z 轴的机床坐标值 $Z_机$。

5)坐标选择 Z,倍率选择 $100\mu m$,顺时针转动手脉,使刀具上升至工件上方,关闭主轴。
本对刀方法主要应用在没有寻边器的常规操作中。

6. 对刀后的数值处理

工件坐标系的原点与工件坯料的对称中心重合,在这种情况下,工件坐标系原点的机床坐标值按下式计算,即

$$\begin{cases} X_工 = (X_{机1} + X_{机2})/2 \\ Y_工 = (Y_{机1} + Y_{机2})/2 \\ Z_工 = Z_机 \end{cases}$$

一般情况下,工件坐标系 Z_0 选在工件的上表面。

思考练习题

1-1　数控铣床由哪几部分组成? 各有什么作用?

1-2　数控铣床按伺服系统分类有哪几种类型? 在组成上各有什么特点?

1-3　与普通铣床相比较,数控铣床加工有何特点?

1-4　简述数控铣床的坐标系。

1-5　数控铣床对刀时应注意哪些事项?

1-6　简述数控铣床安全操作规程。

1-7　数控铣床如何开机?

1-8　数控铣床如何回零?

1-9　开机后如何设置一个主轴转速?

1-10　录入方式下如何操作?

1-11　编辑方式下如何建立一个新程序? 或打开一个已有程序? 删除一个已有程序?

1-12　如何输入、修改、删除程序?

1-13　自动方式下如何启动、暂停、中止加工程序?

项目二　数控铣削加工工艺设计

※ 知识目标

1. 了解影响表面质量的基本要素;
2. 掌握工件装夹与定位基准的选择;
3. 掌握数控铣削加工工艺规程。

※ 能力目标

1. 能够对夹具和工件在数控铣床上进行正确定位;
2. 能对一般刀具进行正确装卸。

任务 2.1　数控铣削加工的质量分析

一、加工精度分析

所谓加工精度,就是零件在加工以后的几何参数(尺寸、形状和相互位置)的实际值与理想值相符合的程度。符合的程度越高,精度越高;反之,则精度低。加工精度高低常用加工误差来表示,加工误差越大,则精度越低;反之,则精度高。

在机械加工过程中,机床、夹具、刀具和工件构成一个系统,称为工艺系统。工艺系统中的各种误差将会不同程度地反映到工件上,成为加工误差。

工艺系统的各种误差即成为影响加工精度的因素,按其性质不同,可归纳为四个方面:工艺系统的几何误差、工艺系统因受力变形引起的误差、工艺系统受热变形引起的误差和工件内应力引起的误差。

(一)工艺系统的几何误差

工艺系统的几何误差是机床、夹具、刀具及工件本身存在的误差,又称为工艺系统的静误差。静误差主要包括加工原理误差、机床的几何误差、夹具和刀具误差及工件定位误差和调整误差等。

1. 加工原理误差

它是指采用了近似的加工方法所引起的误差。如加工列表曲线时用数学方程曲线逼近被加工曲线所产生的逼近误差、用直线或圆弧插补方法加工非圆曲线时产生的插补误差等,减小此类误差的方法是提高逼近和插补精度。

2. 机床的几何误差

它包括机床的制造误差、安装误差和使用后产生的磨损等。对加工精度影响较大的主要是机床主轴误差、导轨误差和传动误差。

1)机床主轴误差　机床主轴是安装工件或刀具的基准,并将切削主运动和动力传给工件或刀具。因此,主轴的回转误差直接影响工件的加工精度。机床主轴的回转误差包括径向回转误差和轴向回转误差两个部分。径向误差主要影响工件的圆度,轴向误差主要影响被加工面的平面度误差和垂直度误差。

2)机床导轨误差　机床床身导轨是确定各主要部件相对位置的基准和运动的基准。它的各项误差直接影响工件的加工精度。它对较短工件的影响不很大,但当工件较长时,其影响就不可忽视。

3)传动误差　机床的切削运动是通过某些传动机构来实现的,这些机构本身的制造、装配误差和工作中的磨损,将引起切削运动的不准确。

3. 刀具误差、夹具误差与工件定位误差

1)刀具误差　机械加工中的刀具分为普通刀具、定尺寸刀具和成形刀具三类。普通刀具,如车刀、铣刀等,车刀的刀尖圆弧半径和铣刀的直径值在通过半径补偿功能进行补偿时,如果因磨损发生变化就会影响加工尺寸的准确性。定尺寸的刀具如钻头、铰刀、拉刀等,它们的尺寸、形状误差以及使用后的磨损将会直接影响加工表面的尺寸与形状;刀具的安装误差会使加工表面尺寸扩大(如铣刀安装时刀具轴线与主轴轴线不同轴,就相当于加大了刀具半径)。成形刀具的形状误差则直接影响加工表面的形状精度。

2)夹具误差　夹具误差主要是指定位元件对定位装置及夹具体等零件的制造、装配误差及工作表面磨损等。夹具确定工件与刀具(机床)间的相对位置,所以夹具误差对加工精度,尤其是加工表面的相对位置精度,有很大影响。

3)工件定位误差　工件的定位误差是指由于定位不正确所引起的误差,它对加工精度也有直接的影响。

4. 调整误差

在机械加工时,工件与刀具的相对位置需要进行必要的调整(如对刀、试切)才能准确。因此,除要求机床、刀具和夹具应具有一定的精度外,调整误差也是主要因素之一。影响调整误差的主要因素有:测量误差、进给机构微量位移误差、重复定位误差等。

(二)工艺系统受力变形引起的加工误差

在机械加工过程中,工艺系统在切削力、夹紧力、传动力、重力、惯性力等外力作用下会引起相应的变形和在连接处产生位移,致使工件和刀具的相对位置发生变化,从而引起加工误差。一般情况下,这种误差往往占工件总加工误差的较大比重。

工艺系统的刚度:刚度是物体或系统抵抗外力使其发生变形的能力。用变形方向上的外力与变形量的比值 K 来表示。

$$K = F/Y$$

式中: F——静载外力(N)

Y——在外力作用方向上的静变形量(mm)

机械加工过程中,由吃刀抗力 F_y 引起的工艺系统受力变形对加工精度影响最大,所以常用吃刀抗力测定机床的静刚度,即

$$K = F_y/Y \qquad 变形量 Y = F_y/K$$

由上式可以看出,要减小因受力而引起的变形,就要提高工艺系统的刚度。

(三)工艺系统热变形所引起的加工误差

工艺系统在各种热源作用下将产生复杂的热变形,使工件和刀具的相对位置发生变化,或因加工后工件冷却收缩,从而引起加工误差。

数控机床大多进行精密加工,由于工艺系统热变形引起的加工误差约占总误差的40%

～70％。因此，许多数控机床要求工作环境保持恒温，在加工过程中使用冷却液等方法可以有效地减小工艺系统的热变形。

（四）工件内应力所引起的变形

所谓内应力是指当外部的载荷去除以后，仍然残存在工件内部的应力。如果零件的毛坯或半成品有内应力，则在继续加工时被切去一层金属，破坏了原有表面上的平衡，内应力将重新分布，工件发生变形，这种情况在粗加工时最为明显。

引起内应力的主要原因是热变形和力变形。在铸、锻、焊、热处理等热加工过程中，由于毛坯各部分冷却收缩不均匀而引起的应力称为热应力。在进行冷轧、冷校直和切削时，由于毛坯或工件受力不均匀，产生局部变形所引起的内应力称为塑变应力。

去除工件内应力的方法是进行时效处理，时效处理分为自然时效和人工时效两种，自然时效是在大气温度变化的影响下使内应力逐渐消失的时效处理方法，一般需要二、三个月甚至半年以上的时间。人工时效是使毛坯或半成品加热后随加热炉缓慢冷却，达到加快内应力消失的时效处理方法，用时较短。大型零件、精度要求高的零件在粗加工后要经过时效处理才能进行精加工；精度要求特别高的工件要经过几次时效处理。

二、表面质量分析

零件的表面质量包括表面粗糙度、表面波度和表面层物理力学性能等三个方面的内容。表面粗糙度是指表面微观几何形状误差，表面波度是指周期性的几何形状误差，表面层物理力学性能主要是指表面冷作硬化和残余应力等。

影响表面质量的因素：

1. 影响表面粗糙度的因素

1）刀具切削刃的几何形状　刀具相对工件作进给运动时，在加工表面上留下了切削层残留面积，其形状完全是刀具切削刃形状在加工过程中的复映。残留面积越大，表面粗糙度越大。要减小切削层残留面积可以采取减小刀具主、副偏角和增大刀尖圆弧半径等措施。

2）工件材料的性质　切削塑性材料时，切削变形大，切屑与工件分离产生的撕裂作用，加大了表面粗糙度。所以在切削中、低碳钢时，为改善切削性能可在加工前进行调质或正火处理。一般情况下，硬度在 HB170-230 范围内的材料切削性能较好。切脆性材料时，切屑呈碎粒状，由于切屑崩碎时会在表面留下麻点，使表面粗糙。如果降低切削用量，使用煤油润滑冷却，则可减轻切屑崩碎现象，减小表面粗糙度。

3）切削用量　在一定的切削速度范围内，加工塑性材料容易产生积屑瘤或鳞刺，应避开这个切削速度范围（一般为小于 80m/min 时）。适当减小进给量可减小残留面积，减小粗糙度值。一般背吃刀量对表面粗糙度值影响不大。

4）工艺系统的振动　工艺系统的振动分为强迫振动和自激振动两类。强迫振动是由外界周期性干扰力的作用而引起的，如断续切削，旋转零、部件不平衡，以及传动系统的制造和装配误差等引起的振动是强迫振动。自激振动是在切削过程中，由工艺系统本身激发的，自激振动伴随整个切削过程。

减小强迫振动的主要途径是消除振源，采取隔振措施和提高系统刚度等。抑制自激振动的主要措施是合理地确定切削用量和刀具的几何角度，提高工艺系统各环节的抗振性（如增加接触刚度，加工时增加工件的辅助支承）以及采用减振器等措施。

2. 影响表面冷硬、残余应力的因素

1)影响表面冷硬的因素　影响表面冷硬的主要因素是刀具的几何形状和切削用量。刀具的刃口圆弧半径大,对表面层的挤压作用大,使冷作硬化现象严重。增大刀具前角,可减小切削层塑性变形程度,冷硬现象减小。切削速度适当增大,切削层塑性变形增大,冷硬严重,此外,工件材料塑性大,冷硬也严重。

2)影响表面残余应力的因素　如切削温度不高,表面层以冷塑变形为主,将产生残余压应力;如切削温度高,表面层产生热塑变形,将产生残余拉应力,表面残余应力将引起工件变形,尤其是表面拉应力将会降低其疲劳强度。

表面残余应力可通过光整加工、表面强化、表面热处理和时效处理等方法消除。

任务 2.2　工件装夹与定位基准的选择

数控铣床和加工中心加工零件时一般只要求有简单的定位、夹紧机构,其原理与通用镗、铣床夹具是相同的,常用的夹具有各种压板、虎钳、分度头和三爪自定心卡盘等,小批量生产可以使用组合夹具、可调夹具,大批量生产可以使用专用夹具。

一、常用的工件装夹方法

铣削件在机床上的安装大多采用一面两销定位,直接在工件上找正,有夹具则在夹具上找正。

所谓找正,是指把千分表或百分表固定在机床床身某个位置,表针压在工件或夹具的定位基准面上,然后使机床工作台沿垂直于表针的方向移动,调整工件或夹具的位置使指针基本保持不动,则说明工件的定位基准面与机床该方向的导轨平行。

对加工内容多的零件应利用夹具采用一面两销的方式装夹,对夹具的基本要求是:

1. 夹紧机构或其他元件不能影响进给,加工部位要开敞。为保持工件在本工序中所有需要完成的待加工面充分暴露在外,夹具要尽可能开敞,因此要求夹持工件后夹具上一些组成件(如定位块、压块和螺栓等)不能与刀具运动轨迹发生干涉。

夹紧机构元件与加工面之间应保持一定的安全距离,同时要求夹紧机构元件能低则低,以防止夹具与机床主轴套筒或刀套、刀在加工过程中发生碰撞。

2. 为保持零件安装方位与机床坐标系及编程坐标系方向的一致性,夹具应能保证在机床上实现定向安装,还要求能使零件定位面与机床之间保持一定的坐标联系。

3. 夹具的刚性和稳定性要好。夹紧力应尽量靠近主要支撑点,尽量不采用在加工过程中更换夹紧点的设计。

二、定位基准的选择

1. 选择定位基准的基本要求

遵循六点定位原则,在选择定位基准时要全面考虑各个工位的加工情况,满足三个要求。

1)所选基准应能保证工件定位准确,装卸方便、迅速,夹紧可靠,夹具结构简单。

2)所选基准与各加工部位间的各个尺寸计算简单。

3)保证各项加工精度。

2. 选择定位基准的原则

1）尽量选择零件上的设计基准作为定位基准。这样不仅可以避免因基准不重合引起的定位误差，保证加工精度，而且可以简化程序编制。

2）当零件的定位基准与设计基准不能重合且加工面与其设计基准又不能在一次安装内同时加工时，应认真分析装配图纸，确定该零件设计基准的设计功能，通过尺寸链的计算，严格规定定位基准与设计基准间的公差范围，确保加工精度。

3）当无法同时完成包括设计基准在内的全部表面加工时，要考虑用所选基准定位后，一次装夹能够完成全部关键精度部位的加工。

4）定位基准的选择要保证完成尽可能多的加工内容，为此，要考虑便于各个表面都能被加工的定位方式。

5）批量加工时，零件定位基准应尽可能与建立工件坐标系的对刀基准重合。可直接按定位基准对刀，减少对刀误差。但在单件加工（每加工一件对一次刀）时，工件坐标系原点和对刀基准的选择主要考虑便于编程和测量，可不与定位基准重合。

6）必须多次安装时应遵从基准统一原则。

任务 2.3　数控铣削加工工艺规程

一、走刀路线和加工顺序的确定

走刀路线是刀具在整个加工工序中相对于工件的运动轨迹，它不但包括了工步的内容，而且也反映出工步加工的顺序。工步顺序是指同一道工序中，各个表面加工的先后顺序。它对零件的加工质量、加工效率和数控加工中的走刀路线有直接影响，应根据零件的结构特点和工序的加工要求等合理安排。在确定走刀路线时，主要考虑以下几点：

1. 对点位加工的数控机床，如钻、镗床要考虑尽可能缩短走刀路线，以减少空程时间，提高加工效率。

2. 为保证工件轮廓表面加工后的粗糙度要求，最终轮廓应安排最后一次走刀连续加工。

3. 刀具的进退刀路线必须认真考虑，要尽量避免在轮廓处停刀或垂直切入切出工件，以免留下刀痕。在铣削零件外轮廓时，铣刀应从轮廓的延长线上切入切出，或从轮廓的切向切入切出。在铣削内轮廓时，应从轮廓的切向切入切出，以避免在工件表面上留下刀痕。

4. 铣削轮廓的加工路线要合理，一般采用双向切削、单向切削和环形的走刀方式如图 2-1 所示。在铣削封闭的内轮廓时，刀具的切入或切出不允许外延，最好选在两面的交界处，否则，会产生刀痕。为保证表面质量，一般选择图 2-2 所示的走刀路线。

二、刀具的选择

1. 常用的铣刀类型

常用的有圆柱铣刀、立铣刀、硬质合金面铣刀、键槽铣刀、三面刃铣刀、半圆键槽铣刀、锯片铣刀、角度铣刀和球头铣刀等，如图 2-3 所示。

2. 铣刀主要参数的选择

刀具的选择应考虑工件材质、加工轮廓类型、机床允许的切削用量和刚性以及刀具耐用

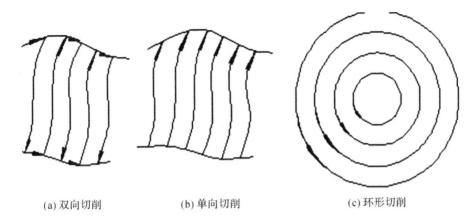

(a) 双向切削　　　　(b) 单向切削　　　　(c) 环形切削

图 2-1　轮廓加工的常用走刀方式

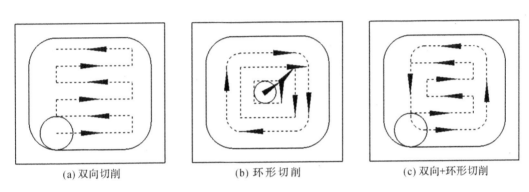

(a) 双向切削　　　　(b) 环形切削　　　　(c) 双向+环形切削

图 2-2　封闭内轮廓常用走刀方式

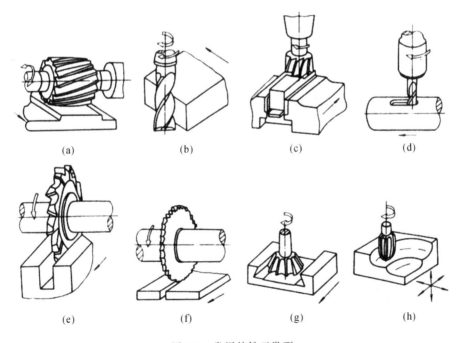

(a)　　　　(b)　　　　(c)　　　　(d)

(e)　　　　(f)　　　　(g)　　　　(h)

图 2-3　常用的铣刀类型

度等因素。一般情况下应优先选用标准刀具(特别是硬质合金可转位刀具),必要时可采用各种高生产率的复合刀具及其他一些专用刀具。对于硬度大的难加工工件,可选用整体硬质合金、陶瓷刀具、CBN 刀具等。

1)面铣刀主要参数的选择(如图 2-4 所示)

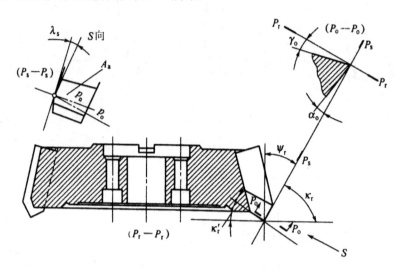

图 2-4 面铣刀主要参数

标准可转位面铣刀直径为 Φ16～Φ630mm,应根据侧吃刀量 ae,选择适当的铣刀直径,尽量包容工件整个加工宽度,以提高加工精度和效率,减小相邻两次进给之间的接刀痕迹和保证铣刀的耐用度。可转位面铣刀有粗齿、细齿和密齿三种。粗齿铣刀容屑空间大,常用于粗铣钢件;粗铣带断续表面的铸件和在平稳条件下铣削钢件时,可选用细齿铣刀。密齿铣刀的每齿进给量较小,主要用于加工薄壁铸件。

铣刀的磨损主要发生在后刀面上,因此适当加大后角,可减少铣刀的磨损,常取 $\alpha_0 = 5°$ ～12°,工件材料软时取大值,工件材料硬时取小值;粗齿铣刀取小值,细齿铣刀取大值。铣削时冲击力大,为了保护刀尖,硬质合金面铣刀的刃倾角常取 $\lambda s = 5° \sim 15°$。只有在铣削低强度材料时,取 $\lambda s = 5°$。主偏角 kr 在 45°～90°范围内选取,铣削铸铁常用 45°,铣削一般钢材常用 75°,铣削带凸肩的平面或薄壁零件时要用 90°。

2)立铣刀主要参数的选择

立铣刀的尺寸参数,如图 2-5 所示。推荐按下述经验数据选取。

①刀具半径 R 应小于零件内轮廓面的最小曲率半径,一般取 $R = (0.8 \sim 0.9)\rho$。

②零件的加工高度 H≤(4～6)R,以保证刀具具有足够的刚度。

③对不通孔(深槽),选取 L＝H＋(5～10)mm(L 为刀具切削部分长度,H 为零件高度)。

④加工外形及通槽时,选取 L＝H＋r＋(5～10)mm(r 为端刃圆角半径)。

⑤加工筋时,刀具直径为 D＝(5～10)b(b 为筋的厚度)。

⑥粗加工内轮廓面时(如图 2-6),铣刀最大直径 $D_{粗}$ 可按下面的公式计算。

$$D_{粗} = 2(\delta \sin\omega/2 - \delta_1)/(1 - \sin\omega/2) + D \qquad (2-1)$$

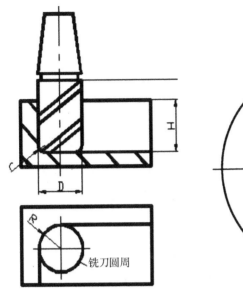

图 2-5　立铣刀尺寸参数

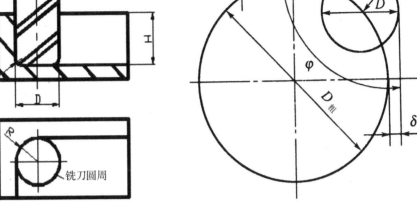

图 2-6　粗加工立铣刀直径计算

式中:D——轮廓的最小凹圆直径(mm);

　　　δ——圆角邻边夹角等分线上的精加工余量(mm);

　　　δ1——精加工余量(mm);

　　　ω——圆角两邻边的夹角(°)。

三、切削用量和铣削方式的选择

1. 铣削用量考虑的因素

铣削加工用量包括主轴转速(切削速度)、进给速度、背吃刀量和侧吃刀量。切削用量的确定应根据加工性质、加工要求、工件材料及刀具的材料和尺寸等查阅切削用量手册、刀具产品目录推荐的参数并结合实践经验确定。通常考虑如下因素:

1)刀具差异　不同厂家生产的刀具质量相差较大,因此切削用量须根据实际所用的刀具和现场经验加以调整。

2)机床特性　切削用量受机床电动机的功率和机床刚性的限制,必须在机床说明书规定的范围内选取。避免因功率不够造成闷车、刚性不足而产生大的机床变形或振动,影响加工精度和表面粗糙度。

3)数控机床生产率　数控机床的工时费用较高,刀具损耗费用所占比重较低,应尽量用高的切削用量,通过适当降低刀具寿命来提高数控机床的生产率。

2. 铣削用量的选择方法(如图 2-7 所示)

1)背吃刀量 a_P(端铣)或侧吃刀量 a_e(圆周铣)的选择

背吃刀量 a_P 为平行于铣刀轴线测量的切削层尺寸。端铣时,a_P 为切削层深度;而圆周铣削时,a_P 为被加工表面的宽度。侧吃刀量 a_e 为垂直于铣刀轴线测量的切削层尺寸。端铣时,a_P 为被加工表面宽度;而圆周铣削时,a_e 为切削层的深度。

背吃刀量或侧吃刀量的选取主要由加工余量和对表面质量的要求决定。

在工件表面粗糙度值要求为 $Ra=12.5\sim25\mu m$ 时,如果圆周铣削的加工余量小于

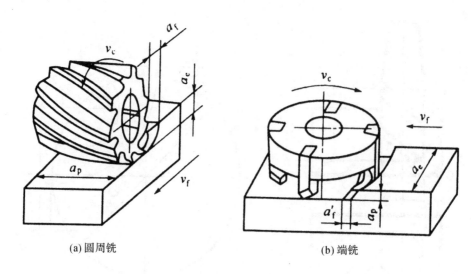

(a)圆周铣   (b)端铣

图 2-7　铣削用量

5mm，端铣的加工余量小于 6mm，则粗铣一次进给就可以达到要求。但在余量较大，工艺系统刚性较差或机床动力不足时，可分两次进给完成。

在工件表面粗糙度值要求为 $Ra=3.2\sim12.5\mu m$ 时，可分粗铣和半精铣两步进行。粗铣时背吃刀量或侧吃刀量选取同前述。粗铣后留 0.5～1.0 余量，在半精铣时切除。

在工件表面粗糙度值要求为 $Ra=0.8\sim3.2\mu m$ 时，可分粗铣、半粗铣、精铣三步进行。半精铣时背吃刀量或侧吃刀量取 1.5～2.0mm；精铣时圆周铣侧吃量取 0.3～0.5mm，面铣刀背吃刀量取 0.5～1.0mm。

2)进给量 f(mm/r)与进给速度 V_f(mm/min)的选择

铣削加工的进给量是指刀具转一周，工件与刀具沿进给运动方向的相对位移量；进给速度是单位时间内工件与铣刀沿进给方向的相对位移量。进给量与进给速度是根据零件的表面粗糙度、加工精度要求、刀具及工件材料等因素，参考切削用量手册选取。工件刚性差或刀具强度低时，应取小值。

铣刀为多齿刀具，其进给速度 V_f、刀具转速 n、刀具齿数 Z 及进给量 f 的关系为：

$$V_f=nzf_z \qquad\qquad f=zf_z \qquad\qquad f_z\ 为每齿进给量。$$

3)切削速度 Vc(m/min)的选择

根据已经选定的背吃刀量、进给量及刀具耐用度选择切削速度。可用经验公式计算，也可根据生产实践经验，在机床说明书允许的切削速度范围内查阅有关切削用量手册。实际编程中，切削速度 Vc 确定后，还要计算出铣床主轴转速 n(r/min)并填入程序单中。

3. 铣削方式的选择

用铣刀圆周上的切削刃来铣削工件的平面，叫做周铣法。它有两种铣削方式：

1)逆铣法：铣刀的旋转切入方向和工件进给方向相反(逆向)，如图 2-8(a)，其特点是：

①逆铣工件上表面时，铣削力的垂直分力向上，装夹工件时需要较大的夹紧力。

②逆铣时，每个刀刃的切削厚度都是由小到大逐渐变化的。当刀齿刚与工件接触时，切削厚度为零，后刀面与工件产生挤压和摩擦，只有当刀齿在前一刀齿留下的切削表面上滑过一段距离，切削厚度达到一定数值后，刀齿才真正开始切削。因此，在相同的切削条件下，采

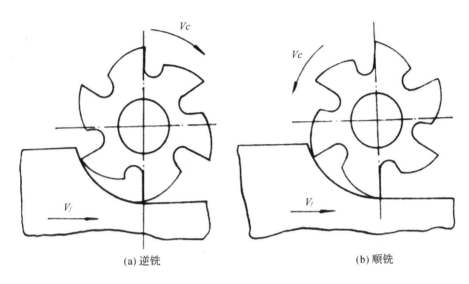

(a) 逆铣　　　　　　　　　　　　　　(b) 顺铣

图 2-8　两种铣削方式

用逆铣时,刀具易磨损,已加工表面的冷硬现象较严重。

③逆铣时,由于铣刀作用在工件上的水平切削力方向与工件进给运动方向相反,使丝杆螺纹与螺母螺纹的侧面总是贴在一起,工作台的丝杆与螺母间的间隙对铣削不产生影响。

2) 顺铣法:铣刀的旋转切入方向和工件进给方向相同(顺向),如图 2-8(b),其特点是:

①顺铣工件的上表面时,铣削力的垂直分力向下,将工件压向工作台,铣削较平稳。

②顺铣使得切削厚度都是由大到小逐渐变化,后刀面与工件之间无挤压和摩擦,加工表面精度较高。

③顺铣时,刀齿每次都是由工件表面开始切削,所以不宜用来加工有硬皮的工件。顺铣时由于铣刀切向力的方向与进给方向相同,工作台的丝杆与螺母间的间隙使铣削不断地出现移动,这样不仅破坏了切削过程的平稳性,影响工件的加工质量,而其严重时会损坏刀具,造成崩刃。

④顺铣时的平均切削厚度大,切削变形较小,与逆铣相比较,功率消耗要少些。

对于数控铣床,由于采用了滚珠丝杠螺母副传动,其反向间隙小。为提高加工质量,精加工时可考虑采用顺铣来加工。

四、换刀点与对刀点的确定

1. 换刀点　对加工中心,不管是有机械手换刀,还是无机械手换刀,其换刀点的 Z 向坐标是固定的。在自动换刀时,要考虑换刀时刀具的交换空间,不应使与工件或夹具相撞。为防止掉刀等意外情况,应使工件不在刀具交换空间之下,以防止万一掉刀时砸伤工件。对于铣床,需要操作者手动换刀,要使刀具处在有利于手动操作的位置。

2. 对刀点　通过对刀点可以确定工件坐标原点与机床坐标原点的尺寸关系。在选择时,应尽量将对刀点选在零件的设计基准和工艺基准上。以孔定位零件,应将孔的中心作为对刀点,对刀时,还应考虑便于观察、方便测量。对刀时,应使对刀点与基准点一致。

五、加工工艺文件的编写

当前数控加工工序卡片、数控加工刀具卡片及数控加工走刀路线图还没有统一的标准格式,都是由各个单位结合具体的情况自行确定。

1. 数控加工工序卡片　这种卡片是编制数控加工程序的主要依据和操作人员配合数控程序进行数控加工的主要指导性文件。主要包括:工步顺序、工步内容、各工步所用刀具及切削用量等。当工序加工内容十分复杂时,也可把工序简图画在工序卡片上,参考表2-1。

表 2-1　数控加工工艺卡片

单位名称		产品名称或代号		零件名称		零件图号	
工序号	程序编号	夹具名称		使用设备		车间	
001						数控中心	
工步号	工步内容	刀具号	刀具规格 mm	主轴转速 r/min	进给速度 mm/min	背吃刀量 mm	备注
1							
2							
编制		审核		批准		年 月 日	共 页　第 页

2. 数控加工刀具卡片　刀具卡片是组装刀具和调整刀具的依据。内容包括刀具号、刀具名称、刀柄型号、刀具直径和长度等参考表2-2。

表 2-2　数控加工刀具卡片

产品名称或代号			零件名称			零件图号	
序号	刀具号	刀具			加工表面	备注	
		规格名称	数量	刀具长 mm			
1	T01						
2	T02						
3	T03						
编制		审核		批准	年 月 日	共 页	第 页

3. 数控加工走刀路线图　主要反映加工过程中刀具的运动轨迹,其作用一方面是方便编程人员编程;另一方面是帮助操作人员了解刀具的走刀路线(轨迹),以便确定夹紧位置和夹紧元件的高度。

六、加工工艺分析实例

平面槽形凸轮,如图2-9所示。其外部轮廓尺寸已经由前道工序加工完,本工序的任务是在铣床上加工槽与孔。零件材料为HT200,其数控铣床加工工艺分析如下。

1. 零件图工艺分析

凸轮槽形内、外轮廓由直线和圆弧组成,凸轮槽侧面与两个内孔表面粗糙度值要求较小,凸轮槽内外轮廓面和孔与底面有垂直度要求。零件材料为HT200,切削加工性能较好。

根据上述分析,凸轮槽内、外轮廓及两个孔的加工应分粗、精加工两个阶段进行,以保证表面粗糙度要求。同时以底面A定位,提高装夹刚度以满足垂直度要求。

2. 确定装夹方案

根据零件的结构特点,加工两个孔时,以底面A定位(必要时可设工艺孔),采用螺旋压板机构夹紧。加工凸轮槽内外轮廓时,采用"一面两孔"方式定位,即以底面A和两个孔为

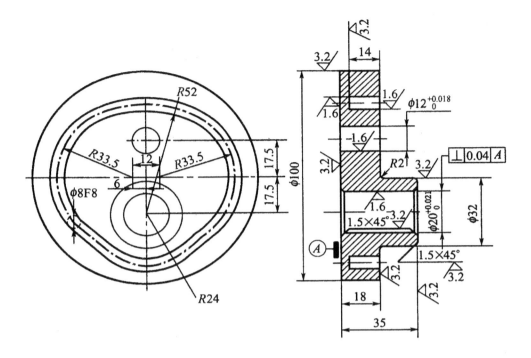

图 2-9　平面槽形凸轮

定位基准,装夹示意如图 2-10 所示。

3. 确定加工顺序及走刀路线

　　加工顺序的拟定按照基面先行、先粗后精的原则确定。因此应先加工用作定位基准的两个孔,然后加工凸轮槽内外轮廓表面。为保证加工精度,粗、精加工应分开,其中两个孔的加工采用钻-粗铰-精铰方案。走刀路线包括平面进给和深度进给两部分。平面进给时,外凸轮廓从切线方向切入,内凹轮廓从过渡圆弧切入。为使凸轮槽表面具有较好的表面质量,采用顺铣方式铣削。深度进给有两种方法:一种是在 x0z 平面(或 y0z 平面)来回铣削逐渐进刀到既定深度;另一种方法是先打一个工艺孔,然后从工艺孔进刀到即定深度。

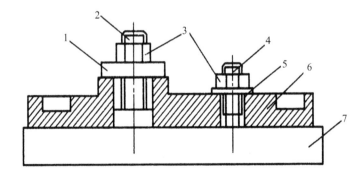

1. 开口垫圈;2. 带螺纹圆柱销;3. 压紧螺母;4. 带螺纹削边销;5. 垫圈;6. 工件;7. 垫块

图 2-10　凸轮槽加工装夹示意

4. 刀具的选择

铣削凸轮槽内、外轮廓时，铣刀直径受到槽宽（8mm）的限制，取为 6mm。粗加工选用 6mm 高速钢立铣刀，精加工选用 6mm 硬质合金立铣刀。所选刀具及加工表面如下表 2-3。

表 2-3　平面槽形凸轮数控加工刀具卡片

产品名称或代号	××××	零件名称			平面槽型凸轮		零件图号	0020
序号	刀具号	刀具			加工表面		备注	
		规格名称	数量	刀具长 mm				
1	T01	Φ5 中心钻	1		钻 Φ5 中心孔			
2	T02	Φ19.6 钻头	1	45	Φ20 孔粗加工			
3	T03	Φ11.6 钻头	1	30	Φ12 孔粗加工			
4	T04	Φ20 铰刀	1	45	Φ20 孔精加工			
5	T05	Φ12 铰刀	1	30	Φ12 孔精加工			
6	T06	90°倒角铣刀	1		Φ20 孔倒角 1.5×45°			
7	T07	Φ6 高速钢立铣刀	1	20	粗加工凸轮槽内外轮廓			
8	T08	Φ6 硬质合金立铣刀	1	20	精加工凸轮槽内外轮廓			
编制		审核		批准		年月日	共 页	第 页

5. 切削用量的选择

凸轮槽内、外轮廓精加工时留 0.1mm 余量，精铰两个孔时留 0.1mm 余量。选择主轴转速与进给速度时，先查切削用量手册，确定切削速度与每齿进给量，然后计算主轴转速与进给速度。

6. 填写数控加工工序卡

将各个工步的加工内容、所用刀具和切削用量填入工序卡片，如下表 2-4 所示。

表 2-4　平面槽形凸轮数控加工工序卡片

单位名称	××××	产品名称或代号	零件名称		零件图号		
		××××	平面槽形凸轮		0020		
工序号	程序编号	夹具名称	使用设备、		车间		
001	××××	螺旋压板	XK5034		数控中心		
工步号	工步内容	刀具号	刀具规格 mm	主轴转速 r/min	进给速度 mm/min	背吃刀量 mm	备注
1	A 面定位钻 Φ5 中心孔 2 处	T01	Φ5	800			手动
2	钻 Φ19.6 孔	T02	Φ19.6	400	50		自动
3	钻 Φ11.6 孔	T03	Φ11.6	400	50		自动
4	铰 Φ20 孔	T04	Φ20	150	30	0.2	自动
5	铰 Φ12 孔	T05	Φ12	150	30	0.2	自动
6	Φ20 孔倒角 1.5×45°	T06	90°	400	30		手动
7	面两孔定位，粗铣凸轮槽内轮廓	T07	Φ6	1200	50	4	自动
8	粗铣凸轮槽外轮廓	T07	Φ6	1200	50	4	自动
9	精铣凸轮槽内轮廓	T08	Φ6	1500	30	14	自动
10	精铣凸轮槽外轮廓	T08	Φ6	1500	30	14	自动
11	翻面装夹，铣 Φ20 孔另一侧倒角 1.5×45°	T06	90°	400	30		手动
编制		审核		批准		年 月 日	共 页 第 页

实训 2.1 工件装夹训练

一、台虎钳安装工件

机用台虎钳的正确与错误的安装比较如图 2-11 所示。

1. 工件安装步骤

首先将平口钳周边及装夹部位清洁干净,将适合的垫铁擦拭干净,并装入平口钳,将工件装入平口钳并夹紧。

具体步骤如下:

1)把工件放入钳口内,并在工件的下面垫上比工件窄、厚度适当且要求较高的等高垫块,然后把工件夹紧。

2)工件底面用等高垫铁垫起,为了使工件紧密地靠在垫块上,应用铜锤或木锤轻轻地敲击工件,直到用手不能轻易推动等高垫块时,最后再将工件夹紧在平口钳内。

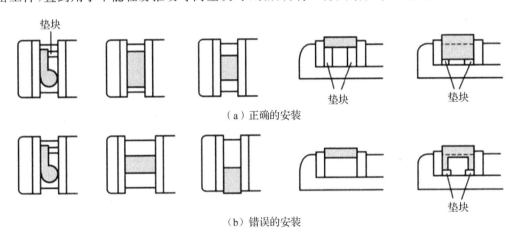

（a）正确的安装

（b）错误的安装

图 2-11 机用台虎钳的使用

3)工件应当紧固在钳口比较中间的位置,并使工件加工部位最低处高于钳口顶面(避免加工时刀具撞到或铣到虎钳),装夹高度以铣削尺寸高出钳口平面 3～5mm 为宜。

在安装过程中,要特别注意以下几项内容检查:

1)首先要将平口钳周边及装夹部位清洁干净。

2)夹紧工件前须用木榔头或橡皮锤敲击工件上表面,以保证夹紧可靠,如图 2-12 所示。不能用铁块等硬物敲击工件上表面。

3)夹紧时不能用铁块等硬物敲击夹紧扳手。

4)拖表使工件长度方向与 X 轴平行后,将虎钳锁紧在工作台。

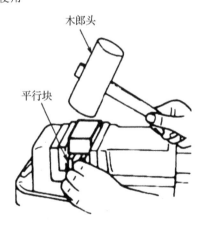

图 2-12 工件安装

也可以先通过拖表使钳口与 X 轴平行,然后锁紧虎钳在工作台上,再把工件装夹在虎钳上。如果必要可再对工件拖表检查长度方向与 X 轴是否平行。

5)必要时拖表检查工件宽度方向与 Y 轴是否平行。

6)必要时拖表检查工件顶面与工作台是否平行。

二、用组合压板安装工件

找正装夹　是按工件的有关表面作为找正依据,用百分表逐个地找正工件相对于机床和刀具的位置,然后把工件夹紧。利用靠棒确定工件在工作台中的位置,将机器坐标值置于 G54 坐标系中(或其他坐标系),以确定工件坐标零点。

用专用夹具装夹　是靠夹具来保证工件相对于刀具及机床所需的位置,并使其夹紧。工件在夹具中的正确定位,是通过工件上的定位基准面与夹具上的定位元件相接触而实现的,不再需要找正便可将工件夹紧。夹具预先在机床上已调整好位置,因此工件通过夹具相对于机床也就有了正确位置。这种装夹方法在成批生产中广泛运用。

1. 直接在工作台上安装工件的找正安装

用压板装夹、百分表找正如图 2-13 所示。将工件直接压在工作台面上,也可在工件下面垫上厚度适当且要求较高的等高垫块后再将其压紧。

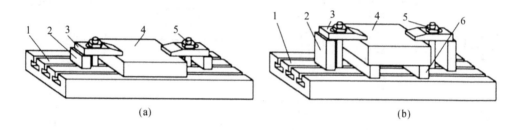

(a)　　　　　　　　　　　　(b)

1. 工作台;2. 支承块;3. 压板;4. 工件;5. 双头螺柱;6. 等高垫块

图 2-13　组合压板安装工件的方法

1)根据加工零件的高度,调节好工作台的位置。

2)在工作台面上放上两块等高垫铁(垫铁一般与 Y 轴平行放置,其位置、尺寸大小应不影响工件的切削,且位置尽可能相距远一些),放上工件(由于数控铣床在 X 轴方向的运行范围比在 Y 轴方向的运行范围大,所以编程、装夹时零件纵向一般与 X 轴平行),把双头螺柱的一端拧入 T 形螺母(2 个)内,把 T 形螺母插入工作台面的 T 形槽内,双头螺柱的另一端套上压板(压板一端压在工件上,另一端放在与工件上表面平行或稍微高的垫铁上),放上垫圈,拧入螺母,到用手拧不动为止。以上是对零件进行挖槽类加工时的装夹,如果是加工外轮廓,则先插好带双头螺柱的 T 形螺母(1 个),在工作台面上放上两块等高垫铁,放上工件,套上压板,放上垫圈,拧入螺母,到用手拧不动为止。

3)伸出主轴套筒,装上带百分表的磁性表座,使百分表触头与工件的前侧面(即靠近人的侧面)接触,移动 X 轴,观察百分表的指针晃动情况(同样只要观察触头与工件侧面接近两端时的情况就可),根据晃动情况用紫铜棒轻敲工件侧面,调整好,拧紧螺母,然后再移动 X 轴,观察百分表指针的晃动情况,用紫铜棒敲击工件侧面作微量调整,直至满足要求为止,最后彻底拧紧螺母。

4)取下磁性表座,装入刀具组,调节工作台的位置。

5)对刀操作。

2. 使用压板时注意事项

1)必须将工作台面和工件底面擦干净,不能拖拉粗糙的铸件、锻件等,以免划伤台面。

2)压板的位置要安排得妥当,要压在工件刚性最好的地方,不得与刀具发生干涉,夹紧力的大小也要适当,不然会产生变形,如图2-14所示。

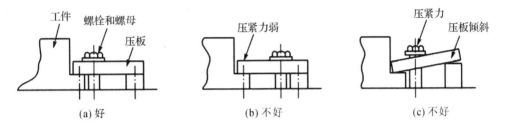

图 2-14 组合压板位置安排

3)支撑压板的支承块高度要与工件相同或略高于工件,压板螺栓必须尽量靠近工件,并且螺栓到工件的距离应小于螺栓到支承块的距离,以便增大压紧力。螺母必须拧紧,否则将会因压力不够而使工件移动,以致损坏工件、机床和刀具,甚至发生意外事故,如图 2-15 所示。

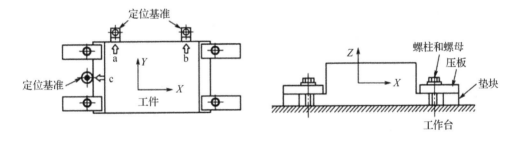

图 2-15 组合压板与定位基准

3. 操作方法

1)用压板将工件轻轻夹持在机床的工作台上。

2)将磁力表座吸到主轴上。

3)装好百分表,将测量杆垂直要找正的表面(以工件上某个表面作为找正的基准面),并有 0.3～1mm 的压缩量。

4)用手轮方式移动工作台,观察指针的变化,找出最高点和最低点,用铜锤轻敲工件,直至找正在公差之内。

5)找正后,旋紧螺母,再用百分表校正,直至符合要求。

4. 特点

1)定位精度与所用量具的测量精度和操作者的技术水平有关。

2)只适用于单件小批生产以及在不便使用夹具夹持的情况下。

3)定位精度在 0.005～0.02mm 之间。

5. 工件安装与找正注意事项

在工件安装与找正过程中,要注意以下几点:

1)工件的外轮廓不能影响机床的正常运动,且工件所有加工部位一定要落在机床的工作行程之内。

2)工件的安装方向应与工件编程时坐标方向相同,谨防加工坐标的转向。

3)工件上对刀点位置尽量避免有装夹辅具,减小工件安装对对刀的影响。

4)工件上的找正长边尽量与机床工作台的纵向一致,以便于工件的找正。

5)工件的压紧螺钉位置,不能影响刀具的切入与切出;压紧螺钉的高度尽量低,防止刀具从任意位置快速到达加工安全高度时与压紧螺钉相撞。

实训 2.2　刀具的装卸训练

一、数控铣床的刀具装卸

由于数控铣床没有刀具库,因此在加工零件时往往要用同一个刀柄装不同尺寸的刀具,这样就要进行刀具的更换。

1. 手动在主轴上装卸刀柄方法

1)确认刀具和刀柄的重量不超过机床规定的许用最大重量。

2)清洁刀柄锥面和主轴锥孔。

3)左手握住刀柄,将刀柄的键槽对准主轴端面键垂直伸入到主轴内,不可倾斜。

4)右手按下换刀按钮,压缩空气从主轴内吹出以清洁主轴和刀柄,按住此按钮,然后左手往上托一下,直到刀柄锥面与主轴锥孔完全贴合后,松开按钮,刀柄即被自动夹紧,确认夹紧后方可松手。

5)刀柄装上后,用手转动主轴检查刀柄是否正确装夹。

6)卸刀柄时,先用左手握住刀柄,再用右手按换刀按钮,等夹头松开后,左手取出刀具组,右手松开刀柄松开、夹紧键。用左手托住刀具组时用力不可过小,以免松开夹头后刀具组往下掉而损坏刀具、刀具冲击工作台面而损坏台面。

2. 在手动换刀过程中应注意问题

1)应选择有足够刚度的刀具及刀柄,同时在装配刀具时保持合理的悬伸长度,以避免刀具在加工过程中产生变形。

2)卸刀柄时,必须要有足够的动作空间,刀柄不能与工作台上的工件、夹具发生干涉。

3)换刀过程中严禁主轴运转。

3. 锥柄刀具的更换

1)用卸刀具的方法,把锥柄刀具卸下。

2)把锥柄刀具组放在锁刀座上(如果没有就放在台虎钳上,使刀柄缺口与台虎钳钳口面相对,轻轻拧紧台虎钳),用扳手把拉钉拧下。

3)用内六角扳手把内六角吊紧螺钉拧松,用细长圆棒一端与内六角吊紧螺钉头接触(在台虎钳上操作时,拧松台虎钳,取下刀具组,把台虎钳的钳口拧小,使刀柄缺口的下端面与台虎钳钳口的上平面接触),另一端用锤子轻轻敲击,使锥柄锥面与刀柄体分离,然后继续用内六角扳手把内六角吊紧螺钉拧下,取出锥柄刀具。

4)把需要更换的锥柄刀具插入刀柄体锥孔内,用内六角扳手把内六角吊紧螺钉拧紧,然后把拉钉拧到刀柄体上,并拧紧。

对于斜柄钻夹头等装卸,取下刀具组后,按普通机床中关于刀具的装卸方法进行。

二、自动换刀装置(ATC)的操作

机床在自动运行中,ATC换刀的操作是靠执行换刀程序自动完成的。当手动操作机床时,ATC的换刀是由人工操作完成或用单节程式(MDI)工作方式完成。

1. 刀库装刀的操作

刀库手动操作相关键如下:

刀库正转键

刀库反转键

注意:刀库正转反转只能在手动、手轮、增量寸动方式下进行。

刀库旋转时一定要刀库定位后再按,否则刀库必乱无疑。

往刀库上装刀　刀夹上的键槽与刀库上的键要相配才能装紧(注:刀装好后,一定要左右旋转刀夹,看是否装紧)。

从刀库上卸刀　两手平稳分别握住刀具的上下端往外平拉。

2. 往主轴装卸刀的操作

立柱上有一个主轴刀具的松开与夹紧按钮(即手动换刀键),在手动、手轮、增量寸动方式下用来装卸刀。

往主轴装刀

把刀柄送入主轴锥孔(注意要让刀夹上的键槽与主轴上的键相配)。

按下手动换刀键,可自动把刀具"夹紧"在主轴上(注:要往下拽一下刀具,看是否装牢了)。

从主轴卸刀

用手拿牢主轴上的刀具(不准手托),以免掉落损坏刀具或机床工作台面。

按手动换刀键,停几秒,可实现"松开"主轴上的刀具。

3. MDI方式下的ATC操作——自动换刀

在单节程式(MDI)方式下,可完成自动换刀动作。

(1)方法

将操作方式旋钮旋至"单节程式"方式→F4(执行加工)→F3(MDI输入)→在对话框中输入TM6→F1(确定)或ENTER键→按下循环启动键。

(2)自动换刀执行过程

向刀库中放刀

主轴定位。

刀库推进至主轴,将主轴上刀具装至刀库上。

取刀

主轴提起。

刀库旋转,以将要换的刀转至换刀位处。

主轴下降,换上新刀。

刀库退回。

(3)刀库混乱的处理

1)用手动方式将刀库的一号刀位旋转至对正主轴中心。

2)将操作方式旋钮旋至"原点复归"。

3)按住刀库正转键(约5s),至屏幕上所显示的刀号变为T1。

4)执行换1号刀的操作:将操作方式旋钮旋至"单节程式"方式→F4(执行加工)→F3(MDI输入)→在对话框中输入T1M6→F1(确定)或ENTER键→按下循环启动键。

5)这时屏幕右下角会出现"执行加工中"后即消失,代表此主轴的刀号即是1号刀。

6)连续更换另一把刀,看是否呼叫2号即换成2号刀。如果是,则至此刀库混乱即调整完毕。

(4)注意事项

1)按刀库正、反转键时,一定要待刀库旋转到位后再按,否则会导致刀库混乱。

2)屏幕上显示的刀号,对应的刀库位上千万不能装有刀。

3)刀库混乱后调整时,切记1号刀库位不能装有刀。

4)在刀库混乱后调整中,将屏幕当前刀号强制变为"T1"后,切记要执行换1号刀的动作。

思考练习题

2-1 机械加工工艺系统由哪几个部分组成?

2-2 影响工件表面粗糙度的因素有哪些?

2-3 选择基准的原则是什么?

2-4 试述数控加工工艺的特点。制订数控铣削加工工艺方案时,应遵循哪些基本原则?

2-5 刀具的起始点是什么意思?在设定起始点时应考虑哪些因素?

2-6 工艺分析包括哪些主要内容?对零件材料、件数的分析有何意义?

2-7 确定夹力方向应遵循哪些原则?

2-8 什么是六点定位?

2-9 什么是定位误差?

2-10 机床误差有哪些?对加工工件质量主要影响什么?

2-11 数控机床使用的刀具有什么特点?选用刀具时应注意哪些问题?

2-12 确定铣刀进给路线时,应考虑哪些问题?

2-13 确定铣刀切削用量时,应考虑哪些问题?

2-14 什么是顺铣?什么是逆铣?数控机床的顺铣和逆铣各有什么特点?在实际加工中如何应用?

2-15 哪些工件适合采用螺栓、压板装夹?

2-16　常见的工件安装需准备哪些工、刀、量和辅具?

2-17　一般情况下,工件的装夹方法有哪几种?

2-18　六角扳手、百分表、平行垫铁、木榔头和压板有何作用?

2-19　对刀具正确安装操作有什么要求?

项目三　数控铣床简单编程指令

※ 知识目标

1. 了解数控程序编制的概念；
2. 掌握数控机床坐标系的建立；
3. 掌握数控编程常用指令；
4. 掌握程序编制中刀具长度、半径补偿及其实现。

※ 能力目标

1. 能正确分析和处理零件图中的一些关键数据信息，编写简短的数控机床加工程序段；
2. 能正确建立刀具补偿，实现简单零件的机床试加工。

任务 3.1　数控铣床程序编制的一般方法

在编制数控加工程序前，应首先了解：数控程序编制的主要工作内容，程序编制的工作步骤，每一步应遵循的工作原则等，最终才能获得满足要求的数控程序。程序样本如下所示：

O0001；
N10 G54 G90 G40 G49 G80；
N20 G00 Z100.0；
N30 X0 Y0；
N40 M03 S800；
N50 X-60.0 Y-60.0；
N60 Z5.0；
N70 G01 Z-3.0 F80；
N80 G41 G01 X-45.0 Y-45.0 D01 F200；
……
N160 M30；

一、数控程序编制的定义

编制数控加工程序是使用数控机床的一项重要技术工作，理想的数控程序不仅应该保证加工出符合零件图样要求的合格零件，还应该使数控机床的功能得到合理的应用与充分的发挥，使数控机床能安全、可靠、高效的工作。

1. 数控程序编制的内容及步骤

数控编程是指从零件图纸到获得数控加工程序的全部工作过程。如图 3-1 所示，编程工作主要包括：

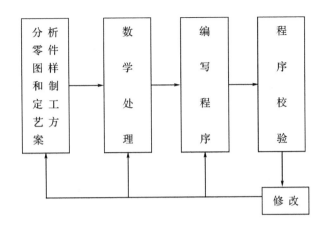

图 3-1　数控程序编制的内容及步骤

（1）分析零件图样和制定工艺方案

这项工作的内容包括：对零件图样进行分析，明确加工的内容和要求；确定加工方案；选择适合的数控机床；选择或设计刀具和夹具；确定合理的走刀路线及选择合理的切削用量等。这一工作要求编程人员能够对零件图样的技术特性、几何形状、尺寸及工艺要求进行分析，并结合数控机床使用的基础知识，如数控机床的规格、性能、数控系统的功能等，确定加工方法和加工路线。

（2）数学处理

在确定了工艺方案后，就需要根据零件的几何尺寸、加工路线等，计算刀具中心运动轨迹，以获得刀位数据。数控系统一般均具有直线插补与圆弧插补功能，对于加工由圆弧和直线组成的较简单的平面零件，只需要计算出零件轮廓上相邻几何元素交点或切点的坐标值，得出各几何元素的起点、终点、圆弧的圆心坐标值等，就能满足编程要求。当零件的几何形状与控制系统的插补功能不一致时，就需要进行较复杂的数值计算，一般需要使用计算机辅助计算，否则难以完成。

（3）编写零件加工程序

在完成上述工艺处理及数值计算工作后，即可编写零件加工程序。程序编制人员使用数控系统的程序指令，按照规定的程序格式，逐段编写加工程序。程序编制人员应对数控机床的功能、程序指令及代码十分熟悉，才能编写出正确的加工程序。

（4）程序检验

将编写好的加工程序输入数控系统，就可控制数控机床的加工工作。一般在正式加工之前，要对程序进行检验。通常可采用机床空运转的方式，来检查机床动作和运动轨迹的正确性，以检验程序。在具有图形模拟显示功能的数控机床上，可通过显示走刀轨迹或模拟刀具对工件的切削过程，对程序进行检查。对于形状复杂和要求高的零件，也可采用铝件、塑料或石蜡等易切材料进行试切来检验程序。通过检查试件，不仅可确认程序是否正确，还可知道加工精度是否符合要求。若能采用与被加工零件材料相同的材料进行试切，则更能反映实际加工效果，当发现加工的零件不符合加工技术要求时，可修改程序或采取尺寸补偿等措施。

2. 数控程序编制的方法

数控加工程序的编制方法主要有两种:手工编制程序和自动编制程序。

(1)手工编程

手工编程指主要由人工来完成数控编程中各个阶段的工作。如图 3-2 所示。

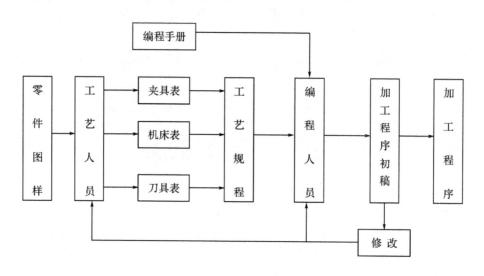

图 3-2　手工编程

一般对几何形状不太复杂的零件,因所需的加工程序不长,计算也比较简单,因此用手工编程比较合适。但对于一些复杂零件,特别是具有非圆曲线的表面,或者零件的几何元素并不复杂,但程序量很大的零件(如一个零件上有许多个孔或平面轮廓由许多段圆弧组成),或当铣削轮廓时,数控系统不具备刀具半径自动补偿功能,而只能以刀具中心的运动轨迹进行编程等特殊情况,由于计算相当繁琐且程序量大,手工编程就难以胜任,即使能够编出程序来,往往耗费很长时间,而且容易出现错误。据国外统计,当采用手工编程时,一个零件的编程时间与在机床上实际加工时间之比,平均约为 30:1,而数控机床不能开动的原因中有 20%～30% 是由于加工程序编制困难,编程所用时间较长,造成机床停机。因此,为了缩短生产周期,提高数控机床的利用率,有效地解决各种模具及复杂零件的加工问题,采用手工编制程序已不能满足要求,而必须采用"自动编制程序"的办法。

(2)计算机自动编程

自动编程是指在编程过程中,除了分析零件图样和制定工艺方案由人工进行外,其余工作均由计算机辅助完成。

采用计算机自动编程时,数学处理、编写程序、检验程序等工作是由计算机自动完成的,由于计算机可自动绘制出刀具中心运动轨迹,使编程人员可及时检查程序是否正确,需要时可及时修改,以获得正确的程序。又由于计算机自动编程代替程序编制人员完成了繁琐的数值计算,可提高编程效率几十倍乃至上百倍,因此解决了手工编程无法解决的许多复杂零件的编程难题。因而,自动编程的特点就在于编程工作效率高,可解决复杂形状零件的编程难题。

根据输入方式的不同,可将自动编程分为图形数控自动编程、语言数控自动编程和语音数控自动编程等。图形数控自动编程是指将零件的图形信息直接输入计算机,通过自动编程软件的处理,得到数控加工程序。目前,图形数控自动编程是使用最为广泛的自动编程方式。语言数控自动编程指将加工零件的几何尺寸、工艺要求、切削参数及辅助信息等用数控语言编写成源程序后,输入到计算机中,再由计算机进一步处理得到零件加工程序。语音数控自动编程是采用语音识别器,将编程人员发出的加工指令声音转变为加工程序。

二、字与字的功能

1. 字符与代码

字符是用来组织、控制或表示数据的一些符号,如数字、字母、标点符号、数学运算符等。数控系统只能接受二进制信息,所以必须把字符转换成 8BIT 信息组合成的字节,用"0"和"1"组合的代码来表达。国际上广泛采用两种标准代码:

(1)ISO(International Standardization Organization)国际标准化组织标准代码,简称ISO 代码。

(2)EIA(Electronic Industries Association)美国电子工业协会标准代码,简称 EIA代码。

这两种标准代码的编码方法不同,在大多数现代数控机床上这两种代码都可以使用,只需用系统控制面板上的开关来选择,或用 G 功能指令来选择。

2. 字

在数控加工程序中,字是指一系列按规定排列的字符,作为一个信息单元存储、传递和操作。字是由一个英文字母与随后的若干位十进制数字组成,这个英文字母称为地址符。如:"X80"是一个字,X 为地址符,数字"80"为地址中的内容。

3. 字的功能

组成程序段的每一个字都有其特定的功能含义,以下以 FANUC-0i 数控系统的规范为主进行介绍,实际工作中,请遵照机床数控系统说明书来使用各个功能字。

(1)顺序号字 N

顺序号又称程序段号或程序段序号。顺序号位于程序段之首,由顺序号字 N 和后续数字组成。顺序号字 N 是地址符,后续数字一般为 1~4 位的正整数。数控加工中的顺序号实际上是程序段的名称,与程序执行的先后次序无关。数控系统不是按顺序号的次序来执行程序,而是按照程序段编写时的排列顺序逐段执行。

顺序号的作用:对程序的校对和检索修改;作为条件转向的目标,即作为转向目的程序段的名称。有顺序号的程序段可以进行复归操作,这是指加工可以从程序的中间开始,或回到程序中断处开始。

一般使用方法:编程时将第一程序段冠以 N10,以后以间隔 10 递增的方法设置顺序号,这样,在调试程序时,如果需要在 N10 和 N20 之间插入程序段时,就可以使用 N11、N12 等。

(2)准备功能字 G

准备功能字的地址符是 G,又称为 G 功能或 G 指令,是用于建立机床或控制系统工作方式的一种指令。后续数字一般为 1~3 位正整数,常用的 G 功能见表 3.1。

表 3.1　G 功能字含义表

G 功能字	FANUC 系统	SIEMENS 系统	G 功能字	FANUC 系统	SIEMENS 系统
G00	快速移动点定位	快速移动点定位	G65	用户宏指令	———
G01	直线插补	直线插补	G70	精加工循环	英制
G02	顺时针圆弧插补	顺时针圆弧插补	G71	外圆粗切循环	米制
G03	逆时针圆弧插补	逆时针圆弧插补	G72	端面粗切循环	———
G04	暂停	暂停	G73	封闭切削循环	———
G05	———	通过中间点圆弧插补	G74	深孔钻循环	———
G17	XY 平面选择	XY 平面选择	G75	外径切槽循环	———
G18	ZX 平面选择	ZX 平面选择	G76	复合螺纹切削循环	———
G19	YZ 平面选择	YZ 平面选择	G80	撤销固定循环	撤销固定循环
G32	螺纹切削	———	G81	定点钻孔循环	固定循环
G33	———	恒螺距螺纹切削	G90	绝对值编程	绝对尺寸
G40	刀具补偿注销	刀具补偿注销	G91	增量值编程	增量尺寸
G41	刀具补偿——左	刀具补偿——左	G92	螺纹切削循环	主轴转速极限
G42	刀具补偿——右	刀具补偿——右	G94	每分钟进给量	直线进给率
G43	刀具长度补偿——正	———	G95	每转进给量	旋转进给率
G44	刀具长度补偿——负	———	G96	恒线速控制	恒线速度
G49	刀具长度补偿注销	———	G97	恒线速取消	注销 G96
G50	主轴最高转速限制	———	G98	返回起始平面	———
G54~G59	加工坐标系设定	零点偏置	G99	返回 R 平面	———

（3）尺寸字

尺寸字用于确定机床上刀具运动终点的坐标位置。

其中,第一组 X,Y,Z,U,V,W,P,Q,R 用于确定终点的直线坐标尺寸;第二组 A,B,C,D,E 用于确定终点的角度坐标尺寸;第三组 I,J,K 用于确定圆弧轮廓的圆心坐标尺寸。在一些数控系统中,还可以用 P 指令暂停时间、用 R 指令圆弧的半径等。

多数数控系统可以用准备功能字来选择坐标尺寸的制式,如 FANUC 诸系统可用 G21/G22 来选择米制单位或英制单位,也有些系统用系统参数来设定尺寸制式。采用米制时,一般单位为 mm,如 X100 指令的坐标单位为 100mm。当然,一些数控系统可通过参数来选择不同的尺寸单位。

（4）进给功能字 F

进给功能字的地址符是 F,又称为 F 功能或 F 指令,用于指定切削的进给速度。一般只用每分钟进给。F 指令在螺纹切削程序段中常用来指令螺纹的导程。

（5）主轴转速功能字 S

主轴转速功能字的地址符是 S,又称为 S 功能或 S 指令,用于指定主轴转速。单位为 r/min。

（6）刀具功能字 T

刀具功能字的地址符是 T,又称为 T 功能或 T 指令,用于指定加工时所用刀具的编号。

（7）辅助功能字 M

辅助功能字的地址符是 M,后续数字一般为 1～2 位正整数,又称为 M 功能或 M 指令,用于指定数控机床辅助装置的开关动作,常用 M 功能表 3.2。

表 3.2　M 功能字含义表

M 功能字	含　义	M 功能字	含　义
M00	程序停止	M07	2 号冷却液开
M01	计划停止	M08	1 号冷却液开
M02	程序停止	M09	冷却液关
M03	主轴顺时针旋转	M30	程序停止并返回开始处
M04	主轴逆时针旋转	M98	调用子程序
M05	主轴旋转停止	M99	返回子程序
M06	换刀		

三、程序格式

1. 程序段格式

程序段是可作为一个单位来处理的、连续的字组,是数控加工程序中的一条语句。一个数控加工程序是若干个程序段组成的。

程序段格式是指程序段中的字、字符和数据的安排形式。现在一般使用字地址可变程序段格式,每个字长不固定,各个程序段中的长度和功能字的个数都是可变的。地址可变程序段格式中,在上一程序段中写明的、本程序段里又不变化的那些字仍然有效,可以不再重写。这种功能字称之为续效字。

程序段格式举例:

N50 G01 X85 Y30 F300 S1200 T02 M08;

N60 X90;（本程序段省略了续效字"G01,Y30,F300,S1200,T02,M08",但它们的功能仍然有效）

在程序段中,必须明确组成程序段的各要素:

移动目标:终点坐标值 X、Y、Z;

沿怎样的轨迹移动:准备功能字 G;

进给速度:进给功能字 F;

切削速度:主轴转速功能字 S;

使用刀具:刀具功能字 T;

机床辅助动作:辅助功能字 M。

2. 加工程序的一般格式

（1）程序开始符、结束符

程序开始符、结束符是同一个字符,ISO 代码中是％,EIA 代码中是 ER,书写时要单列一段。

（2）程序名

程序名有两种形式:一种是英文字母 O 和 1～4 位正整数组成;另一种是由英文字母开头,字母数字混合组成的。一般要求单列一段。

（3）程序主体

程序主体是由若干个程序段组成的。每个程序段一般占一行。

（4）程序结束指令

程序结束指令可以用 M02 或 M30。一般要求单列一段。

加工程序的一般格式举例：

％	/开始符
O1234	/程序名
N10 G54 G00 X50 Y30 M03 S3000 ⎫	
N20 G01 X85 Y40 F300 T02 M08 ⎪	
N30 X100 ⎬	/ 程序主体
…… ⎪	
N200 M30 ⎭	
％	/ 结束符

3. 主程序与子程序

编程时，为了简化程序的编制，当一个工件上有相同的加工内容时，常用调子程序的方法进行编程。调用子程序的程序叫做主程序。子程序的形式和组成与主程序大体相同：第一行是子程序编号（名），最后一行是子程序结束指令，它们之间是子程序体。不同的是：主程序结束指令的作用是结束主程序，让数控系统复位，其指令已标准化，各系统都用 M02 或 M30；子程序结束指令的作用是结束子程序，返回主程序或上一层子程序。其指令字各系统很不统一，如 FANUC 系统用 M98 作为子程序调用指令字，用 M99 作为子程序结束，即返回指令字。而有的系统用 G20 作为子程序调用指令字，用 G24 作为子程序结束指令字。所以具体应用时，需参照所用数控系统的编程说明书。

如 FANUC 系统调用子程序的指令格式为：

M98 P_____ ；

程序段中：P-表示子程序调用情况。P 后共有 8 位数字，前四位为调用次数，省略时为调用一次；后四位为所调用的子程序号。例如：M98 P00021000，表示调用程序号为 O1000 的子程序 2 次。

程序的执行过程是：首先执行主程序，执行过程中遇到"调用子程序"指令时，转入执行子程序；执行完子程序，遇到"返回主程序"指令，又返回执行主程序。由于子程序可以嵌套，所以子程序执行后"返主"只能返回调用它的程序，而并不一定返回"主程序"。主程序既可以调用多个子程序，又可以反复调用同一个子程序，见图 3-3。

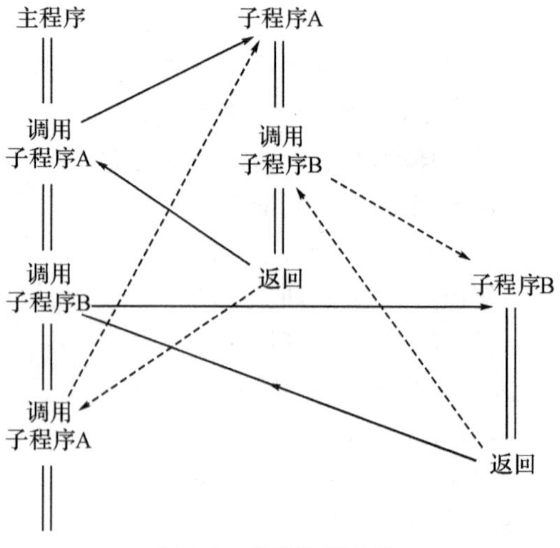

图 3-3　程序执行过程

四、变量参数编程与用户宏程序

含有变量的子程序叫做用户宏程序（本体）。在程序中呼出（调用）用户宏程序的那条指令叫用户宏指令。系统可以使用用户宏程序的功能叫做用户宏功能。用户宏程序中一般还可以使用演算式及转向语句,有的还可以使用多种函数。

1. 变量

在常规的主程序和子程序内,几乎所有的字,尤其是尺寸字都是有严格地址符,以及随后的具体坐标(数)值组成。这些具体的坐标(数)值在更改之前是相对不变的。用一个可赋值的代号代替地址符后的具体坐标(数)值,这个代号就称为变量。变量的代号应按系统的规定设置,各系统所用变量的形式差别很大,具体应用时需按系统说明书规定书写。变量又分公共变量、局部变量和系统变量三类,它们的性质和用途各不相同。

①公共变量 它是指在主程序内和由主程序呼出的各用户宏程序内公用的变量。例如对双刀架车床,它在两个刀架的程序中公用。公共变量可以在 CRT 上显示其即时值。公共变量既可以在主程序和用户宏程序中直接赋值或用演算式赋值,也可以通过操作面板由人工设定它的值(赋值)。无论用什么方法给公共变量赋值(包括用演算式所得演算结果的赋值)之后,这个变量在加工程序(包括主程序、子程序和用户宏程序)执行过程中一直可以延用,除非中途又得到新的赋值。公共变量的值在各主程序中也通用。

②局部变量 这是指局限于在用户宏程序内使用的变量。同一个局部变量,在不同宏程序内其值是不通用的,无论这些宏程序是在同一层次或不在同一层次(即呼出和被呼出),都是如此。如对于双刀架车床,同一个局部变量在两个刀架的程序中也不通用。局部变量一般在呼出宏程序的宏指令中赋值,也可以在宏程序中直接赋值或用演算式赋值。在执行中,用户宏程序内局部变量的值,最多只保留到该宏程序结束为止。局部变量不能在操作面板上设定。各类数控系统最多可用的公共变量数和局部变量数都不等,如日本发那科 6 系统共有 60 个公共变量,33 个局部变量;日本大隈 OSP5000 系统为 32 个公共变量,127 个局部变量;美国 A-B 公司 8400LP 系统各有 21 个公共变量和局部变量。

③系统变量 这是固定用途的变量,它的值决定系统的状态。它包括接口的输入/输出信号变量、刀具形状补偿变量、同步信号变量、控制程序段停止及等待辅助功能结束信号变量、与参数设定对应的变量、状态信息变量、位置信息变量、原点设置变量、原点位移变量、刀具长度补偿变量、刀具直径补偿变量、刀具干涉数据变量、可变软限位变量,以及卡盘屏障变量等。系统变量的代号与系统的某种状态有严格的对应关系。具体使用时,须参考数控系统说明书规定使用。

2. 变量的演算

它主要包括加、减、乘、除、逻辑或、逻辑或非和逻辑与等几种运算。如 FANUC 6 系统分别用以下形式表示:

$$\sharp i = \sharp j + \sharp k$$
$$\sharp i = \sharp j - \sharp k$$
$$\sharp i = \sharp j * \sharp k$$
$$\sharp i = \sharp j / \sharp k$$
$$\sharp i = \sharp j \ OR \ \sharp k$$
$$\sharp i = \sharp j \ XOR \ \sharp k$$
$$\sharp i = \sharp j \ AND \ \sharp k$$

式中的 i、j、k 为变量号码,+、-、*、/、OR、XOR、AND 称为演算子,对于复合演算式的演算顺序,一般规定为括号内优先、乘除优先、靠近等号的优先。

3. 变量的函数

函数功能一般属于数控系统的选择功能,它是用户宏功能范围内的一种较高级的功能。它一般有正弦、余弦、正切、反正切、平方根、绝对值等几个函数运算功能,其函数代号的书写形式按数控系统的型号不同也有所不同,具体可参考所用系统的说明书,这里限于篇幅不作一一介绍。

4. 变量的赋值

由于系统变量赋值的情况比较复杂,这里只介绍公共变量和局部变量的赋值。变量的赋值方式可分为直接和间接两种。

①直接赋值　直接赋值是直接将数值或即时值赋与相应变量,如 FANUC-6 系统的直接赋值是这样的:

♯2＝116(表示将数值 116 赋与♯2 变量)

♯103＝♯2(表示将变量♯2 的即时值赋与变量♯103)

②间接赋值　间接赋值就是用演算式赋值,即把演算式内演算的结果赋给某个变量。现用一个例子来说明间接赋值的方法与形式。图 3-4 是一个椭圆,欲车削 1/4 椭圆(第一象限)的回转轮廓线,半径指定。要求在数控程序中用任意一点(D)的 Z 值(用 2 号和 LZ 变量)

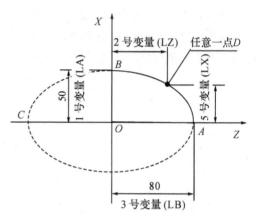

图 3-4　用变量表达四分之一椭圆的函数关系

来表示该点的 X 值(用 5 号和 LX 变量)。椭圆的一般方程:

$$\frac{x^2}{a^2}+\frac{z^2}{b^2}=1 \tag{3-1}$$

在第一象限(包括第二象限)内可转换为:

$$x=a*\sqrt{1-\frac{z^2}{b^2}} \tag{3-2}$$

转用变量表达将成下列两式之一:

$$5 号变量＝1 号变量*\sqrt{1-\frac{(2 号变量)^2}{(3 号变量)^2}} \tag{3-3}$$

$$LX=LA*\sqrt{1-\frac{LZ*LZ}{LB*LB}} \tag{3-4}$$

如果这个椭圆的 a＝50、b＝80,那么只要把 50、80 分别赋给 1 号变量(LA)和 3 号变量(LB)就可以了。如 FANUC-6 系统的赋值情况为:

N10 ♯1＝50;

N20 ♯3＝80;

N30 ♯5＝♯1 * SQRT [1-♯2 * ♯2/♯3 * ♯3]

式中　SQRT 为 FANUC-6 系统的平方根函数代号。

③在用户宏指令中为用户宏程序内的局部变量赋值　以单层宏程序,即主程序中呼出

一层宏程序为例。仍以图 2-4 所示零件为例。欲车削从 A 点到 B 点的四分之一椭圆回转零件。采用直线逼近(拟合法),在 Z 向分段,以 1mm 为一个步距,我们可以编制一个只用变量不用具体数据的椭圆、不同的起始点和不同的步距,不必更改宏程序,而只要修改主程序中用户宏指令段内的赋值数据就可以了。如 FANUC-6 系统的赋值形式(以 ♯6 变量代表步距、以 80 赋与 ♯2 代表起始点 A 的 Z 坐标值):

主程序中的 G65 段是宏指令段,该段中的 A、B、C、D、K 分别为宏程序中的 ♯1、♯2、♯3、♯7 和 ♯6 赋值,这种对应关系是已在该系统中规定了的。

5. 转向语句

转向语句分无条件转向语句和条件转向语句两种。转向语句的格式由数控系统规定。

①无条件转向语句较简单,在 FANUC 系统中是 GOTO 加转向目标(指顺序号),例如

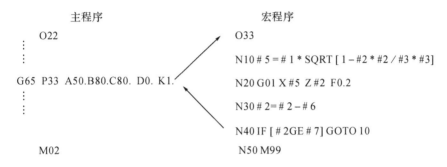

主程序	宏程序
O22	O33
⋮	N10 ♯5 = ♯1 * SQRT [1 − ♯2 * ♯2 / ♯3 * ♯3]
G65 P33 A50.B80.C80. D0. K1.	N20 G01 X♯5 Z♯2 F0.2
⋮	N30 ♯2= ♯2 − ♯6
	N40 IF [♯2GE♯7] GOTO 10
M02	N50 M99

"GOTO 10"表示无条件转向执行 N10 程序段,而不论 N10 程序段在转向语句之前还是其后。

②条件转向语句一般有条件式和转向目标两部分构成,它的具体格式随系统而别。例如"如果 a＞b,那么转向执行 c 程序段"之意,FANUC-6 系统则表示为:IF [a GT b] GOTO c。a 和 b 可以是数值、变量或含有数值及变量的算式,c 是转向目标的顺序号。其中小于、等于、大于等于、小于等于分别用 LT、EQ、GE、LE 表示,如前例椭圆轨迹拟合法宏程序中第 4 程序段:N40 IF [♯2 GE ♯7] GOTO 10。表示如果 ♯2 大于等于 ♯7,则转向执行 N10 程序段,否则执行下一段。

任务 3.2　坐标系指令

数控加工程序是由各种功能字按照规定的格式组成的,正确地理解各个功能字的含义,恰当地使用各种功能字,按规定的程序指令编写程序,是编好数控加工程序的关键。目前数控机床种类较多,系统类型也各有不同,但编程指令基本相同,只是在个别指令上有差异,编程时可参考具体机床编程手册。

1. 绝对尺寸与增量尺寸指令 G90、G91

格式: $\left\{ {G90 \atop G91} \right\}$ X ___ Y ___ Z ___ ;

说明:

绝对尺寸——指在指定的坐标系中,机床运动位置的坐标是相对于坐标原点给出的。

增量尺寸——指机床运动位置的坐标值是相对于前一位置给出的。

在加工程序中,绝对尺寸和增量尺寸有两种表达方式。一种是用 G 指令作规定,一般用 G90 指令表示绝对尺寸,用 G91 指令表示增量尺寸,这是一对模态(续效)指令。这类表达方法有两个特点:一是绝对尺寸和增量尺寸在同一程序段内只能用一种,不能混;二是无论是绝对尺寸还是增量尺寸在同一轴向的尺寸字是相同的,如 X 向都是 X。第二种不用 G 指令作规定,而直接用符号区分是绝对尺寸还是增量尺寸。例如 X、Y、Z 向的绝对尺寸地址分别用 X、Y、Z,而增量尺寸的地址分别用 U、V、W。这种表达方法有两个特点:一是不但在同一程序中,而且在同一程序段中,绝对尺寸与增量尺寸可以混用,这给编程带来了很大的方便。另一个特点是两种尺寸属于哪一种一目了然,而无须去看它前面的是 G90 还是 G91,这样可以减少编程中的差错。

注意:在编制程序时,在程序数控指令开始的时候,必须指明编程方式,缺省为 G90。

举例:如图 3-5 所示,表示刀具从 A 点移动到 B 点,用以上两种方式编程。

绝对值编程方式:

G90 G00 X10.0 Y40.0;

增量值编程方式:

G91 G00 X-30.0 Y30.0;

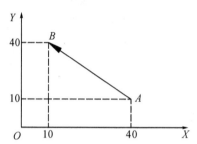

图 3-5 绝对坐标与增量坐标

2. 工件坐标系设定指令 G92

格式:G92 X ＿ Y ＿ Z ＿;

X、Y、Z 是刀位点在工件坐标系中的位置。

说明:

G92 指令是规定工件坐标系原点的指令。通过该指令可设定起刀点即程序开始运动的起点,从而建立加工坐标系。但该指令只是设定坐标系,机床(刀具或工作台)并未产生运动。

注意:

①用这种方法设置的加工原点是随着刀具起始点位置的变化而变化的。

②现代数控机床一般可用预置寄存的方法设定坐标,也可以用 CRT/MDI 手工输入方法设置加工坐标系。

3. 工件坐标系选择指令 G54～G59

说明:

G54～G59 是系统预设的 6 个工件坐标系,通过 G54～G59 可设置工件零点在机床坐标系中的位置(工件零点以机床零点为基准的偏移量)。工件装夹到机床上后,通过对刀求出偏移量,并经操作面板输入到规定的数据区,程序可以通过选择相应的功能 G54～G59 激活此值。

工件坐标系一旦选定,后续程序段中绝对值编程时的坐标值均为相对此工件坐标系原点的坐标值。

G54～G59 为模态功能指令,可相互注销,G54 为缺省值。

图 3-6 所示为工件坐标系与机床坐标系之间的关系,假设编程人员使用 G54 工件坐标系编程,并要求刀具运动到工件坐标系中 X100.0 Y50.0 Z200.0 的位置,程序可以写成:

G90 G54 G00 X100.0 Y50.0 Z200.0;

举例:

如图 3-7 所示,使用工件坐标系编程,要求刀具从当前点移动到 G54 坐标系下的 A 点,再移动到 G59 坐标系下的 B 点,然后移动到 G54 坐标系零点 O1 点。

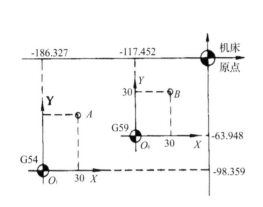

图 3-6 工件坐标系与机床坐标系

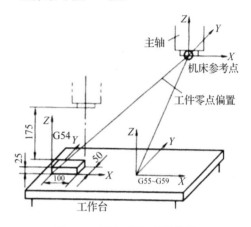

图 3-7 G54~G59 应用举例

```
O0001;
G54 G00 G90 X30.0 Y40.0;
G59;
G00 X30.0 Y30.0;
G54;
X0 Y0;
M30;
```

注意:使用该组指令前,先用 MDI 方式输入各坐标系的坐标原点在机床坐标系中的坐标值(G54 寄存器中 X、Y 值分别为 −186.327、−98.359;G59 寄存器中 X、Y 值分别为 −117.452、−63.948)。该值是通过对刀得到的,受编程原点和工件安装位置的影响。

4. 坐标平面选择指令(G17、G18、G19)

坐标平面选择指令是用来选择圆弧插补的平面和刀具补偿平面的。G17 表示选择 XY 平面,G18 表示选择 ZX 平面,G19 表示选择 YZ 平面。各坐标平面如图 3-8 所示。一般,数控铣床默认在 XY 平面内加工。

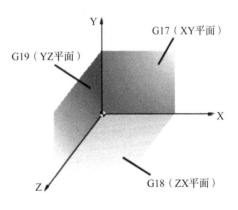

图 3-8 坐标平面选择

5．参考点指令(G27、G28、G29、G30)

(1)返回参考点检查指令(G27)

程序中的这项功能,用于检查机床是否能准确返回参考点。

指令格式:G27 X ＿ Y ＿ Z ＿ ;

式中:X、Y、Z——机床参考点在工件坐标系的坐标值。

当执行 G27 指令后,返回各轴参考点指示灯分别点亮。当使用刀具补偿功能时,指示灯是不亮的,所以在取消刀具补偿功能后,才能使用 G27 指令。当返回参考点校验功能程序段完成,需要使机械系统停止,必须在下一个程序段后增加 M00 或 M01 等辅助功能或在单程序段情况下运行。

(2)自动返回参考点指令(G28)

该指令可使坐标轴自动返回参考点。如图 3-9 所示。

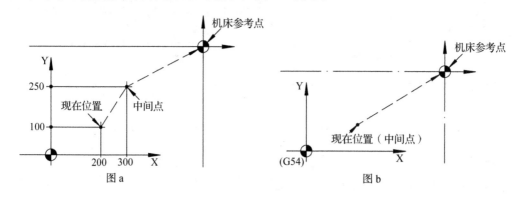

图 3-9　返回参考点指令

指令格式:G28 X ＿ Y ＿ Z ＿ ;

其中 X、Y、Z 为中间点位置坐标,指令执行后,所有的受控轴将快速定位到中间点,然后再从中间点到参考点。

G28 指令一般用于自动换刀,所以使用 G28 指令时,应取消刀具的补偿功能。

图 a 程序:　　　　图 b 程序:

G91 G28 X100.Y150. ;　　 G91 G28 X0 Y0;

G90 G28 X300.Y250. ;　　 G91 G28 Z0;

(3)从参考点返回指令(G29)

该指令的功能是使刀具由机床参考点经过中间点到达目标点。

指令格式:G29 X ＿ Y ＿ Z ＿ ;

这条指令一般紧跟在 G28 指令后使用,指令中的 X、Y、Z 坐标值是执行完 G29 后,刀具应到达的坐标点。它的动作顺序是从参考点快速到达 G28 指令的中间点,再从中间点移动到 G29 指令的点定位,其动作与 G00 动作相同。如图 3-10 所示。

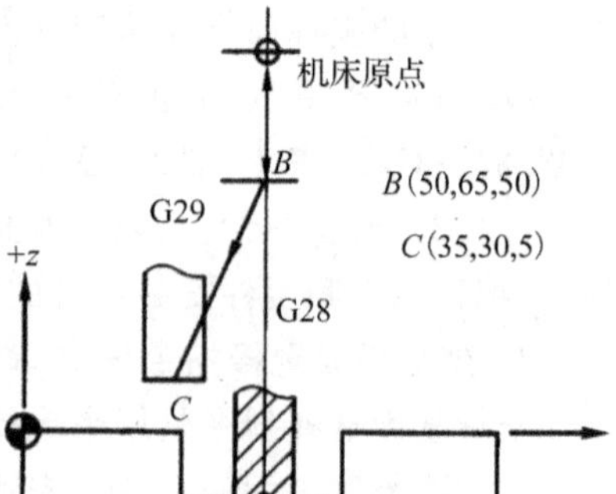

M06 T02;

图 3-10　从参考点返回指令

...

G90 G28 Z50.0;

M06 T03;

G29 X35.Y30.Z5.;

...

(4)第 2、3、4 参考点返回(G30)

此指令的功能是由刀具所在位置经过中间点回到参考点。与 G28 类似,差别在于 G28 是回归第一参考点(机床原点),而 G30 是返回第 2、3、4 参考点。

指令格式为:

G30 P1 X __ Y __ Z __;

G30 P2 X __ Y __ Z __;

G30 P3 X __ Y __ Z __;

其中:P2、P3、P4 即选择第 2、第 3、第 4 参考点;X、Y、Z 后面的坐标值是指中间点位置。第 2、3、4 参考点的坐标位置在参数中设定,其值为机床原点到参考点的向量值。

任务 3.3　准备功能指令

一、单位设定指令

1. 尺寸单位选择指令 G20、G21

说明:

G20 英制输入制式(单位:inch);

G21 米制输入制式(单位:mm);

G20、G21 为模态指令,可相互注销,缺省值为 G21。

注意:①程序执行过程中,不要变更 G20、G21;

②米、英制相互转换后,偏置值要重新设定,以符合新的输入制式。

2. 进给速度单位设定指令 G94、G95

格式:G94　F __;　每分钟进给(mm/min)

　　　G95　F __;　每转进给(mm/r)

说明:G94、G95 为模态指令,可相互注销,缺省值为 G94。

二、运动路径控制指令

1. 快速点定位指令 G00

格式:G00 X __ Y __ Z __;

说明:式中 X、Y、Z 为刀具目标位置的坐标值。

功能:指定刀具以点位控制方式从刀具所在点以数控系统参数设定的快进速度,快速移动到下一个目标位置。

2. 直线插补指令 G01

格式:G01 X __ Y __ Z __ F __;

说明:式中 X、Y、Z 为刀具运动终点坐标值,F 为给定的进给速度。

功能:指定刀具按给定的进给速度作直线运动。

注意:

① G01 指令必须指定 F 值,即需指定进给速度;

② G01、F 指令均为模态指令,有继承性,即如果上一段程序为 G01,则本程序可以省略不写。X、Y、Z 为终点坐标值也同样具有继承性,即如果本程序段的 X(或 Y 或 Z)的坐标值与上一程序段的 X(或 Y 或 Z)坐标值相同,则本程序段可以不写 X(或 Y 或 Z)坐标。F 为进给速度,同样具有继承性。

3. 圆弧插补指令 G02、G03

格式:

$$G17 \left\{ \frac{G02}{G03} \right\} X \_\_ Y \_\_ \left\{ \frac{R\_}{I\_J\_} \right\} F \_\_ ;$$

$$G18 \left\{ \frac{G02}{G03} \right\} X \_\_ Z \_\_ \left\{ \frac{R\_}{I\_K\_} \right\} F \_\_ ;$$

$$G19 \left\{ \frac{G02}{G03} \right\} Y \_\_ Z \_\_ \left\{ \frac{R\_}{I\_K\_} \right\} F \_\_ ;$$

说明:

① 式中 X、Y、Z 为圆弧终点的坐标值。

② R 为圆弧半径,当圆心角 $\alpha \leqslant 180°$,用"+R"表示,如图 3-11 中的圆弧 1;$\alpha > 180°$ 时,用 -R 表示,如图 3-11 中的圆弧 2 所示。

③ I,J、K 指定圆弧的圆心位置,是从圆弧起点开始到圆心的坐标增量尺寸,参看图 2-13,指定刀具在指定平面内按给定的进给速度 F 作圆弧运动,切出圆弧轮廓。

注意:

① G02 指令用于顺时针圆弧插补,G03 指令用于逆时针圆弧插补。

② 圆弧顺、逆时针方向的判别方法是:沿着垂直于圆弧所在平面的坐标轴的正方向往负方向看(利用笛卡儿直角坐标右手定则),刀具相对于工件的运动方向为顺时针时用 G02,逆时针时用 G03。如图 3-12 所示。

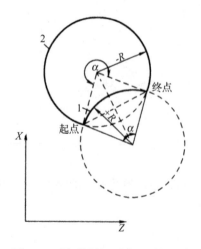

图 3-11　圆弧插补+R 与 -R 的区别

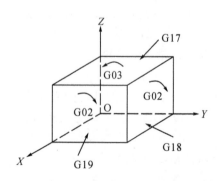

图 3-12　圆弧顺、逆方向的判别

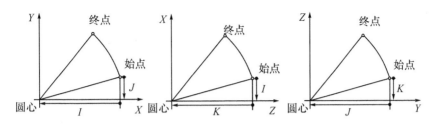

图 3-13 I、J、K 的选择

③用半径 R 指定圆心位置时,不能描述整圆。只能用 I、J、K 指定圆心的方式加工整圆。

【例 3-1】 如图 3-14 所示,A 点为始点,B 点为终点,数控程序如下:

O1;(使用分矢量 I、J 编程)

G90 G54 G02 I50.0 J0. F100;

G03 X-50.0 Y50.0 I-50.0 J0;

X-25.0 Y25.0 I0. J-25.0;

M30;

或:

O2;(使用圆弧半径 R 编程)

G90 G54 G02 I50.0 J0 F100;　加工整圆时只能用 I、J、K 指定

G03 X-50.0 Y50.0 R50.0;

X-25.0 Y25.0 R-50.0;

M30;

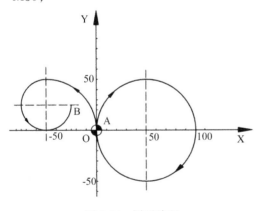

图 3-14 圆弧编程

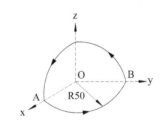

图 3-15 不同平面圆弧编程

【例 3-2】 图 3-15 所示为半径等于 50 的球面,其球心位于坐标原点 O,刀心轨迹为 A→B→C→A,数控程序如下:

O1;

G90 G54 G17 G03 X0 Y50.0 I-50.0 J0 F100;

G19 G91 G03 Y-50.0 Z50.0 J-50.0 K0;

G18 G03 X50.0 Z-50.0 I0 K-50.0;

M30;

4. 暂停指令 G04

格式：

G04 X __ (P __)；

其中，地址 X 后可以用带小数点的数（单位为 s），如暂停 1.5s 可以写成 G04 X1.5；地址 P 后不允许用小数点输入，只能用整数（单位为 ms），如暂停 1.5s 只能写成 G04 P1500。

功能：

使刀具作短暂的无进给光整加工，一般用于锪平面、镗孔等场合。G04 为非模态指令，只在本程序段有效，控制系统按指定的时间暂时停止执行后续程序段，直到暂停时间结束再继续执行。

注意：在前一程序段的指令进给速度达到零之后才开始保持动作。

说明：

车削时的暂停——工件旋转，刀具不动，暂停时间结束随即开始下一段程序；

铣削时的暂停——刀具旋转，与工件无进给运动。

应用：

1）车削沟槽或钻孔时，在加工到槽底或孔底时，应暂停一适当时间以使槽底或孔底获得准确的尺寸精度以及光滑的加工表面。

2）使用 G96（主轴恒线速度回转）车削工件轮廓后，改为 G97（主轴恒转速度回转）车螺纹时，可通过指令暂停使主轴转速稳定后再车削螺纹，以保证螺距加工精度要求。

3）铣削大直径螺纹时，主轴正转后，暂停几秒使转速稳定，再加工螺纹，使螺距正确。

4）主轴高速、低速转换时，于 M05 指令后，用 G04 暂停，使主轴停稳后再换挡，以免损伤主轴电动机。

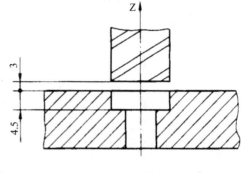

【例 3-3】 图 3-16 是锪孔加工，锪钻进给速度为 100mm/min，进给距离 7.5mm，停留 3s 后，快退 10mm，加工程序如下：

图 3-16　锪孔加工

G91 G01 Z-7.5 F100；/刀具向下进给 7.5mm，锪孔

G04 X3.0；　　　　/刀具继续旋转，但进给暂停 3s

G00 Z10.0；　　　　/快速向上抬刀

任务 3.4　辅助功能指令

辅助功能指令由 M 及随后的 1～2 位数字组成，所以也称 M 功能也叫 M 指令，辅助功能用于指令机床的辅助操作，如主轴的启动、停止、冷却液的开、关等。常见的有：

1. 程序暂停指令 M00

当 CNC 执行到 M00 指令时，将暂停执行当前程序，以方便操作者进行刀具和工件的尺

寸测量、工件调头、手动变速等操作。此时机床的主轴进给及切削液停止,而全部现存的模态信息保持不变,欲继续执行后续程序,按操作面板上的循环启动键即可。

M00 为非模态后作用指令。

2. 选择停止指令 M01

与 M00 相似,不同的是必须在控制面板上预先按下"选择停止"开关,当程序运行到 M01 时,程序即停止。若不按下"选择停止"开关,则 M01 不起作用,程序继续执行。

3. 程序结束指令 M02

M02 写在主程序的最后一个程序段中,当 CNC 执行到 M02 指令时,机床的主轴、进给、切削液全部停止,加工结束。若要重新调用该程序,则必须先回程序起始点,再按操作面板上的循环启动键。

M02 为非模态后作用指令。

4. 主轴正转、反转、停止指令——M03、M04、M05

格式:M03　S ___

　　　　M04　S ___

说明:

M03、M04 指令可使主轴正、反转,与同段程序其他指令一起开始始执行。

M05 指令可使主轴停转,是在该程序段其他指令执行完成后才执行的。

5. 换刀指令 M06

格式:M06　T ___

说明:所换刀具用字母 T 及 T 后面的数字表示,其常见表示方法有两种。

1)T 后面的数字表示刀具号,如 T00~T99。

2)T 后面的数字表示刀具号和刀具补偿号(刀具位置补偿、半径补偿、长度补偿量的补偿号),如 T0102,表示选择 1 号刀具,用 2 号补偿量。

6. 切削液开、关指令——M07、M08、M09

当加工金属等材料时,常要用切削液对工件进行冷却和润滑,此时要用到切削液开停指令,即可用 M08、M07 分别控制 1 号和 2 号切削液的开启,用 M09 控制切削液关闭。

7. 程序结束并返回指令 M30

与 M02 功能基本相同,不同之处在于 M30 指令使程序段执行顺序指针返回到程序开头位置,以便继续执行同一程序,为加工下一个工件做好准备。使用 M30 的程序结束后,若要重新执行该程序只需再次按操作面板上的循环启动键。

任务 3.5　F、S、T 指令

1. 进给功能指令(F 指令)

进给功能用于指定进给速度,F 后的数字直接指令进给速度值。对于车床,可分为每分钟进给(mm/min)和主轴每转进给(mm/r)两种,一般用 G94、G95 规定;对于车床以外的控制,一般只用每分钟进给。F 值可以通过机床操作面板上的进给速度倍率开关进行修调。当执行攻螺纹循环 G84、螺纹切削 G33 指令时,倍率开关失效,进给倍率固定在 100%。

2. 主轴转速功能指令(S 指令)

主轴转速功能指令用来指定主轴的转速,单位 r/min,指定的速度可以通过机床操作面板上的主轴转速倍率开关进行修调。S 指令是模态指令,只有在主轴速度可调节时有效。

3. 刀具功能指令(T 指令)

指令格式:T××××

T 之后的数字分 2、4、6 位三种。对于 4 位数字的来说,一般前两位数字代表刀具(位)号,后两位代表刀具补偿号。

在加工中心上执行 T 指令,使刀库转动选择所需的刀具,然后等待执行 M06 指令自动完成换刀。T 指令同时调入刀补寄存器中的刀补值(刀补长度和刀补半径)。

任务 3.6　刀补原理及指令

1. 刀具半径补偿定义

在编制轮廓切削加工程序的场合,一般以工件的轮廓尺寸作为刀具轨迹进行编程,而实际的刀具运动轨迹则与工件轮廓有一偏移量(即刀具半径),如图 3-17 所示。数控系统的这种编程功能称为刀具半径补偿功能。

通过运用刀具补偿功能来编程,可以实现简化编程的目的。

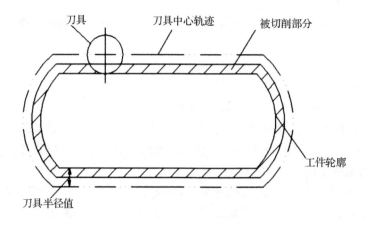

图 3-17　刀具半径补偿功能

2. 刀具半径补偿指令

(1)指令格式:　　G41 G01 X_ Y_ F_ D_ ;

　　　　　　　　G42 G01 X_ Y_ F_ D_ ;

　　　　　　　　G40;

(2)指令说明:

G41——刀具半径左补偿(简称左刀补),定义为假设工件不动,沿刀具的运动方向看,刀具在零件左侧的刀具半径补偿,见图 3-18(a)。

G42——刀具半径右补偿(简称右刀补),定义为假设工件不动,沿刀具的运动方向看,刀具在零件右侧的刀具半径补偿,见图 3-18(b)。

G40——取消刀补半径补偿。

D——刀具半径补偿代号地址字,后面一般用两位数字表示代号,代号与刀具半径值一一对应。刀具半径值可用 CRT/MDI 方式输入,即在设置时,D_＝R。如果用 D00 也可取消刀具半径补偿。

G41、G42 为模态指令,可以在程序中保持连续有效。G41、G42 的撤销可以使用 G40进行。

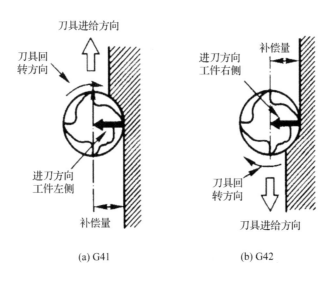

(a) G41　　　　　　　(b) G42

图 3-18　刀具半径补偿偏置方向的判别

(3)刀具半径补偿过程

刀具半径补偿的过程如图 3-19 所示,共分三步,即刀补建立、刀补进行和刀补取消。程序如下:

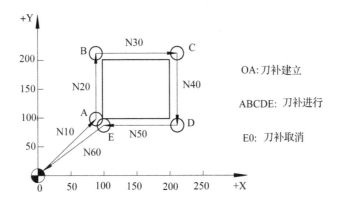

OA:刀补建立

ABCDE:刀补进行

E0:刀补取消

图 3-19　刀具半径补偿过程

...

N10 G41 G01 X100.0 Y100.0 D01;		刀补建立
N20 Y200.0 F100;		
N30 X200.0;		刀补进行
N40 Y100.0;		
N50 X100.0;		
N60 G40 G00 X0 Y0;		刀补取消

...

① 刀补建立　刀补的建立指刀具从起点接近工件时,刀具中心从与编程轨迹重合过渡到与编程轨迹偏离一个偏置量的过程。该过程的实现必须有 G00 或 G01 功能才有效。

② 刀补进行　在 G41 或 G42 程序段后,程序进入补偿模式,此时刀具中心与编程轨迹始终相距一个偏置量,直到刀补取消。

③ 刀补取消　刀具离开工件,刀具中心轨迹过渡到与编程轨迹重合的过程称为刀补取消,如图 3-19 中的 EO 程序段。刀补的取消用 G40 或 D00 来执行。

3. 刀具半径补偿注意事项

① 半径补偿模式的建立与取消程序段只能在 G00 或 G01 移动指令模式下才有效。当然,现在有部分系统也支持 G02、G03 模式,但为防止出现差错,在半径补偿建立与取消程序段最好不使用 G02、G03 指令。

② 为保证刀补建立与刀补取消时刀具与工件的安全,通常采用 G01 运动方式来建立或取消刀补。如果采用 G00 运动方式来建立或取消刀补,则要采取先建立刀补再下刀和先退刀再取消刀补的编程加工方法。

③ 为了便于计算坐标,采用切线切入方式或法线切入方式来建立或取消刀补。对于不便于沿工件轮廓线方向切向或法向切入切出时,可根据情况增加一个圆弧辅助程序段。

④ 为了防止在半径补偿建立与取消过程中刀具产生过切现象(图 3-20 中的 OM),刀具半径补偿建立与取消程序段的起始位置与终点位置最好与补偿方向在同一侧(图 3-20 中的 OA)。

⑤ 在刀具补偿模式下,一般不允许存在连续两段以上的非补偿平面内移动指令,否则刀具也会出现过切等危险动作。非补偿平面移动指令通常指:只有 G、M、S、F、T 代码的程序段(如 G90、M05 等);程序暂停程序段(如 G04

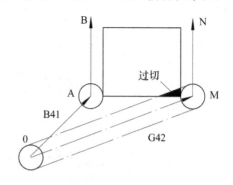

图 3-20　刀补建立时的起始与终点位置

X10.0 等);G17(G18,G19)平面内的 Z(Y、X)轴移动指令等。下面举一过切现象的实例。

【例 3-4】　在图 3-21 中,有 Z 轴移动时,设加工开始位置为距工件表面 100mm,切削深度为 10mm。则按下述方法编程时,则会产生如图所示的过切现象。

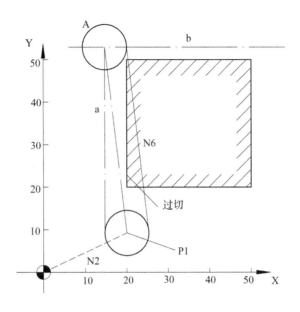

图 3-21 过切现象

00001；

N10 G9l G17 G00 S1000 M03；	指定 XY 平面
N20 G41 X20.0 Y10.0 D01；	刀补启动
N40 Z-98.0；	连续两段只有 Z 轴的移动
N50 G01 Z-12.0 F100；	
N60 Y40.0；	
N70 X30.0；	
N80 Y-30.0；	
N90 X-40.0；	
N100 G00 Z110.0 M05；	
N110 G40 X-10.0 Y-20.0；	取消刀补

　　N120 M30；

　　其原因是当从 N20 进入刀补启动阶段后，只能读入 N40、N50 两段，但由于 Z 轴是非刀补平面的轴，而且读不到 N60 以下的程序段，也就作不出矢量，确定不了前进的方向。尽管用 G41 进入到了刀补状态，但刀具中心却并未加工刀补，而直接移动到了 P1 点，当在 P1 点执行完 N40、N50 程序段后，再执行 N60 程序段，刀具中心从 P1 点移到交点 A。此时就产生了图示的过切现象（进刀超差）。

　　为避免上述问题，可将上面的程序改成下述形式来解决。

00002；

N10 G91 G17 G00 S1000 M03；	指定 XY 平面
N20 G41 X20.0 Y9.0 D01；	刀补启动
N30 Y1.0；	两者运动方向必须完全一致
N40 Z-98.0；	
N50 G01 Z-12.0 F100；	
N60 Y30.0；	
N70 X30.0；	
N80 Y-30.0；	
N90 X-40.0；	
N100 G00 Z110.0 M05；	
N110 G40 X-10.0 Y-20.0；	取消刀补

N120 M30；

按此程序运行时，N30 段和 N60 段的指令是相同的方向，因而当从 N20 段开始刀补启动后，在 P1(20,9)点上即作出了与 N30 段前进方向垂直向左的矢量，刀具中心也就向着该矢量终点移动。当执行 N30 时，由于 N40、N50 是 Z 轴的原因而不知道下段的前进方向，此时刀具中心就移向在 N30 段终点 P2(20,10)处所作出的矢量的终点 P3。在 P3 点执行完 N40、N50 后，再移向交点 A，此时的刀具轨迹如图 3-22 所示，就不会产生过切了。这种方法中重要的是 N30 段指令的方向与 N60 段必须完全相同，移动量大小则无关系（一般用 1.0mm 即可）。

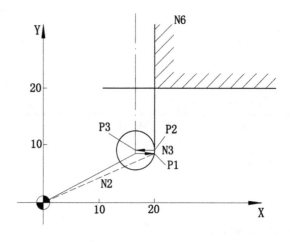

图 3-22　避免过切的方法

4. 刀具半径补偿的应用

刀具半径补偿功能除了使编程人员直接按轮廓编程，简化了编程工作外，在实际加工中还有许多其他方面的应用。

1）采用同一段程序对零件进行粗、精加工。如图 3-23（a）所示，编程时按实际轮廓 AB-CD 编程，在粗加工中时，将偏置量设为 D＝R＋△，其中 R 为刀具的半径，△为精加工余量，这样在粗加工完成后，形成的工件轮廓的加工尺寸要比实际轮廓 ABCD 每边都大△。在精加工时，将偏置量设为 D＝R，这样，零件加工完成后，即得到实际加工轮廓 ABCD。

2）采用同一程序段加工同一公称直径的凹、凸型面。如图 3-23（b）所示，对于同一公称直径的凹、凸型面，内外轮廓编写成同一程序，在加工外轮廓时，将偏置值设为＋D，刀具中心将沿轮廓的外侧切削；当加工内轮廓时，将偏置值设为-D，这时刀具中心将沿轮廓的内侧切削。这种编程与加工方法，在模具加工中运用较多。

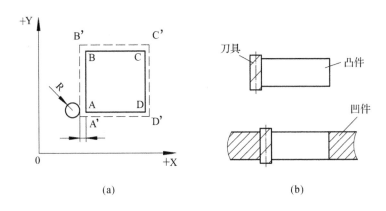

图 3-23 刀具半径补偿的应用

【例 3-5】 加工如图 3-24 所示零件凸台的外轮廓,采用刀具半径补偿指令进行编程。

解:采用刀具半径左补偿,数控程序如下:

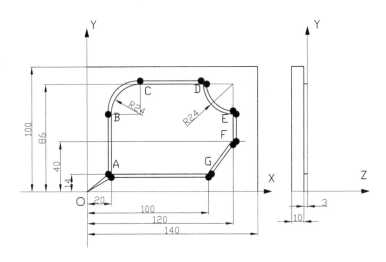

图 3-24 刀具半径补偿实例

00003;

N10 G54 S1500 M03;	设工件零点于 O 点,主轴正转 1500r/min
N20 G90 G00 Z50.0;	抬刀至安全高度 50mm
N30 X0 Y0;	刀具快进至(0,0,50)
N40 Z2.0;	刀具快进至(0,0,2)
N50 G01 Z−3.0 F80;	刀具切削进给到深度−3mm 处
N60 G41 X20.0 Y14.0 D01 F150;	左补偿,补偿值放在 D01 号地址中,O→A
N70 Y62.0;	直线插补 A→B
N80 G02 X44.0 Y86.0 I24.0 J0;	圆弧插补 B→C
N90 G01 X96.0;	直线插补 C→D
N100 G03 X120.0 Y62.0 I24.0 J0;	圆弧插补 D→E

N110 G01 Y40.0；　　　　　　　直线插补 E→F

N120 X100.0 Y14.0；　　　　　　直线插补 F→G

N130 X20.0；　　　　　　　　　直线插补 G→A

N140 G40 X0 Y0；　　　　　　　取消刀具半径补偿 A→O

N150 G00 Z100.0；　　　　　　　Z 向快速退刀

N160 M30；

5. 刀具长度补偿及其实现

1)刀具长度补偿定义

在实际加工中,一方面,刀具会因磨损和刃磨而逐渐变短;另一方面,在加工同一个零件时,可能会用到不同长度的刀具,这就要求系统具有刀具长度补偿功能。

刀具长度补偿指令是用来补偿假定的刀具长度与实际的刀具长度之间差值的指令。系统规定所有轴都可采用刀具长度补偿,但同时规定刀具长度补偿只能加在一个轴上,要对补偿轴进行切换,必须先取消前面轴的刀具长度补偿。

刀具长度补偿指令一般用于轴向(Z 方向)的补偿,它使刀具在 Z 方向上的实际位移量比程序给定值增加或减少一个偏量,这样当刀具在长度方向的尺寸发生变化时,可以在不改变程序的情况下,通过改变偏置量,加工出所要求的零件尺寸。如图 3-25 所示钻孔加工,图 3-25(a)表示钻头开始运动的位置;图 3-25(b)表示钻头正常工作进给的起始位置和钻孔深度,这些参数都在程序中加以规定;图 3-25(c)所示为钻头经刃磨后长度方向上尺寸减小0.3mm,如按原程序运行,钻头工作进给的起始位置将成为图示位置,而钻进深度也随之减少 0.3mm,要改变这一状况,靠改变程序是非常麻烦的,因此采用长度补偿的方法解决这一问题;图 3-25(d)表示使用长度补偿后,钻头工作进给的起始位置和钻孔深度,即在程序运行中,让刀具实际位移量比程序给定值多运行一个偏置量 0.3mm,而不用修改程序即可以加工出程序中规定的孔深。

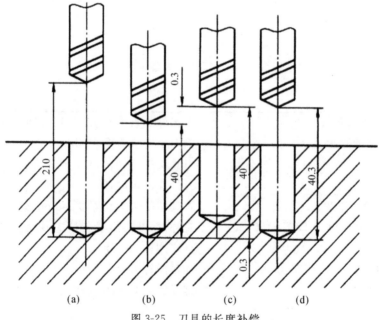

图 3-25　刀具的长度补偿

2)刀具半径补偿指令指令（G43、G44、G49）

（1）指令格式：

G43(G44)Z_ H_

……

……

G49

其中，

G43——刀具长度正补偿；

G44——刀具长度负补偿；

G49——取消刀具长度补偿；

Z——目标点的坐标值；

H——刀具长度补偿值的存储地址，也称刀具长度补偿号，补偿量存入由 H 代码指令的存储器中，如 H01 表示补偿值存储在 01 号存储器单元中。

（2）指令说明：

使用 G43 时，刀具到达的目标 Z 位置为程序的 Z 坐标与刀补号内补偿量的代数和；使用 G44 时，刀具到达的目标 Z 位置为程序的 Z 坐标与刀补号内补偿量的代数差。G49 为取消刀具长度补偿指令，命令刀具只运行到编程终点坐标。

G43、G44 为模态指令，可以在程序中保持连续有效。G43、G44 的撤销可以使用 G49 指令或选择 H00（"刀具偏置值"H00 规定为 0）进行。

在实际编程中，为避免产生混淆，通常采用 G43 而非 G44 的指令格式进行刀具长度补偿的编程。

6. 刀具长度补偿应用

【例 3-6】　如图 3-26 所示，要加工 A、B、C 三个孔，由于某种原因，实际刀具长度比编程位置偏离了 4mm。现将偏置值 4mm 存入 H01 存储器中，编程如下。

H01＝－4.0	刀具长度偏置值（由 CRT/MDI 操作面板预先设置）
N10 G91 G00 X100.0 Y100.0;	在 XY 平面快速定位到 A 孔上方（初始平面）
N20 G43 Z-37.0 H01;	在 Z 方向快进到工件上方3mm 处（第一安全平面）
N30 G01 Z-23.0 F100;	钻削加工 A 孔
N40 G04 P2000;	在孔底暂停 2s
N50 G00 Z23.0;	快速返回到参考平面
N60 X40.0 Y-65.0;	快速定位到 B 孔上方
N70 G01 Z-41.0;	钻削加工 B 孔
N80 G00 Z41.0;	快速返回到参考平面
N90 X60.0;	快速定位到 C 孔上方
N100 G01 Z-28.0;	钻削加工 C 孔
N110 G04 P2000;	在孔底暂停 2s
N120 G00 Z65.0 H00;	Z 向快速返回到初始平面（起刀点的 Z 向坐标）
N130 X-200.0 Y-35.0;	X、Y 向快速返回到起刀点
N140 M30;	程序结束

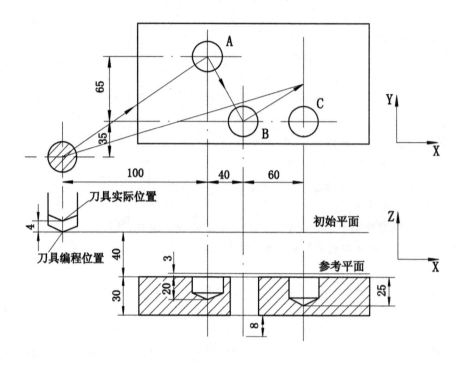

图 3-26 刀具长度补偿实例

实训 3.1 二维外形轮廓铣削编程与加工训练

【例 3-7】 图示零件,要求在一块 100＊110＊20 的材料上铣出图中的四个外形,加工时一次装夹、对刀,试完成对该零件的程序编制。

编程如下:

O1104;	程序名
N10G90G40G49G80;	初始化
N20G54;	预置工件坐标系
N30G00X-35.0Y-35.0Z50.0;	设置起刀点
N40T01M06;	换1♯刀
N50M03S600;	启动主轴,转速 600mm/min
N60G01G42X-15Y-15F800 D01;	右刀补建立开始
N70X0.0;	单轴移动以建立刀补
N80Y0.0;	右刀补建立完成
N90Z-2F80;	Z轴下刀
N100X15.0;	轮廓轨迹插补开始
N110G03X15.0Y20.0R10.0F150;	

N120X0.0；
N130Y-5.0；　　　　　　　　　　　轮廓轨迹插补结束
N140G01Z20.0F300；　　　　　　　　抬刀
N150G01G40X0.0Y0.0；　　　　　　　注销刀补
N160 G55；　　　　　　　　　　　　预置工件坐标系
N170G00 X60.0Y-20.0Z20.0；　　　　设置起刀点
N180G01G42X40.0Y0.0F300 D02；　　建立右刀补
N190G02X20.0Y0.0R10.0；　　　　　双轴联动以建立右刀补
N200G01Z-2.0F80；　　　　　　　　　Z轴下刀
N210G02X20.0Y0.0I-20.0J0.0；
N220G01Z20.0F200；
N230G01G40X0.0Y0.0；
N240G56；
N250G00X-50.0Y-50.0Z20.0；　　　　设置起刀点
N260G01G42X-30.0Y-30.0D03；　　　建立右刀补
N270X-20.0；　　　　　　　　　　　单轴移动以建立右刀补
N280Y-20.0；　　　　　　　　　　　右刀补建立完成
N290G01Z-2.0F100；　　　　　　　　Z轴下刀
N300X20.0；　　　　　　　　　　　轮廓插补开始
N310Y0.0；
N320X-20.0；
N330Y-20.0；　　　　　　　　　　　轮廓插补结束
N340G01Z20.0F300；　　　　　　　　抬刀
N350G01G40X0.0Y0.0　　　　　　　　注销刀补
N360 G57；
N370G00X-30.0Y-30.0Z20.0 ；　　　设置起刀点
N380G01G42X-15.0Y-15.0F800D0；　建立右刀补开始
N390X0.0；
N400Y0.0；　　　　　　　　　　　　右刀补建立完成
N410Z-2F500；　　　　　　　　　　下刀
N420G01X40.0F800；　　　　　　　　轮廓插补开始
N430Y20.0；
N440G02X20.0Y30.0R10.0；
N450G01Y40.0；
N460X0.0；
N470Y0.0；　　　　　　　　　　　　轮廓插补结束
N480G01Z20.0F300；
N490G01G40X0.0Y0.0；
N500M30；

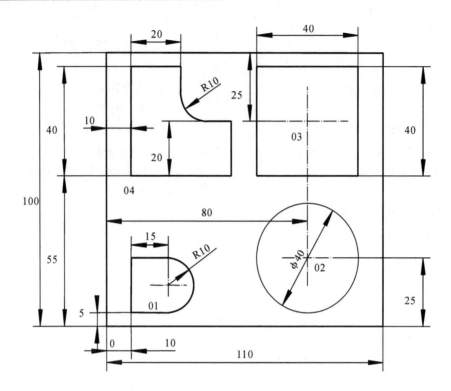

图 3-27　外形轮廓零件 1

实训 3.2　十字槽铣削编程与加工训练

【例 3-8】 毛坯 70mm×60mm×18mm,六面已粗加工过,要求铣出图 3-28 所示凸台及槽,工件材料为 45 钢。

一、零件加工工艺分析:

1. 根据图样要求、毛坯及前道工序加工情况,确定工艺方案及加工路线

1)用已加工过的底面为定位基准,用通用台虎钳夹紧工件左右两侧面,台虎钳固定于铣床工作台上

2)工序顺序:

(1)加工凸台(分粗、精铣)

(2)加工槽　(分粗、精铣)

2. 选择机床设备

选择 XK714 数控立铣床,系统为 FANUC-0I。

3. 选择刀具

采用直径 12mm 的平底立铣刀(高速钢),并把刀具的半径输入刀具参数表中(粗加工 R=6.5,精加工取修正值)

4. 确定切削用量

精加工余量 0.5mm

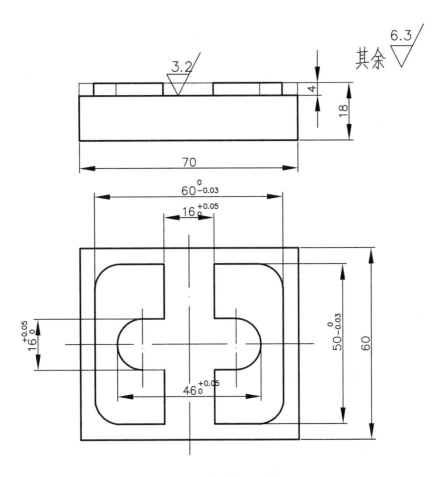

图 3-28　外形轮廓零件 2

主轴转速 500r/min

进给速度 40mm/min

5. 确定工件坐标系和对刀点

1)在 XOY 平面内确定以工件中心为工件原点,Z 方向经工件表面为工件原点,建立工件坐标系。

2)采用手动对刀方法把 O 点作为对刀点。

二、零件的数控加工编程如下:

1. 外形轮廓程序编制

G54;	工件坐标系设定
G40G49G80;	程序复位
S500M03;	主轴启动
G0X-50.0Y-50.0;	运动到起刀点
G43Z5.0H01;	建立长度补偿
G1Z-4.0F200;	连续单轴移动
G41X-30.0Y-35.0D02;	建立半径补偿

G01Y15.0F1000；　　　　　　　　　连续单轴移动,外形轮廓加工开始

G02X-20.0Y25.0R10.0；

G01X20.0；

G02X30.0Y15.0R10.0；

G01Y-15.0；

G02X20.0Y-25.0R10.0；

G01X-20.0；

G02X-30.0Y-15.0R10.0；

G03X-40.0Y-5.0R10.0；

G40G01X-500Y-50.0；　　　　　　　注销半径补偿

G0Z5.0；

G49Z100.0；　　　　　　　　　　　注销长度补偿

M30；

2．槽的加工编程

G54；　　　　　　　　　　　　　　工件坐标系设定

G40G49G80；　　　　　　　　　　　程序复位

S500M03；

G0X0.0Y-50.0；

G43Z5.0H01；　　　　　　　　　　建立长度补偿

G1Z-4.0F200；

G41X8.0Y-35.0D03；　　　　　　　建立刀具半径补偿

G01Y-8.0F1000；

X15.0；

G03Y8.0R8.0；

G1X8.0；

Y35.0；

X-8.0；

Y8.0；

X-15.0；

G03Y-8.0R8.0；

G1X-8.0；

Y-35.0；

G40X0.0Y-50.0；　　　　　　　　　取消半径补偿

G0Z5.0；

G49Z100.0；　　　　　　　　　　　取消长度补偿

M30；

思考练习题

3-1　数控编程有哪几种方法？其特点如何？

3-2　数控程序的结构如何？什么是"字地址程序段格式"？

3-3　数控机床的 X、Y、Z 坐标轴是如何确定的？

3-4　准备功能 G 代码和辅助功能 M 代码在数控编程中的作用如何？

3-5　数控机床的机床坐标系和工件坐标系之间的关系如何？

3-6　M00、M01、M02、M30 指令含义如何？有何区别？

3-7　F、S、T 功能指令各自的作用是什么

3-8　G41、G42、G43、G44 的含义如何？

3-9　编写铣削图 3-29 所示型槽的加工程序。毛坯为 140mm×80mm×15mm 的板材，六面已加工好，材料为 45 钢。

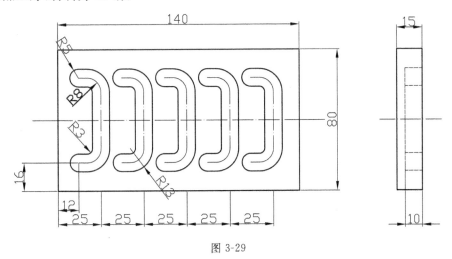

图 3-29

项目四　数控铣床复合编程指令

※ 知识目标

1. 掌握调用子程序的概念、功能格式及编程方法；
2. 了解镜像指令的概念、功能格式及编程方法；
3. 了解旋转指令的概念、功能格式及编程方法；
4. 了解缩放指令的概念、功能格式及编程方法；
5. 熟练掌握固定循环指令的概念、功能格式及编程方法；

※ 能力目标

1. 能够用麻花钻对工件进行钻孔加工练习；
2. 能够用键槽铣刀对工件进行铣孔加工；
3. 能够正确使用内孔镗刀对工件进行镗削练习；
4. 能够使用丝锥实现数控铣床上的螺纹加工。

任务 4.1　子程序编程

一、子程序的概念

数控程序由一系列不同刀具和操作的指令组成,如果该程序包含两个或多个重复指令段,其程序结构应从单一的长程序变为两个或多个独立的程序,每个重复指令段只编写一次,而且在需要的时候调用,这就是子程序的主要概念。如图 4-1 所示为需要在不同位置重复的典型工件布局。

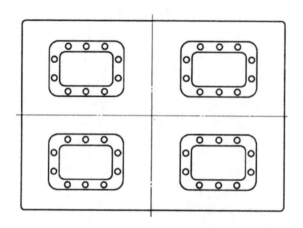

图 4-1　需要使用子程序的工件实例

每个程序必须有其程序号,并存储在数控系统中,程序员使用专门的 M 代码在一个程序中调用另一个程序。调用其他程序的第一个程序称为主程序,所有其他被调用的程序称为子程序。主程序决不能被子程序调用,它位于所有程序的最顶层。子程序之间可相互调用,直至达到一定的嵌套数目。使用包含子程序的程序时,总是选择主程序而不是子程序,控制器选择子程序的唯一目的是进行编辑。

（一）子程序的优点

子程序的优点主要体现在频繁出现或不变的顺序程序段中,数控编程中子程序的常见应用有:重复加工运动、与换刀相关的功能、孔的分布模式、凹槽加工和螺纹加工等等。子程序的结构与标准数控程序相似,它们使用相同的编程代码,因此在外观和感觉上都是一样的,乍一看根本分辨不出子程序和一般程序之间的区别。子程序可以使用绝对和相对数据输入。与其他程序一样,子程序也需要编辑到数控系统中。如果能正确执行子程序,将具有以下几个优点:缩短程序长度;减少程序错误;缩短编程时间和工作量;修改很快而且很容易。不是所有的子程序都具有所有上述优点,但是只要能提供一种优点,就可以使用子程序。

（二）子程序的基本组成

使用子程序的第一步是了解子程序的组成,见如下 6 个程序段,表示普通加工中心原点返回指令,它们一般位于程序开头:

N1 G20

N2 G17 G40 G80　　　　　　　　（状态程序段）

N3 G91 G28 Z0　　　　　　　　　（Z 轴返回）

N4 G28 X0 Y0　　　　　　　　　（X 轴和 Y 轴返回）

N5 G28 B0　　　　　　　　　　　（B 轴返回）

N6 G90　　　　　　　　　　　　（绝对模式）

N7…

上述程序段在为该机床编写的每个新程序中都必须重复编写,一周内要编写很多个这样的程序,而且每次都要重复相同的指令序列。为了消除出错的可能性,可以将频繁使用的程序段序列作为独立程序段存储,并且由独立的程序号识别,这样就可以在任何主程序的开头调用它,所存储的程序段将成为子程序——主程序的分支或外延。

二、子程序的功能

数控系统必须将子程序作为独特的程序类型(而不是主程序)进行识别,这一区分可通过两个辅助功能完成,它们通常只应用于子程序;分别是 M98 和 M99(表 4-1)。

表 4-1　子程序功能

M98	子程序调用功能
M99	子程序结束功能

子程序调用功能 M98 后必须跟有子程序号"P____",子程序结束功能 M99 终止子程序并从它所定位的地方(主程序或子程序)继续执行程序。虽然 M99 大多用于结束子程序,但有时也可以替代 M30 用于主程序,这种情况下程序将永不停歇地执行下去,直到按下复位键为止。

（一）子程序调用功能

M98 指令在另一个程序中调用前面已经存储的子程序,如果在单独程序段中使用 M98

将会出现错误,M98 不是一个完整的功能——需要两个附加参数使其有效。

①地址 P:识别所选择的子程序号。

②地址 L 或 K:识别子程序重复次数(Ll 或 Kl 是缺省值)。

例如常见的子程序调用程序段包括 M98 功能和子程序号:

N22 M98 P0915

程序段 N22 中从数控存储器中调用子程序 O0915 并且重复执行一次 L1(Kl),子程序在被另一个程序调用前必须存储在数控系统中。

调用子程序的 M98 程序段也可能包含附加指令,如快速运动、主轴转速、进给率、刀具半径偏置等。大多数数控系统中,与子程序调用位于同一程序段中的数控代码会在子程序中得到应用。下例中子程序调用程序段包含快速移动功能。

N22 G00 X10Y13 M98 P0915;

程序段先执行快速运动,然后调用子程序,程序段中代码的先后顺序对程序运行没有影响。

N22 M98 P0915 G00 X10 Y13;

以上程序段会得到相同的运行结果,快速移动在调用子程序之前进行。

(二)子程序结束功能

主程序和子程序在数控系统中必须由不同的程序号进行区别,它们在运行时会作为一个连续的程序进行处理,所以必须对程序结束功能加以区别。主程序结束功能 M30,有时也使用 M02,子程序一般使用 M99 作为结束功能:

O0915 （子程序 1） 子程序开始

…

M99 子程序结束

%

子程序结束后,系统控制器将返回主程序继续运行程序。附加的数控代码也可以添加到 M99 子程序结束程序段中,例如程序跳选功能、返回上程序号等等,子程序结束很重要,必须正确使用,它有两个重要指令传送到控制系统。

①终止子程序;

②返回到子程序调用的下一个程序段。

在数控加工中不能使用程序结束功能 M30(M02)终止子程序,它会立即取消所有程序运行并使程序复位,这样就会使主程序中的后续程序不能运行。通常子程序结束 M99 会立即返回子程序调用指令 M98 之后的主程序段继续运行程序。如图 4-2 所示。

(三)返回程序段号

在大多数程序中,M99 功能在单独程序段中使用,并且是子程序的最后指令,通常该程序段中没有其他指令。M99 功能终止子程序,并返回子程序调用之后的程序段继续运行。

例如:

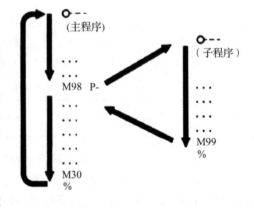

图 4-2　具有一个子程序的程序处理流程

N08 M98 P0915　　　（调用子程序）

N09…　　　　　　　（从 O0915 返回到该程序段）

N10…

N11…

通过调用子程序执行程序段 N08，当执行完子程序 O0915 后，控制器返回原程序并从程序段 N09 继续执行指令，这就是返回到主程序段。

对于一些特殊应用，有时可能需要指定返回到其他的程序段，未专门指定的情况下是下一个程序段。如果编程人员要专门指定返回到某个程序段，那么程序段 M99 中必须包含 P 地址：M99 P ____。

这种格式中，P 后面的地址代表执行完子程序后返回到的程序段号，程序段号必须与原程序中的程序号一致，例如如果主程序包含这些程序段：

O1013（主程序）

…

N08 M98 P0915

N09…

N10…

…

N22…

并且子程序 O0915 由以下程序段结束：

O0915（子程序）

…

…

N11 M99 P22

％

那么子程序执行完以后将跳过程序段 N09 和 N10，而从主程序中的 N22（本例中主程序的程序段号）继续执行。

（四）子程序的重复次数

子程序调用的一个重要特征是不同控制系统中的地址 L 或 K，该地址指定子程序重复次数——在重新回到原程序继续处理以前子程序必须重复的次数。大多数程序中只调用一次子程序，然后返回并继续执行原程序。在返回并继续执行原程序的剩余部分前，需要多次子程序重复的情况也很常见，为了进行比较，原程序调用一次子程序 O0915 可以编写如下：

N22 M98 L1(Kl)

该程序段是正确的，但是 Ll/Kl 可以不写入程序，Ll/Kl 可以省略（数控系统控制的默认重复次数是一次）。

N22 M98 P0915 L1(K1)　　等同于 N22 M98 P0915

在下面的例子中，如果数控系统有区别，用 K 代替 L。

数控系统的重复次数范围一般为 L0～L9999，除了 L1 以外的所有 L 地址都必须写入程序，有些编程人员也将 L1 也写在程序中。有些 FANUC 系统不能接受 L 或 K 地址作为重复次数，它们使用其他的格式，这些数控系统中的单次子程序调用与前面一样。

N22 M98 P0915

该程序段调用一次子程序。为了使子程序重复 4 次,使用下列程序段:

N22 M98 P0915 L4(K4)

有些数控系统也可以使用一条指令,直接在 P 地址后编写所需的重复次数:

N22 M98 P40915　等同于　N22 P00040915

得到结果与其他形式相同——子程序重复 4 次,前 4 位数字是重复的次数,后 4 位数字是子程序的程序名,例如:

M98 P0915　等同于　M98 P00010915

以上程序段中于程序 O0915 只重复一次,要使子程序 O1013 重复 22 次,程序为:

M98 P221013　或　M98 P00221013

三、子程序的多级嵌套

上一小节中主程序只调用一个子程序,而子程序不再调用另外一个子程序,这叫做一级嵌套。现在常用数控系统允许最大四级的嵌套,这意味着如果主程序调用 1 号子程序,1 号子程序可以调用 2 号子程序,依此类推,直到调用 4 号子程序,这就是所谓的四级嵌套,如图 4-3 所示。

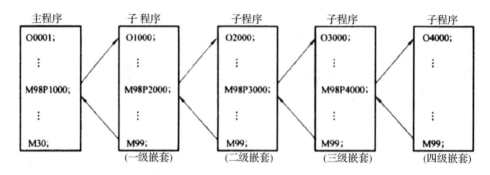

图 4-3　子程序嵌套流程图

实际应用中很少需要四级嵌套,但它可作为编程工具以防出现这种要求。下面介绍每级嵌套的程序处理流程。

(一)一级嵌套

一级嵌套意味着主程序只调用一次子程序,仅此面已,一级嵌套子程序在数控编程中最为常见。程序从主程序顶部开始运行,主程序通过"M98 P____"调用子程序时,控制器形成一条通向子程序的分支并处理子程序的所有内容,然后返回主程序处理主程序余下的程序段,如图 4-4 所示。

(二)二级嵌套

如图 4-5 所示。二级嵌套子程序也是从主程序顶部开始处理,当控制器遇到一级子程序调用时,从主程序产生一条分支并从一级子程序的顶部开始处理子程序,在一级子程序处理过程中,数控系统遇到二级子程序调用。此时暂时停止一级子程序处理,数控系统产生流向二级子程序的分支。由于二级子程序不再调用子程序,所以它将处理完子程序中的所有程序段。一旦遇到含有 M99 功能的程序段,数控系统自动返回到程序产生分支的地方,并继续处理前面暂停的程序。返回原程序通常是回到紧跟子程序调用的程序段,在遇到另一个 M99 功能前,控制器将处理完第一个子程序余下的所有程序段。当遇到 M99 时,控制系统将返回产生分支的地方(原程序),在二级嵌套中也就是主程序,由于主程序中仍有未经执行的程序段,所以在遇到 M30 功能前,系统对它们进行执行,M30 终止主程序的运行。

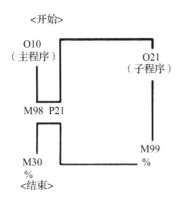

图 4-4　一级嵌套示意图

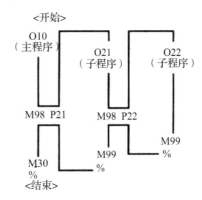

图 4-5　二级嵌套示意图

(三)三级、四级嵌套

三级嵌套是两级嵌套的延伸。如前所述,从主程序的顶部开始执行,第一个分支为第一级,下一个分支为第二级,再后面的分支为第三级。每个子程序运行至下一级子程序调用处或直到子程序结束,程序处理将返回到子程序调用的下一个程序段,并在主程序中结束。

四级嵌套只是又多了一级嵌套,其原理与前面的嵌套完全一样。但是不必要的多级子程序嵌套只会使编程应用更复杂,并且更难掌控。四级嵌套(甚至三级嵌套)子程序的编程需要全面了解程序处理顺序,并且适当运用它。一般情况下,三级和四级嵌套很少使用。

(四)子程序嵌套的注意事项

子程序嵌套在实际应用中要非常仔细和慎重,这种编程方法可以编写出较短的程序,但是编程时间会比较长,编嵌套程序的准备时间、开发和调试时间通常比编写常规程序的时间要长。编写嵌套程序时必须花费相当一部分编程时间对所有程序的处理流程、初始条件的建立以及数据正确性进行仔细和全面的检查。在实际应用中,子程序嵌套的应用不能只满足缩短程序这一个目的,要综合考虑实际使用的效果。多次嵌套编程的一条简单规则就是:只有当以后的频繁使用值得花费这些额外的开发时间时才使用多级嵌套。

四、子程序的实例应用

(一)同一平面内完成多个相同轮廓加工

在一次装夹中若要完成多个相同轮廓形状工件的加工,则编程时只编写一个轮廓形状加工程序,然后用主程序来调用子程序。

【例 4-1】　加工如图 4-6 所示三个相同凸台外形轮廓(凸台高度为 5mm)的零件。

参考程序如下:

O0915(主程序)
N1 G90 G80 G40 G21 G54 G17
N2 M03 S2200
N3 G00 X0 Y0
N4 G43 Z5 H01

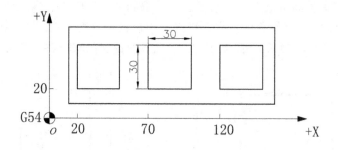

图 4-6　正方体凸台

N5 G01 Z-5 F100

N6 M98 P1013 L3

N7 G90 G00 X0 Y0

N8 G49 Z100

N9 G91 G28 Z0

N10 M05

N11 M30

%

O1013（子程序）

N1 G91 G41 X20 Y10 D01

N2 Y40

N3 X30

N4 Y-30

N5 X-40

N6 G40 X-10 Y-20

N7 X50

N8 M99

%

（二）实现零件的分层切削

有时零件在某个方向上的总切削深度比较大，要进行分层切削，则编写该轮廓加工的刀具轨迹子程序后，通过调用该子程序来实现分层切削。

【例 4-2】　如图 4-7 所示零件凸台外形轮廓，Z 轴分层切削，每次背吃刀量为 3mm。

O2008（主程序）

N1 G90 G80 G40 G21 G17

N2 G91 G28 Z0

N3 G54 G90

N4 G01 X-40 Y-40 F600

N5 Z20 H01

N6 S2200 M03

N7 G01 Z0 F100

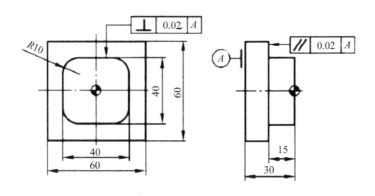

图 4-7 子程序分层切削

N8 M98 P1013 L5

N9 G49 G01 Z30

N10 M05

N11 M30

%

O1013(子程序)

N1 G91 G01 Z-3

N2 G90 G41 G01 X-20 Y-20 D11 F200

N3 Y10

N4 G02 X-10 Y20 R10

N5 G01 X10

N6 G02 X20 Y10 R10

N7 G01 Y-10

N8 G02 X10 Y-20 R10

N9 G01 X-10

N10 G02 X-20 Y-10 R10

N11 G40 G01 X-40 Y-40

N12 M99

%

任务 4.2　镜像指令编程

　　镜像功能可以对称地重复任何次序的加工操作,该编程技术不需要新的计算,所以可缩短编程时间,同时也减少出现错误的可能性。镜像有时候也称为轴倒置功能,这一描述在某种程度上来说是精确的,虽然镜像模式下机床主轴确实是倒置的,但同时也会发生其他的变化,这样一来"镜像"的描述就更为准确。镜像是基于对称工件的原则,有时也称为右手(R/H)或左手(L/H)原则。

镜像编程需要了解最基本的直角坐标系,尤其是在各象限里的应用,同时也要很好地掌握圆弧插补和刀具半径补偿的使用。

一、镜像的基本规则

在一个象限内加工给定的刀具轨迹与在其他象限里加工同样的刀具轨迹没什么两样,主要区别就是某些运动的方向相反。这意味着在一个象限内给定的加工工件可以在镜像功能有效的前提下,在另一个象限里使用同样的程序再现,这就是镜像的基本规则。如图 4-8 所示,镜像功能可以自动改变轴方向和其他方向。

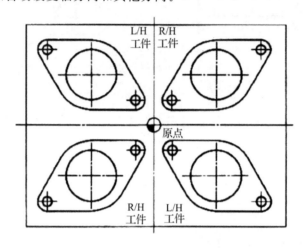

图 4-8 加工工件中的镜像原则

(一)刀具路径方向

根据镜像所选择的象限,刀具路径方向的改变可能影响某些或全部操作。

1. 轴的算术符号(正或负);

2. 铣削方向(顺铣或逆铣);

3. 圆弧运动方向(正转或反转)。

它可能影响一根或多根机床轴,通常只是 X 轴和 Y 轴,镜像应用中一般不使用 Z 轴。并不是所有的运动都同时受到影响,如果程序中设有圆弧插补,就不需要考虑圆弧方向。图 4-9 所示为镜像在四个象限中对刀具路径的影响。

(二)初始刀具路径

如果不应用镜像(默认情况下),可以在任何象限内生成初始刀具路径程序,只在定义的象限内加工刀具路径,这也是大部分应用的编程方式。一旦开始使用镜像,无论初始刀具路径定义在哪个象限,都会对初始加工模式(初始加工路径)进行镜像。镜像总是将加工模式(加工路径)转换到其他象限中去,这就是镜像功能的目的。镜像编程需要满足特定的条件,其中之一就是镜像轴的定义。

(三)镜像轴

因为坐标系有四个象限,所以就有被两根机床轴隔开的四个有效的加工区域。镜像轴是将所有编程运动翻转过来的机床轴,镜像轴可以用下面两种方法定义。

1. 在机床上(由数控操作人员定义);

2. 在程序中(由数控程序员定义)。

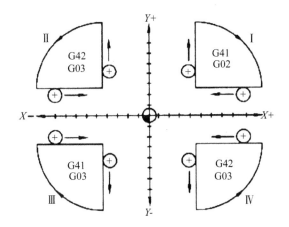

图 4-9　镜像功能在各象限中对刀具路径的影响

镜像轴对称设置的方式主要有以下四种：

1. 正常加工——没有设置镜像；

2. 关于 X 轴镜像的加工；

3. 关于 Y 轴镜像的加工；

4. 关于 X 和 Y 轴镜像的加工。

（四）镜像中的坐标符号

一般的加工程序都是这样的，例如如果在第Ⅱ象限中加工编程路径（使用 G90 绝对模式），正常的 X 坐标为正，Y 坐标为负。如果不使用镜像，初始编程象限内坐标点的符号总是正常的，一旦在镜像象限内进行加工，就会根据坐标象限改变一到两个符号。

镜像中的坐标正负取决于编程中所使用坐标系的象限，如果在第Ⅰ象限里编程，X 轴和 Y 轴都是正值，下面是所有四个象限中的绝对值列表（表 4-2）。

表 4-2　镜像象限符号

第Ⅰ象限	X＋Y＋	第Ⅲ象限	X－Y－
第Ⅱ象限	X－Y＋	第Ⅳ象限	X＋Y－

镜像编程刀具路径时，数控系统根据镜像轴暂时改变一到两个符号，例如如果编程的刀具运动在第Ⅰ象限（X＋Y＋）内且通过 X 轴镜像，其符号将变为第Ⅳ象限里的符号（X＋Y－），这里的镜像轴只有 X 轴。在另一个例子中，同样基于第Ⅰ象限里的初始程序，而镜像轴为 Y 轴，这时临时改变的符号就会变为第Ⅱ象限的（X－Y＋）。如果沿两根轴对第Ⅰ象限内的编程刀具运动进行镜像，那么将在第Ⅲ象限内执行程序（X－Y－）。

（五）铣削方向的镜像

圆周铣削编程可以采用逆铣或顺铣方式，当观察在第Ⅰ象限内以顺铣模式定义的初始刀具运动时，那么在其他象限中的镜像加工如下：

1. 镜像到第Ⅱ象限中——逆铣模式；

2. 镜像到第Ⅲ象限中——顺铣模式；

3. 镜像到第Ⅳ象限中——逆铣模式。

使用镜像时,理解加工模式非常重要,逆铣模式得不到好的加工结果,它对表面质量和尺寸公差具有负面影响。所以在需要的情况下,可以根据镜像功能改善加工方式。

（六）圆弧运动方向的镜像

当只对一根轴镜像时,圆弧刀具运动的改变只有一种结果,即任何编程的顺时针圆弧都会变成逆时针方向的,反之亦然。下面是沿一根轴镜像后圆弧方向改变的结果,同样也是基于第Ⅰ象限。

1. 第Ⅰ象限——最初的圆弧是顺指针方向

第Ⅱ象限——逆时针切削

第Ⅲ象限——顺时针切削

第Ⅳ象限——逆时针切削

2. 第Ⅰ象限——最初的圆弧是逆时针方向

第Ⅱ象限——顺时针切削

第Ⅲ象限——逆时针切削

第Ⅳ象限——顺时针切削

必要时数控系统会自动完成 G02 和 G03 之间的转换。在大多数加工中,改变圆弧运动方向不会影响加工质量。

（七）程序开始和结束

使用镜像编程时,务必要仔细考虑使用的编程方法,它与在单个象限(不使用镜像)内编程时使用的技巧有所区别。镜像有效时,除了机床原点返回外,程序中所有其他的运动都会发生镜像,这意味着以下几个考虑事项比较重要。

1. 程序以什么方式开始;

2. 在什么地方应用镜像;

3. 什么时候取消镜像。

镜像程序通常在同一位置开始和结束,一般在工件的 X0Y0 处。

二、设置镜像

镜像可以在数控系统中设置,它不需要特殊代码,因为它只包含一个象限的刀具运动,所以程序相对较短。并不是每一个程序都可以进行镜像,必须根据镜像对程序进行修改。

（一）镜像的系统设置

大多数数控系统上都设有一个屏幕设置或镜像扳动开关,两种设计都允许操作人员在操作界面中设置某些参数。使用屏幕设置时,其显示如下:

镜像 X 负轴＝0;(0:OFF 1:ON)

镜像 Y 负轴＝0;(0:OFF 1:ON)

这是默认显示,此时两轴镜像都关闭(取消模式)。只在 X 轴上使用镜像时,显示屏上的显示如下:

镜像 X 负轴＝1;(0:OFF 1:ON)

镜像 Y 负轴＝0;(0:OFF 1:ON)

只在 Y 轴上使用镜像时,显示屏上的显示如下:

镜像 X 负轴＝0;(0:OFF 1:ON)

镜像 Y 负轴＝1;(0:OFF 1:ON)

在两轴上同时使用镜像时,两轴的设置都为"开":

镜像 X 负轴＝1;(0：OFF 1：ON)

镜像 Y 负轴＝1;(0：OFF 1：ON)

在取消镜像并回到正常编程模式时,XY 轴的设置都为零:

镜像 X 负轴＝0;(0：OFF 1：ON)

镜像 Y 负轴＝0;(0：OFF 1：ON)

图 4-10 所示为使用手动操作面板扳动开关"OFF"/"ON"模式的镜像设置,大多数机床都有一个指示灯,当前镜像轴为"ON"时灯变亮。

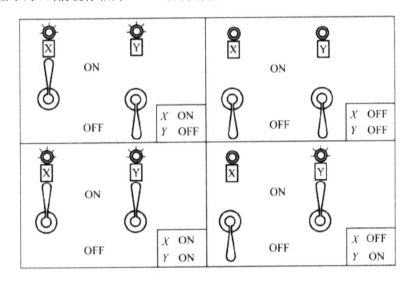

图 4-10 手动设置镜像扳动开关

(二)镜像编程——手动设置

图 4-11 所示的零件图需要在四个象限内分别加工 3 个孔,下面就以它为例,说明镜像的手动设置和编程过程。手动设置镜像时,刀具运动只能在一个象限中(图 4-12),然后将它镜像到其他象限中去,如图 4-13 和程序 O0915 所示:

```
O0915
N1 G20
N2 G17 G40 G80
N3 G90 G54 G99 G00 X0 Y0 S2200 M03          (X0 Y0)
N4 G43 Z1.0 H01 M08
N5 G82 X6 Y1 R0.1 Z-0.22 P300 F0.3
N6 X4 Y3
N7 X2 Y5
N8 G80 Z1 M09
N9 G28 Z1 M05
N10 G00 X0 Y0                               (必须返回 X0 Y0)
N11 M30
```

%

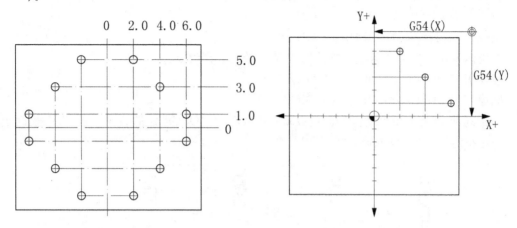

图 4-11　镜像编程零件图　　　　　图 4-12　第Ⅰ象限中三个孔的编程刀具运动

注意程序段 N3 中的第一个刀具运动,切削刀具位于 X0Y0 处,而该处没有孔。这是镜像程序中最重要的程序段,因为该点是四个象限的公共点。

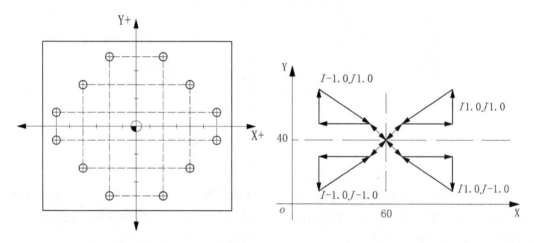

图 4-13　使用镜像后四个象限内的刀具运动　　　　图 4-14　镜像加工图例 1

三、可编程镜像指令

（一）编程镜像加工 1（比例缩放功能 G51 负值的应用）

当比例缩放功能 G51 指定各轴比例因子为负值时,则执行镜像加工,以比例缩放中心为镜像对称中心。

【例 4-3】　如图 4-14 和程序 O0915（主程序）O、1013（子程序）所示,实现镜像轨迹模拟。

参考程序:

O0915（主程序）

N1 G54 G90 G00 X60 Y40

N2 M98 P1013

N3 G51 X60 Y40 I-1000 J1000

N4 M98 P1013

N5 G51 X60 Y40 I-1000 J-1000

N6 M98 P1013

N7 G51 X60 Y40 I1000 J-1000

N8 M98 P1013

N9 G50

N10 G00 X100 Y100

N11 M30

％

O1013（子程序）

N1 G00 G90 X70 Y50

N2 G01 X100

N3 Y70

N4 X70 Y50

N5 G00 X60 Y40

N6 M99

％

（二）编程镜像加工 2（G50.1 和 G51.1 指令的应用）

用可编程的镜像指令 G50.1 和 G51.1 可实现坐标轴镜像的对称加工。如图 4-15 所示。

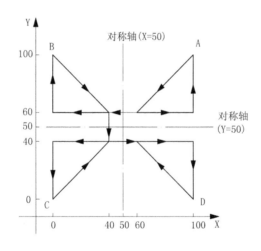

图 4-15　镜像加工图例 2

A 为程序编制的图像；B 图像的对称轴与 Y 平行，并与 Y 轴在 Y＝50 处相交；C 图像对称点在点(50,50)；D 图像的对称轴与 X 平行，并与 Y 轴在 Y＝50 处相交。

指令格式：G51.1　X＿Y＿Z＿；　　设置可编程镜像

　　　　　…　　　　　；　　　　　根据 G51.1 X＿Y＿Z＿.指定的对称轴

　　　　　…　　　　　；　　　　　生成在这些程序段中指定的镜像

　　　　G50.1　X＿Y＿Z＿；　　取消可编程镜像

指令说明：

1. 在指定平面内执行镜像指令时，如果程序中有圆弧指令，则圆弧的旋转方向相反，即 G02 变成 G03，相应地 G03 变成 G02。

2. 在指定平面内执行镜像指令时，如果程序中有刀具半径补偿指令，则刀具半径补偿的偏置方向相反，即 G41 变成 G42，G42 变成 G41。

3. 在指定平面内执行镜像指令时，如果程序中有坐标系旋转指令，则坐标系旋转方向相反。即顺时针变成逆时针，逆时针变成顺时针。

4. 数控系统数据处理的顺序是从程序镜像到比例缩放到坐标系旋转，所以在指定这些指令时，应按顺序指定，取消时，按相反顺序。在旋转方式或比例缩放方式不能指定镜像指令 G50.1 或 G51.1 指令。但在镜像指令中可以指定比例缩放指令或坐标系旋转指令。

5. 在可编程镜像方式中，不能指定返回参考点指令（G27，G28，G29，G30）和改变坐标系指令（G54—G59，G92）。如果要指定其中的某一个，则必须在取消可编程镜像后指定。

6. 在使用镜像功能时，由于数控铣床的 Z 轴一般安装有刀具，所以，Z 轴一般都不进行镜像加工。

注意事项：

1. 在深孔钻 G83、G73 时，切深（Q）和退刀量（R）不使用镜像；

2. 在精镗（G76）和背镗（G87）中，移动方向不使用镜像；

3. 在使用中，对连续形状不使用镜像功能，走刀中有接刀，使轮廓不光滑。

【例 4-4】 如图 4-16 和程序 O4006（主程序）O4007（子程序）所示，实现镜像轨迹模拟。

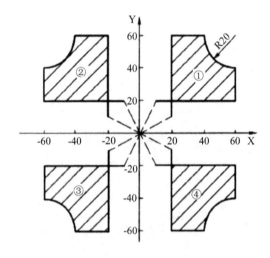

图 4-16 镜像加工图例 3

O4006；（主程序）

N10 G90 G54 G00 X0 Y0 Z100；

N20 G91 G17 M03 S600；

N30 M98 P4007；   加工①

N40 G51.1 X0；   Y 轴镜像，镜像位置为 X=0

N50 M98 P4007；   加工②

N60 G50.1 X0；

N70 G51.1 X0Y0；   X、Y 轴镜像，镜像位置(0,0)

N80 M98 P4007；   加工③

M90 G50.1 X0 Y0

N100 G51.1 Y0；   X 轴镜像，镜像位置为 Y＝0

N110 M98 P4007；   加工④

N120 G50.1 Y0；

N130 M30；

％

O4007；(子程序)

N10 G41 G00 X20 Y10 D01；

N20 Z-98；

N30 G01 Z-7 F100

N40 Y50；

N50 X20；

N60 G03 X20 Y-20 120；

N70 G01 Y-20；

N80 X-50；

N90 G00 Z15；

N100 G40 X-10 Y-20；

N110 M99；

％

任务 4.3 旋转指令编程

旋转指令编程能使刀具加工出绕定义点旋转特定角度的分布模式、轮廓或者型腔。数控系统有了该功能后，编程过程就变得更为灵活和有效。这一功能强大的编程特征通常是特殊的系统选项，称为坐标系旋转或坐标旋转。坐标旋转最重要的应用之一是：当工件的定义与坐标轴正交，但加工需要一定的角度时(根据图纸说明的需求)，正交模式定义了水平和竖直方向，也就是说刀具运动平行于机床主轴。正交模式的编程比计算倾斜方向上各轮廓拐点的位置要容易得多，比较图 4-17 所示的两个矩形：

图 4-17(a)所示为正交的矩形，图 4-17(b)所示是沿逆时针方向旋转 10°后的相同矩形。手动编写(a)图的程序非常容易，而且可以通过选择指令将刀具路径转换为(b)图的轨迹。坐标旋转功能是一个特殊选项，它是数控系统中不可或缺的一部分。坐标旋转功能只需要三个要素(旋转中心、旋转角度以及旋转的刀具路径)来定义旋转工件。

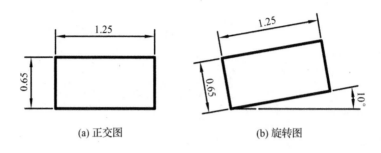

(a) 正交图　　　　　　　　　　　　(b) 旋转图

图 4-17　初始的正交图和旋转图

一、旋转指令

坐标旋转使用两个准备功能分别表示该功能的"开"和"关",如表 4-3 所示。

表 4-3　旋转指令说明

G68	坐标系旋转"开"	G69	坐标系旋转"关"

指令 G68 根据旋转中心(也称为极点)和旋转角度产生坐标系旋转;

G68　X__Y__R__

其中,X 为旋转中心的绝对 X 坐标;Y 为旋转中心的绝对 Y 坐标;R 为旋转角度。

（一）旋转中心

XY 坐标通常是旋转中心(极点),它是一个特殊点,旋转通常绕该点进行——根据所选的工作平面,该点可以用两个不同的轴来定义。G17 平而有效时,X 轴和 Y 轴是绝对旋转中心;G18 平面则使用 XZ 作为旋转点的坐标;而 G19 平而使用 YZ 轴作为旋转点坐标。使用旋转指令 G68 之前必须在程序中输入平面选择指令 G17、G18 或 G19。如果没有指定 G68 指令旋转中心的 X 和 Y 坐标(在 G17 平面内),那么当前刀具位置会默认成为旋转中心。

（二）旋转半径

G68 的角度由 R 值指定,单位是度,它从定义的中心开始测量。尺值的小数位位数将成为角度值,正 R 表示逆时针旋转,负 R 表示顺时针旋转,如图 4-18 所示。

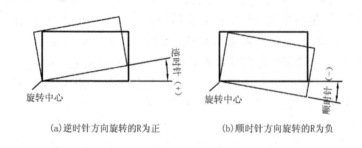

(a)逆时针方向旋转的R为正　　　　　(b)顺时针方向旋转的R为负

图 4-18　基于旋转中心的坐标旋转方向

（三）取消坐标旋转

G69 指令取消坐标旋转功能并使数控系统返回标准的正交状态(旋转角度为 0°),通常 G69 取消坐标旋转指令在单独的程序段中指定,不和其他代码写在同一行。

二、旋转指令编程实例

（一）说明及注意事项

说明：

1. 在坐标系旋转取消指令（G69）以后的第一个移动指令必须用绝对值指定。如果采用增量值指令，则不执行正确的移动。

2. 数控数据处理的顺序是：程序镜像→比例缩放→坐标系旋转→刀具半径补偿。所以在指定这些指令时，应按顺序指定，取消时，按相反顺序。在旋转指令或比例缩放指令中不能指定镜像指令，但在镜像指令中可以指定比例缩放指令或坐标系旋转指令。

3. 在指定平面内执行镜像指令时，如果在镜像指令中有坐标系旋转指令，则坐标系旋转方向相反。即顺时针变成逆时针，相应地，逆时针变成顺时针。

4. 如果坐标系旋转指令前有比例缩放指令，则坐标系旋转中心也被缩放，但旋转角度不被比例缩放。

注意事项：

1. 在坐标系旋转编程过程中，如需采用刀具补偿指令进行编程，则需在指定坐标系旋转指令后再指定刀具补偿指令，取消时，按相反顺序取消。

2. 在坐标系旋转方式中，不能指定返回参考点指令（G27—G30）和改变坐标系指令（G54—G59，G92）。如果要指定其中的某一个，则必须在取消坐标系旋转指令后指定。

3. 采用坐标系旋转编程时，要特别注意刀具的起点位置，以防加工过程中产生过切现象。

（二）旋转实例

【例4-6】　带有圆角的矩形零件（图4-19），利用坐标旋转指令进行角度旋转后加工如图4-20和程序O1013所示。如果程序原点不旋转，则只包括G68和G69指令之间的工件轮廓加工路径，而不包括刀具趋近或退回运动。同时也要注意程序段N2中的G69，这里为了安全而使用旋转取消。

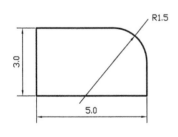

图4-19　带圆角的矩形零件

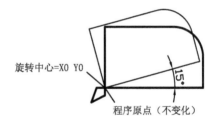

图4-20　旋转15°编程图

参考程序：

O1013

N1 G20

N2 G69　　　　　　　　　　　　　　　（取消旋转）

N3 G17 G80 G40

N4 G90 G99 G54 G00 X0 Y0 S2200 M03

N5 G43 Z1 H01 M08

N6 G01 Z-0.22 F0.3

N7 G68 X-1 Y-1 R15

N8 G41 X-0.5 Y-0.5 D01 F0.5

N9 Y3

N10 X3.5

N11 G02 X5 Y1.5 R1.5

N12 G01 Y0.5

N13 X-0.5

N14 G40 X-1 Y-1 M09

N15 G69   （取消旋转）

N16 G28 X-1 Y-1 Z1 M05

N17 M30

%

本例中的程序段 N8 包含刀具半径补偿 C41。进行坐标旋转时，会包括任何编程的刀具偏置或补偿在内。

【例 4-7】 编制如图 4-21 所示，旋转功能程序。

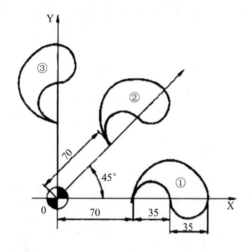

图 4-21 旋转 45°和 90°编程图

04004；(主程序)

N10 G17 G90 G54 G94；

N20 M03 S800 F100；

N30 M98 P4005；

N40 G68 X0 Y0 R45；

N50 M98 P4005；

N60 G69；

N70 G68 X0 Y0 R90；

N80 M98 P4005；

N90 G69；

N100 M30；

%

04005；（子程序）

N10 G90 G01 X70 Y0 F100；

N20 G02 X105 Y0 I17.5；

N30 G03 X140 Y0 I17.5；

N40 X70 Y0 I-17 ；

N50 G00 X0 Y0；

N60 M99；

%

对于某些围绕中心旋转得到的特殊轮廓加工来说，如果根据旋转后的实际加工轨迹进行编程，就可能使坐标计算的工作量大大增加。而通过图形旋转功能，可以大大简化编程的工作量。

任务 4.4 缩放指令编程

数控铣床编程的刀具运动在刀具半径偏置有效的情况下通常和图纸尺寸是一致的。有时需要重复已编写的刀具运动轨迹，但尺寸大于或小于初始加工轮廓，即和原来的刀具轨迹保持一定的比例。为实现这一目的，可使用比例缩放功能。

为了使编程更为灵活，比例缩放功能可以与其他功能同时使用，通常是前面几个任务中介绍的内容：基准移动、镜像、坐标系旋转。

一、缩放指令的概述

数控系统在的编程中使用比例缩放指令，意味着改变了所有轴的编程值。比例缩放过程就是将各轴的值乘上比例缩放值，编程人员必须给出比例缩放中心和比例缩放值。通过数控系统参数设定能够确定比例缩放功能在三根轴上是否有效，但它对任何附加轴都不起作用，比例缩放功能大多用于 x 轴和 Y 轴。

特定值和预先设置的值（即各种偏置）不受比例缩放指令的影响，比例缩放功能不会改变下列偏置功能：

①刀具半径偏移量：G41～G42/D；

②刀具长度偏移量：G43～G44/H；

③刀具位置偏移量：G45～G48/H。

在固定循环中，还有另外两种情况也不受比例缩放功能的影响：

①G76 和 G87 循环中 X 轴和 Y 轴的移动量；

②G83 和 G73 循环中的深孔钻深度 Q；

③G83 和 G73 循环中的返回量。

在实际使用过程中有许多缩放现有刀具路径的应用，它们可以节省很多额外的工作时

间,以下是几个常见应用:

①几何尺寸相似的工件;

②使用固定缩放比例值的加工;

③模具生产;

④英制和公制尺寸之间的换算;

⑤改变刻线尺寸。

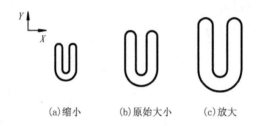

(a)缩小　　　(b)原始大小　　　(c)放大

图 4-22　原始工件与缩放图

不管是何种应用,比例缩放功能都是产生一个大于或小于原刀具路径的新刀具路径。因此,比例缩放功能常用于现有刀具路径的放大(增加尺寸)或缩小(减小尺寸),如图 4-22 所示。

二、比例缩放编程格式

比例缩放功能的使用必须首先确定以下两个数据:

①比例缩放中心:缩放中心点;

②比例缩放值:缩小或放大。

比例缩放功能最常用的准备功能是 G51 和 G50(表 4-4)。

表 4-4　比例缩放指令说明

G50	取消比例缩放　(比例缩放功能"关")
G51	激活比例缩放　(比例缩放功能"开")

比例缩放功能的编程格式如下:

G51　I__J__K__P__.

其中　I——比例缩放中心的 X 坐标(绝对值);

　　　　J——比例缩放中心的 Y 坐标(绝对值);

　　　　K——比例缩放中心的 Z 坐标(绝对值);

　　　　P——比例缩放值(增量为 0.001 或 0.00001)。

在数控编程中必须在单独程序段中编写 G51 指令,与机床原点复位相关的指令 G27、G28、G29 和 G30 通常应该在比例缩放功能"关"模式下编写。如果使用 G92 指令,也应确保在比例缩放功能"关"模式下编写。使用比例缩放功能前,应使用 G40 指令取消刀具半径偏置指令 G41/G42。其他的指令和功能仍可以有效,包括工件偏置指令 G54~G59。

(一)比例缩放中心

比例缩放中心决定缩放后刀具路径的位置。因为比例缩放中心控制刀具路径缩放的位置,所以了解以下主要原则非常重要。

工件从比例缩放中心沿各轴等比例缩小或放大,如图 4-23 所示。为了了解较为复杂的轮廓形状,可以比较同时包括初始轮廓和缩放后轮廓的图 4-24。图 4-24 中显示了两条刀具路径(A 和 B)和比例缩放中心 C,根据比例缩放因子的大小,刀具路径可能从 A1 到 A8 或者从 B1 到 B8。

图 4-24 中所示点 A1 到点 A8 以及点 B1 到点 B8 表示刀具路径的轮廓拐点。如果刀具路径 A1 到 A8 是初始路径,那么刀具路径 B1 到 B8 是关于点 C 的缩放后的刀具路径,其比例缩放因子小于 1。如果刀具路径 B1 到 B8 是初始路径,那么刀具路径 A1 到 A8 是关于点 C 的缩放后的刀具路径,其比例缩放因子大于 1。虚线连接的各个点使比例缩放功能更容易看清楚,虚线从中心点 C 开始,始终连接轮廓拐点,

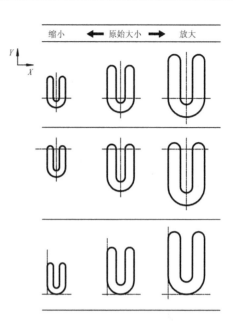

图 4-23 缩放后的位置比较

点 B 始终是中心点 C 和对应的点 A 的中间点,实际上也就意味着 C 点到 B5 的距离和 B5 到 A5 的距离是相等的。

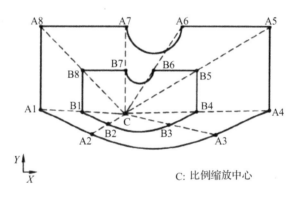

C: 比例缩放中心

图 4-24 比例中心对缩放的影响

(二)比例缩放因子

比例缩放因子决定缩放后刀具路径的大小。最大的比例缩放值与最小的比例缩放值有关。数控系统能通过系统参数在内部预先设置最小比例因子(0.001 或 0.0001)。一些老式系统只能设置 0.001 为最小比例缩放值。比例缩放值独立于程序中所使用的单位(G20 或 G21)。如果最小比例值设为 0.001,可编程的最大比例值为 999.999;如果最小比例值设为 0.00001,可编程的最大比例值为 9.99999。通常可以根据选择考虑大比例对精度的影响,反之亦然。对于大多数应用,0.001 的最小比例值就已经足够了。

①比例值>1 放大;

②比例值=1 不变;

③比例值<1 缩小。

如果 G51 程序段中没有使用 P 地址,系统参数的默认设置将自动有效。

三、缩放指令编程实例

（一）说明及注意事项

说明：

1. 比例缩放中的刀具半径补偿问题。在编写比例缩放程序过程中,要特别注意建立刀补程序段的位置,通常,刀补程序段应写在缩放程序段内。

2. 比例缩放中的圆弧插补在比例缩放中进行圆弧插补,如果进行等比例缩放,则圆弧半径也相应缩放相同的比例;如果指定不同的缩放比例,则刀具不会走出相应的椭圆轨迹,仍将进行圆弧的插补,圆弧的半径根据 I、J 中的较大值进行缩放。

注意事项：

1. 比例缩放的简化形式。如将比例缩放程序"G51 X__ Y__ Z__ P__ ;"或"G51 X__ Y__ Z__ I__ J__ K__ ;"简写成"G51 ;",则缩放比例由机床系统参数决定,而缩放中心则指刀具刀位点的当前所处位置。

2. 比例缩放对固定循环中 Q 值与 d 值元效。在比例缩放过程中,有时我们不希望进行 Z 轴方向的比例缩放。这时,可修改系统参数,以禁止在 Z 轴方向上进行比例缩放。

3. 比例缩放对工件坐标系零点偏移值和刀具补偿值无效。

4. 在缩放状态下,不能指定返回参考点的 G 指令(G27—G30),也不能指定坐标系设定指令(G52—G59,G92)。若一定要指令这些 G 代码,应在取消缩放功能后指定。

（二）实例编程

【例 4-8】 带有圆角的矩形零件(图 4-25),利用比例缩放指令进行缩放后加工如图 4-26 和程序 O1013(主程序)、O7001(子程序)所示。

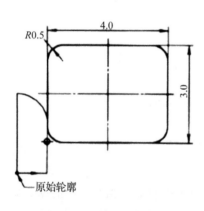

图 4-25 原始大小轮廓图

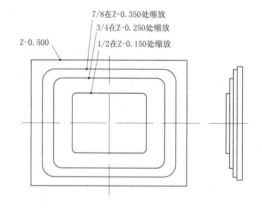

图 4-26 三个深度上的缩放轮廓图

O1013(主程序)

N1 G20

N2 G50 　　　　　　　　　　　　　（比例取消）

N3 G17 G40 G80 D01

N4 M06

N5 G90 G54 G00 X-1.0 Y-1.0 S2500 M03

N6 G43 Z0.5 H01 M08

N7 G01 Z-0.125 F120　　　　　　（设置深度）

N8 G51 I2.0 J1.5 P0.5　　　　　　（在 Z-0.125 位置缩放 0.5 倍）

N9 M98 P7001　　　　　　（加工正常轮廓）

N10 G01 Z-0.25　　　　　　（设置深度）

N11 G51 I2.0 J1.5 P0.75　　　　　　（在 Z-0.250 位置缩放 0.75 倍）

N12 M98 P7001　　　　　　（加工正常轮廓）

N13 G01 Z-0.35　　　　　　（设置深度）

N14 G51 I2.0 J1.5 P0.875　　　　　　（在 Z-0.350 位置缩放 0.875 倍）

N15 M98 P7001　　　　　　（加工正常轮廓）

N16 M09

N17 G28 Z0.5 M05

N18 G00 X-2.0 Y10.0

N19 M30

％

O7001（子程序）

N701 G01 G41 X0

N702 Y2.5 F100

N703 G02 X0.5 Y3.0 R0.5

N704 G01 X3.5

N705 G02 X4.0 Y2.5 R0.5

N706 G01 Y0.5

N707 G02 X3.5 Y0 R0.5

N708 G01 X0.5

N709 G02 X0 Y0.5 R0.5

N710 G03 X-1.0 Y1.5 R1.0

N711 G01 G40 Y-1.0 F15.0

N712 G50　　　　（比例缩放"关"）

N713 X-1.0 Y-1.0　　（返回初始点）

N714 M99

％

比例缩放功能具有很多可能性,通常要检查相关的系统参数以确保程序正确反映系统设置,不同的数控系统之间存在很大的区别。

【例 4-9】 编程如图 4-27 所示,三角形 ABC 中,顶点为 A(30,40),B(70,40),C(50,80),若缩放中心为 D(50,30),则缩放程序为:

O0915

...

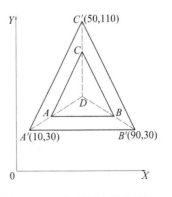

图 4-27　三角形的比例缩放图

N22 G51 X50 Y50 P2

...

N99 M30

%

在数控编程中,有时在对应坐标轴上的值是按固定的比例系数进行放大或缩小的,为了编程方便,可采用比例缩放指令来进行编程。

任务 4.5　固定循环指令编程

孔加工是数控铣床最常见的加工操作之一。在很多以复杂零件著称的传统行业中,如飞机和航天器用的零件制造、电子仪器、仪表、光学或模具制造等产业中,孔加工都是其制造工艺中的重要组成部分。

提到孔加工方法时,首先会想到使用常规刀具进行的中心钻、点钻和标准钻,但是这一分类太广泛了,许多其他相关操作也属于孔加工,例如铰孔、攻丝、单点镗孔、成组刀具钻孔、打锥沉孔、镗平底沉头孔、孔口面加工和背镗等相关操作都需要同时使用标准中心钻、点钻和钻削等操作。加工一个简单的孔通常只需要一把刀具,精确而复杂的孔则需要几把刀具才能完成,选择适当的编程方法对于给定工作中多个孔的加工非常重要。

即使用同一把刀加工出来的孔也会有所不同,如相同直径的孔可能会有不同的深度,它们也可能在工件不同的高度上。如果综合考虑各种情况,可以看出加工一个孔很简单,但是加工一系列不同的孔就需要计划周密、组织良好的方法。

大多数编程应用中,不同的孔加工之间有许多相似的运行轨迹。孔加工的运行轨迹可以做到事先模拟,而且任何模拟的操作都可以通过计算机进行有效处理。基于此,几乎所有控制系统制造商都在他们生产的数控系统中加入了几种灵活的孔加工编程方法,也就是固定循环指令编程。

一、点到点的加工——固定循环的基本运动步骤

孔加工的步骤通常不是很复杂,它没有轮廓要求和多轴联动,实际切削时往往只有一根轴的运动——通常是 Z 轴,这种加工一般称为点到点的加工。

孔的点到点加工方法是控制加工刀具在 X 轴和 Y 轴方向以高速运动,在 Z 轴方向则主要以切削进给率运动为主,Z 轴方向的运动也可以包括快速运动。所有这些说明孔加工在XY 方向没有切削运动,切削刀具完成所有 Z 轴方向的运动并返回孔外空隙位置,然后沿 X轴和 Y 轴方向运动到工件的另一位置并重复 Z 轴运动。通常许多位置上的运动顺序都是这样。孔的形状和直径由刀具选择来控制,孔的加工深度则由程序来控制,这是钻孔、铰孔、攻丝以及镗削等类似固定循环的一般加工方法。

点到点加工的基本编程结构可以概括为以下四个步骤(这里以常见的钻孔为例):

第 1 步:快速运动到孔的位置——沿 X 轴和 Y 轴方向;

第 2 步:快速运动到切削的起点——沿 Z 轴方向;

第 3 步:进给运动到指定深度——沿 Z 轴方向;

第 4 步:返回离开工件的安全位置——沿 Z 轴方向。

点到点操作编程中,最费时的工作可能就是必须在数控程序中编写大量重复程序段。这个问题可以通过使用固定循环来解决。之所以称为固定循环,是因为大量重复的信息被特定的固定代码取代。

下面两个例子对孔的两种编程模式进行了比较。程序 O0915 中使用单独程序段模式,即每步刀具路径都作为独立的运动程序段来编写;程序 O1013 则使用固定循环来加工相同的孔。程序中没给出注释,但两种截然不同的编程方法的区别是显而易见的。程序中使用 Φ2 麻花钻加工 3 个 2mm 的盲孔,如图 4-28 所示。

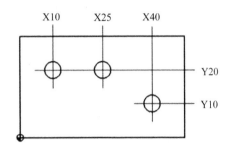

图 4-28 3 个简单盲孔加工图

【例 4-10】 程序 O0915 使用单独程序段。

O0915

N10 G20

N20 G17 G40 G80

N30 G90 G54 G99 G00 X10 Y20 S900 M03

N40 G43 Z1 H01 M08

N50 Z0.5 M08

N60 G01 Z-2 F0.3

N70 G04 X2

N80 G00 Z0.5

N90 X25 Y20

N100 G01 Z-2 F0.3

N110 G04 X2

N120 G00 Z0.5

N130 X40 Y10

N140 G01 Z-2 F0.3

N150 G04 X2

N160 G00 Z0.5 M09

N170 X100 Y100 Z100

N180 M30

%

【例 4-11】 程序 O1013 加工同样的孔,但为提高效率,使用固定循环。

N10 G20

N20 G17 G40 G80

N30 G90 G54 G99 G00 X10 Y20 S900 M03

N40 G43 Z1 H01 M08

N50 G82 R0.5 Z-2 P2 F0.3

N60 X25 Y20

N70 X40 Y10

N80 G80 G00 X100 Y100 Z100 M09

N90 M30

%

程序 O0915 中加工 3 个孔需要 18 个程序段,而使用固定循环的程序 O1013 只需要 9 个程序段。较短的程序 O1013 易读且没有重复程序段,并且无论何时需要,该程序的修改、更新也更容易。因此即使只需要加工一个孔也应该使用固定循环。

二、固定循环的常用代码

固定循环由数控系统生产厂家设计,它可消除手工编程中的重复程序段,而且使得数控机床上的数据修改更容易。

例如大量的孔可能拥有一样的起点,一样的深度,一样的进给率和一样的暂停时间等。该模式中每个孔只有 X 轴和 Y 轴的位置不一样。固定循环的目的就是对必要的值只编写一次——即第一个孔的值,第一次编写的值成为循环中的模态值且无需重复,直到需要改变某些值。通常加工新孔时需要改变 XY 轴坐标,但可能随时需要改变任意孔的其他值,尤其是加工复杂孔的时候。固定循环 G 代码表(见表 4-5):

表 4-5 固定循环 G 代码说明

G73	高速深孔钻循环	G84	右旋攻丝循环
G74	左旋攻丝循环	G85	镗削循环
G76	精镗循环	G86	镗削循环
G80	固定循环取消	G87	背镗循环
G81	钻孔循环	G88	镗削循环
G82	孔底暂停钻孔循环	G89	镗削循环
G83	深孔排屑钻孔循环		

该表列出的只是固定循环最常见的用法,而不是唯一的用法。例如有时镗削循环可能非常适用于铰孔,尽管这里并没有直接指定铰孔循环。

三、固定循环的编程格式

固定循环的一般格式是由特定的地址字指定的一系列参数值(并不是每一个循环都能使用以下所有的参数)。

N_ G_ G_ X_ Y_ R_ Z_ P_ Q_ I_ J_ K_ F_ L_(或 K)

下面介绍固定循环中使用的各个地址(按照它们在程序中的使用顺序)。

N——程序段号,依循不同的控制系统可以是从 N1~N9999 或从 Nl~N99999。

G(第一个 G 指令)——G98 或 G99,G98 使刀具返回初始点,G99 使刀具返回由地址 R 指定的参考点。

G(第二个 G 指令)——固定循环指令。

X——孔的 X 坐标值,它可以是绝对值也可以是相对值。

Y——孔的 Y 坐标值,它可以是绝对值也可以是相对值。

R——Z 轴起点(R 点),激活切削进给率的位置,R 点位置的值可以是绝对值也可以是相对值。

Z——Z 轴终点位置(Z 向深度),进给率终止位置,Z 轴位置可以是绝对值也可以是相对值。

P——暂停时间,单位是 ms。暂停时间在 1～99999999ms 范围内,编程中为 P1～P99999999。

Q——地址 Q 有两种含义,与 G73 或 G83 循环一起使用时它表示每次钻削的深度;与 G76 或 G87 循环一起使用时它表示镗削的移动量。地址 I 和 J 可以替代地址 Q,这取决于数控系统的参数设置。

I——移动量,必须包含 G76 或 G87 镗削循环的 X 轴移动方向,I 可替代 Q 使用。

J——移动量,必须包含 G76 或 G87 镗削循环的 Y 轴移动方向,J 可替代 Q 使用。

F——指定进给率,只用于切削运动。这个值的单位可以是 in/min 或 mm/min,这取决于所选择的单位输入。

L(或 K)——循环的重复次数,必须在 L0～L9999(K0～K9999)内,默认值为 L1(K1)。

四、固定循环的基本规则

固定循环是一个浓缩的模块,它包含一系列预先编好的加工指令,程序的内在格式不能改变,因此称为“固定”循环。这些程序指令与各工作间重复的可预知的特定刀具运动相关。固定循环的基本规则和约束归纳如下。

①在固定循环前或在循环模式中任何时候都可以建立绝对或增量坐标。

②G90 选择绝对模式,G91 选择增量模式,都是模态指令。

③如果固定循环模式中省略 X 轴和 Y 轴坐标中的一个,则只有一个方向上的运动,另一个方向坐标不变。

④如果固定循环模式中 X 轴、Y 轴都省略,那么刀具在 XY 平面内不动。

⑤如果固定循环中没有编写 G98 或 G99.那么控制系统就会选择由系统参数设置的默认指令(通常是 G98)。

⑥暂停时间的地址 P 不能使用小数点(不使用 G04),它通常以毫秒为单位。

⑦G80 取消所有有效的固定循环并使下一刀具快速运动,G00 所在程序段中的所有固定循环都无效。如 G80 Z22 等同于 G80 G00 Z22 或 G00 Z22。

01 组准备功能 G 代码包括 G00、G01、G02、G03 和 G32。它们是主要的运动指令,且可以取消任何有效的固定循环。

注意,如果在同一程序段中出现固定循环和 01 组的运动指令,那么它们的编程顺序是非常重要的。

如 G00 G81 X_Y_R_Z_P_Q_L_F_将执行固定循环;

但是,G81 G00 X_Y_R_Z_P_Q_L_F_将不执行固定循环,但它会执行 X 轴和 Y 轴的运动,除了存储 F 值之外将忽略其他值,一定要避免出现这样的程序段。

五、固定循环中的绝对值和增量值

和其他的加工一样,孔加工的固定循环也可使用绝对模式 G90 或增量模式 G91 编程。这一选择主要会影响孔的 XY 位置、R 值和 Z 方向深度,如图 4-29 所示。

绝对模式下所有值都与原点相关(程序原点),增量模式下孔 XY 位置是相对于前一孔 XY 位置的距离。R 值是与上一 Z 值的距离,这个点在调用循环前确定且进给率在该点开始有效。Z 向深度是从 R 平面到进给运动结束点之间的距离,刀具在固定循环开始时快速运动到 R 平面。

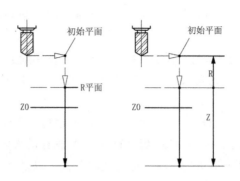

图 4-29　固定循环中绝对和增量输入值

六、初始平面选择

有两个准备功能控制固定循环结束时的 Z 轴刀具返回(退刀)位置。

G98　刀具返回到初始平面(由 Z 值指定);

G99　刀具返回到 R 平面位置(由 R 值指定)。

G98 和 G99 代码只用于固定循环,它们的主要作用就是在孔之间运动时绕开障碍物。障碍物包括夹具、零件的突出部分、未加工区域以及附件等。如果没有这两条指令,就必须停止循环来移动刀具,然后再继续该循环,而使用 G98 和 G99 指令就可以不用取消固定循环直接绕过这些障碍物,这样便提高了效率。

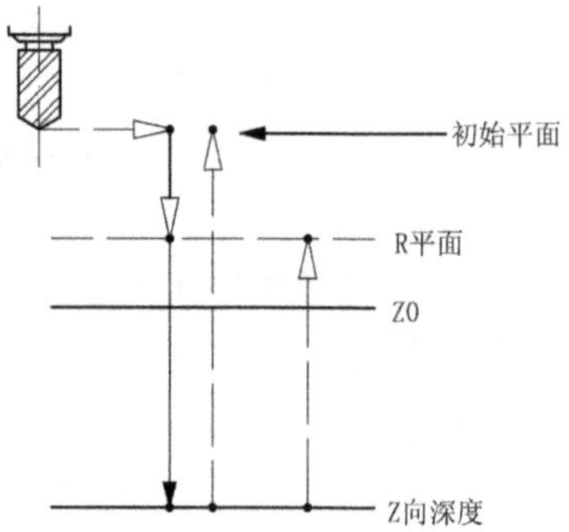

根据定义,初始平面是调用固定循环前程序中最后一个 Z 轴坐标的绝对值。如图 4-30 所示。

从实用的角度看,通常选择该位置作为安全平面,不能不经考虑随意选择。当 G98 指令有效时,它

图 4-30　固定循环的初始平面选择

能确保退刀平面高于所有的障碍物。使用初始平面时再采取其他一些防范措施,便可防止快速运动中切削刀具与工件、夹具和机床的碰撞。

初始平面编程实例:

...

N22 G90 G54 G00 X22 Y22 S2200 M03

N23 G43 Z22 H01 M08　　　　　　　　　　　(初始平面在 Z22 处)

N24 G81 X10 Y13 R2.2 Z-2.2 F0.3

...

程序段 N24 中调用固定循环(例子中为 G81)。在它之前的程序段 N23 中的 Z 轴坐标是 Z22,这就是初始平面设置——工件在 Z0 平面上方 22mm 处。如果程序始终不变,可以将 Z 平面选择在标准高度上,也可以在不同的程序中选择不同的 Z 平面。这里的决定因素是安全问题。一旦开始执行固定循环,就不能再改变 Z 平面,除非先使用 G80 取消循环,然后再改变 Z 平面并再次调用所需的循环。

七、R 平面选择

刀具进给运动的起点也可由 Z 轴坐标指定。这样一来固定循环程序段便需要两个 Z 轴坐标——一个是切削的起点，另一个是表示钻孔深度的终点。但是基本的编程规则中不允许某一轴地址在一个程序段中出现多次（同一程序段中出现两个代表不同意思的字母 Z），因此必须利用其他地址替代轴地址 Z，以提供固定循环所需的两个 Z 轴地址。

因为 Z 轴跟深度紧密相关，所以所有循环中都保留了这一含义。从开始进给运动的 Z 位置使用替代地址，该地址用字母 R 表示。这一参考位置也称 R 平面，可以将 R 平面理解成"快速运动到起点"。这里强调的是"快速运动到"和字母"R"，如图 4-31 所示。

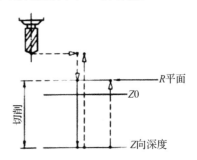

图 4-31　固定循环的 R 平面选择

如果程序中编写准备功能 G99，R 平面不仅是切削进给的起点，也是切削刀具在循环完成前的退刀平面；如果编写 G98，刀具将返回初始平面。由于它的用途，后面介绍的 G87 背镗循环将是一个例外。G87 不能使用 G99 退刀模式，而只能和 G98 使用。然而对于所有的循环都应该仔细地选择 R 平面，通常选择在 Z0 平面上方 1～5mm 处。

R 平面编程实例：

...

N22 G90 G54 G00 X22 Y22 S2200 M03

N23 G43 Z22 H01 M08　　　　　　　（初始平面在 Z22 处）

N24 G99 G85 X10 Y13 R2.2 Z-2.2 F0.3（R 平面在 Z2.2 处）

N25 ...

...

程序段 N23 中初始平面为 Z22，程序段 N24（调用循环程序段）中设置 R 平面为 2.2mm。同一程序段中编写了 G99 指令且在整个循环中不再改变，也就是说在循环开始和结束时，刀具位置都在工件原点上方 2.2mm 的地方。当刀具从一个孔移动到下一孔时，Z 高度保持不变，只沿 XY 轴方向移动。R 平面位置通常比初始平面位置要低。如果两个平面重合，则起点和终点与初始平面相同。R 平面一般都在 G90 模式下使用绝对值编程，当然如果为了方便也可以使用增量模式 G91。

八、Z 向深度的要求

固定循环中必须包括切削深度，到达这一深度时刀具将停止进给。在循环程序段中以 Z 地址来表示深度，Z 值表示切削深度的终点。通常该点低于 R 平面和初始平面，同样 G87 循环例外。要编写一个高质量的程序，一定要通过精确计算得出 Z 向深度，而不应该猜测该值或对它进行圆整。

Z 向深度计算必须遵循加以下几个标准：

①图纸上孔的尺寸（直径和深度）；

②绝对或增量编程方法；

③切削刀具类型和刀尖长度；

④材料厚度和全直径孔深；

⑤所选间隙——材料上方和下方(加工通孔时在材料下方)的量。

立式铣床(加工中心)中,加工点通常选在已加工零件的上表面,因此 Z 地址的绝对值总为负。如果轴地址中没有符号则表明该地址的值为正,这种方法有个很大的好处,就是万一编程人员忘记编写负号时,该值自动变成正值,这样刀具就会移离工件且通常会进入安全区域。

九、固定循环指令及格式详解

1. 钻孔循环指令 G81

格式:G81 X __ Y __ Z __ R __ F __ ;

指令说明:G81 循环主要用于钻孔和中心孔,不需要在 Z 轴深度位置暂停。G81 指令退刀速度比较快,将在退刀时刮伤内圆柱面,所以 G81 指令不能用于镗孔。

G81 钻孔循环指令的运动步骤说明及分解,如表 4-6 和图 4-32 所示。

表 4-6 G81 钻孔循环指令的运动步骤说明

步骤	G81 循环介绍
1	快速运动至 XY 位置
2	快速运动至 R 平面
3	进给运动至 Z 向深度
4	快速退刀至初始平面(左图)或快速退刀至 R 平面(右图)

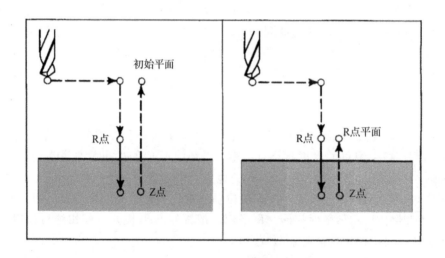

图 4-32 G81 固定循环(通常用于钻孔)

【例 4-12】 如图 4-33 所示,编制 G81 钻孔循环程序。麻花钻直径为 Φ20。

参考程序:

O0081

N10 G80 G90 G54 D01;

N20 G00 X0 Y0;

N30 M03 S2200;

N40 G43 H01 Z50;

N50 G81 X0 Y0 Z-30 R3 F80;   钻孔循环

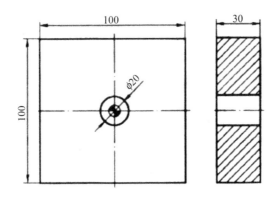

图 4-33　G81 固定循环编程

N60 G80 G0 Z220；

N70 M30；

%

2. 点钻循环指令 G82

格式：G82 X ＿ Y ＿ R ＿ Z ＿ P ＿ F ＿；

指令说明：G82 是有暂停地钻孔——刀具在孔底会停留一段时间，主要用于中心钻、点钻、打锥沉孔等需要保证孔底面光滑的加工操作，该循环通常需要较低的主轴转速。G82 如果用于镗孔，将在退刀时刮伤内圆柱面。

G82 点钻循环指令的运动步骤说明及分解，如表 4-7 和图 4-34 所示。

表 4-7　G82 点钻循环指令的运动步骤说明

步骤	G82 循环介绍
1	快速运动至 XY 位置
2	快速运动至 R 平面
3	进给运动至 Z 向深度
4	在孔底暂停，单位：ms
5	快速退刀至初始平面(左图)或快速退刀至 R 平面(右图)

【例 4-13】 如图 4-35 所示，编制 G82 点钻循环程序。麻花钻直径为 Φ20。

参考程序：

O0082；

N10 G80 G90 G54 D01；

N20 G00 X0 Y0；

N30 M03 S2200；

N40 G43 H01 Z50；

N50 G82 X0 Y0 Z-25 R3 P2000 F80；　　　钻孔循环

N60 G80 G00 Z220；

N70 M30；

%

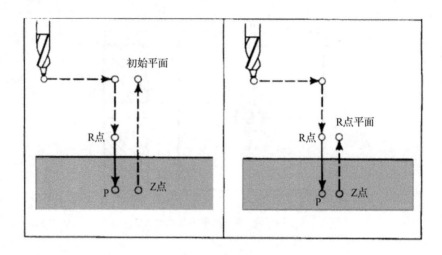

图 4-34　G82 固定循环

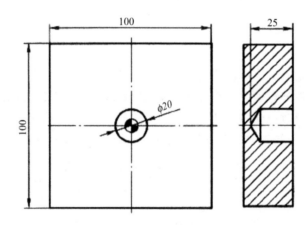

图 4-35　G82 固定循环编程

3. 深孔钻循环指令 G83

格式:G83 X __ Y __ R __ Z __ Q __ F __ ;

指令说明:G83 深孔钻在钻入一定深度后需要将钻头退回工件上方间隙位置。G83 深孔钻循环指令的运动步骤说明及分解,如表 4-8 和图 4-36 所示。

表 4-8　G83 深孔钻循环指令的运动步骤说明

步骤	G83 循环介绍
1	快速运动至 XY 位置
2	快速运动至 R 平面
3	根据 Q 值进给运动至 Z 向深度
4	快速退刀至 R 平面
5	快速运动至前一深度减去间隙(间隙由系统参数设定)
6	重复 3、4、5 步直至达到编程 Z 向深度
7	快速退刀至初始平面(左图)或快速退刀至 R 平面(右图)

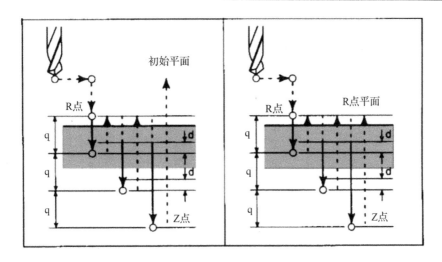

图 4-36 G83 固定循环

【例 4-13】 如图 4-33 所示,编制 G83 深孔钻循环程序。麻花钻直径为 Φ20。

参考程序:

O0083;

N10 G80 G90 G54 D01;

N20 G00 X0 Y0;

N30 M03 S2200;

N40 G43 H01 Z50;

N50 G83 X0 Y0 Z-30 R3 Q5 F80;　　　深孔钻循环,每次钻 5mm

N60 G80 G0 Z220;

N70 M30;

%

4. 高速深孔钻循环指令 G73

格式:G73 X ＿ Y ＿ R ＿ Z ＿ Q ＿ F ＿.

指令说明:对于 G73 高速深孔钻,排屑比从孔中完全退刀更加重要。由于 G73 循环通常用于长系列钻头,所以没有必要完全退刀。从名字"高速"可看出,G73 固定循环比 G83 循环要稍微快一点,因为它不需要在每次进刀后退刀至 R 平面,从而节省了时间。

G73 高速深孔钻循环指令的运动步骤说明及分解,如表 4-9 和图 4-37 所示。

表 4-9　G73 高速深孔钻循环指令的运动步骤说明

步骤	G73 循环介绍
1	快速运动至 XY 位置
2	快速运动至 R 平面
3	根据 Q 值进给运动至 Z 向深度
4	根据间隙值快速返回(间隙由系统参数设定)
5	在 Z 方向做给运动,进给量为 Q 值与间隙值之和
6	重复 4、5 步直至达到编程 Z 向深度
7	快速退刀至初始平面(左图)或快速退刀至 R 平面(右图)

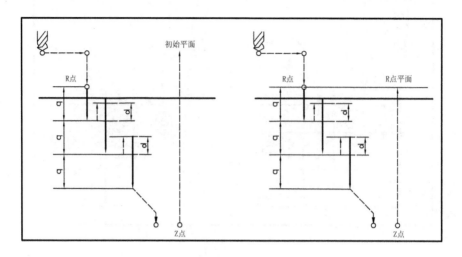

图 4-37　G73 固定循环（通常用于深孔钻）

【例 4-14】　如图 4-33 所示，编制 G73 高速深孔钻循环程序。麻花钻直径为 Φ20。

参考程序：

O0073；

N10 G80 G90 G54 D01；

N20 G00 X0 Y0；

N30 M03 S2200；

N40 G43 H01 Z50；

N50 G73 X0 Y0 Z-30 R3 Q6 F80；深孔钻削，离工件表面 3mm 处开始，每次切削 6mm

N60 G80 G0 Z220；

N70 M30；

%

G83 和 G73 注意事项：

程序中使用 G83 和 G73 时，需要给出每个孔所需的钻进次数。在钻进次数设置时要合理，以避免成百上千次不必要的进刀造成大量时间的浪费。尽量避免孔加工中过多的钻进次数。G73 和 G83 循环的钻进次数计算方法一样，钻进次数并不是从工件的上表面算起，而是根据 Q 值和 R 平面到 Z 向深度的总长来计算。用总长除以 Q 值便可得到每个孔位置所需的钻进次数。每个循环中的钻进次数必须是整数，小数部分需要向上取整。

例如：G73 X... Y... R2.5 Z-42.5 Q15 F...；

本例中 R 平面到 Z 向深度之间的距离是 45mm，Q 值为 15mm，用 45 除以 15 便得到钻进次数，结果正好是 3，因此不需要圆整，每孔所需的钻进次数为 3。为了增加钻进次数，可以取较小的 Q 值。为了减少钻进次数，可以取较大的 Q 值。通过实际计算，Q 值设置更为精确。要得到精确的钻进次数，可以用 R 平面和 Z 向深度之间的总长除以所需的钻进次数，结果便是所选钻进次数对应的 Q 值。如果出现小数，通常应该向上取整，否则钻进次数就会增加一次而浪费循环时间。

5. 攻丝循环指令 G84

格式:G84 X__ Y__ R__ Z__ F__.

指令说明:G84 循环只用于加工右旋螺纹,主轴顺时针旋转(M03)在循环开始前必须有效。

G84 攻丝循环指令的运动步骤说明及分解,如表 4-10 和图 4-38 所示。

表 4-10　G84 攻丝循环指令的运动步骤说明

步骤	G84 循环介绍
1	快速运动至 XY 位置
2	快速运动至 R 平面
3	进给运动至 Z 向深度
4	主轴停止旋转
5	主轴逆时针旋转(M04)且进给运动返回 R 平面
6	主轴停止旋转
7	主轴顺时针旋转(M03)退刀至初始平面(左图)或停留在 R 平面(右图)

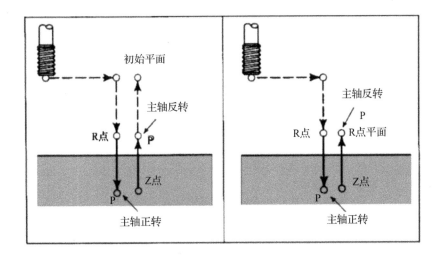

图 4-38　G84 固定循环(只用于右旋攻丝)

【例 4-14】　如图 4-39 所示,编制 G84 右旋攻丝循环程序。M20 丝锥。

参考程序:

O0084；

N10 G80 G90 G54 D01；

N20 G00 X0 Y0；

N30 M03 S2200；

N40 G43 H01 Z50；

N50 G84 X0 Y0 Z-30 R3 P2000 F100；　　攻丝循环,加工右旋螺纹

N60 G80 G0 Z220；

N70 M30；

％

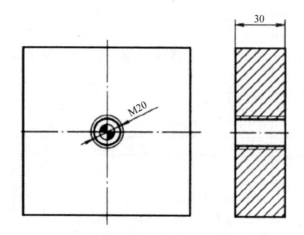

图 4-39　G84 固定循环编程

6. 攻丝固定循环 G74(左旋)

格式:G74　X＿Y＿Z＿R＿F＿.

指令说明:G74 循环只用于加工左旋螺纹,主轴逆时针旋转(M04)在循环开始前必须有效。

G74 攻丝循环指令的运动步骤说明及分解,如表 4-11 和图 4-40 所示。

表 4-11　G74 攻丝循环指令的运动步骤说明

步骤	G74 循环介绍
1	快速运动至 XY 位置
2	快速运动至 R 平面
3	进给运动至 Z 向深度
4	主轴停止旋转
5	主轴顺时针旋转(M03)且进给运动返回 R 平面
6	主轴停止旋转
7	主轴逆时针旋转(M04)退刀至初始平面(左图)或停留在 R 平面(右图)

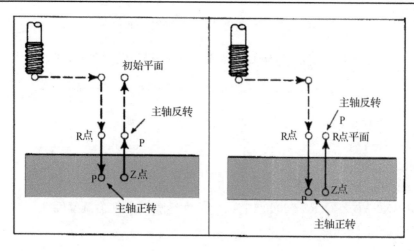

图 4-40　G74 固定循环(只用于左旋攻丝)

【**例 4-15**】　如图 4-39 所示，编制 G74 左旋攻丝循环程序。M20 丝锥。

参考程序：

O0074；

N10 G80 G90 G54 D01；

N20 G00 X0 Y0；

N30 M03 S2200；

N40 G43 H01 Z50；

N50 G74 X0 Y0 Z-30 R3 P2000 F100；　　攻丝循环，加工左旋螺纹

N60 G80 G0 Z220；

N70 M30；

%

G84 和 G74 攻丝循环使用注意事项：

①由于需要加速，因此攻丝循环的 R 平面应该比其他循环的高，以保证进给率的稳定。

②螺纹的进给率选择很重要，主轴转速和螺纹导程之间有着直接的关系，始终要维持这种关系。

③G84 和 G74 循环处理中，控制面板上用来控制主轴转速和进给率的倍率旋钮无效。

④为了安全起见，即使在攻丝循环处理中按下进给保持键也将完成攻丝运动（不论在工件内部或在外部）。

7. 镗削循环指令 G85

格式：G85 X __ Y __ Z __ R __ F __；

指令说明：G85 镗削循环通常用于镗孔和铰孔，它主要用在以下场合，即刀具运动进入和退出孔时可以改善孔的表面质量、尺寸公差和（或）同轴度、圆度等。使用 G85 循环进行镗削时，镗刀返回过程中可能会切除少量材料，这是因为退刀过程中刀具压力会减小。如果无法改善表面质量，应该换用其他循环。

G85 镗削循环指令的运动步骤说明及分解，如表 4-12 和图 4-41 所示。

表 4-12　G85 镗削循环指令的运动步骤说明

步骤	G85 循环介绍
1	快速运动至 XY 位置
2	快速运动至 R 平面
3	进给运动至 Z 向深度
4	进给运动返回 R 平面
5	快速退刀至初始平面（左图）或快速退刀至 R 平面（右图）

【**例 4-16**】　如图 4-33 所示，编制 G85 镗削循环程序。Φ20 镗刀。

参考程序：

O0085；

N10 G80 G90 G54 D01；

N20 G00 X0 Y0；

N30 M03 S2200；

N40 G43 H01 Z50；

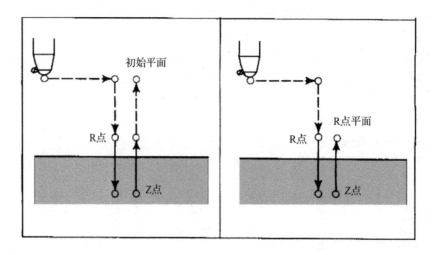

图 4-41　G85 固定循环(通常用于镗孔和铰孔)

N50 G85 X0 Y0 Z-30 R2 F220；　　镗孔循环

N60 G80 G0 Z220；

N70 M30；

%

8. 镗削循环指令 G86

格式:G86 X __ Y __ R __ Z __ F __ ；

指令说明:该循环用于粗加工孔或需要额外加工操作的孔。它与 G81 循环相似,其区别就是该循环在孔底停止主轴旋转。注意,尽管此循环与 G81 循环相似,但它有自己的特点。标准钻削循环 G81 中,退刀时机床主轴是旋转的,而在 G86 循环中退刀时主轴是静止的。千万不能用 G86 固定循环来钻孔(例如为了节约时间),因为钻头螺旋槽中堆积切屑将损坏已加工表面或钻头本身。

G86 镗削循环指令的运动步骤说明及分解,如表 4-13 和图 4-42 所示。

表 4-13　G86 镗削循环指令的运动步骤说明

步骤	G86 循环介绍
1	快速运动至 XY 位置(主轴旋转)
2	快速运动至 R 平面
3	进给运动至 Z 向深度
4	主轴停止旋转
5	快速退刀至初始平面(左图)或快速退刀至 R 平面(右图)

【例 4-17】　如图 4-33 所示,编制 G86 镗削循环程序。Φ20 镗刀。

参考程序:

O0086；

N10 G80 G90 G54 D01；

N20 G00 X0 Y0；

N30 M03 S2200；

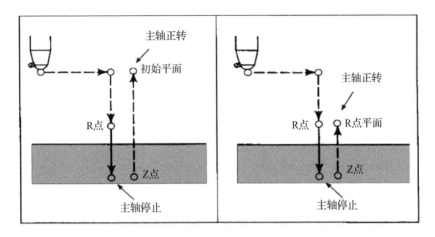

图 4-42　G86 固定循环(通常用于粗加工和半精加工)

N40 G43 H01 Z50;

N50 G86X0 Y0 Z-30 R2 F220;　　镗孔循环

N60 G80 G0 Z220;

N70 M30;

%

9. 背镗循环指令 G87

格式:G87 X.__ Y __Z __R __Q __F __;

指令说明:该循环比较特殊,它只能用于某些(不是所有)背镗操作,特殊的加工和安装要求限制了它的实际应用。只有当总成本预算合理时才采用 G87 循环,大多数情况下都选择工件反转进行再加工。注意,安装镗刀杆时必须预先调整,以与背镗所需的直径匹配,它的切削刃必须在主轴定位模式下设置。G99 不能与 G87 循环同时使用。

G87 背镗循环指令的运动步骤说明及分解,如表 4-14 和图 4-43 所示。

表 4-14　G87 背镗循环指令的运动步骤说明

步骤	G87 循环介绍
1	快速运动至 XY 位置(主轴旋转)
2	主轴停止旋转
3	主轴定位
4	根据 Q 值退出或移动由 I 和 J 指定的大小和方向
5	快速运动到 R 平面
6	根据 Q 值进入或朝 I 和 J 指定的相反方向移动
7	主轴顺时针旋转(M03)
8	进给运动至 Z 向深度
9	主轴停止旋转
10	主轴定位
11	根据 Q 值退出或移动由 I 和 J 指定的大小和方向
12	快速退刀至初始平面
13	根据 Q 值进入或朝 I 和 J 指定的相反方向移动
14	主轴旋转

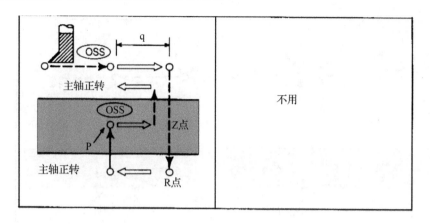

图 4-43　G87 固定循环(只用于背镗)

【例 4-18】　如图 4-33 所示,编制 G87 背镗循环程序。Φ20 镗刀。

参考程序:

O0087;

N10 G80 G90 G54 D01;

N20 G00 X0 Y0;

N30 M03 S2200;

N40 G43 H01 Z50;

N50 G87 X0 Y0 Z-30 R2 Q3 P2000 F220;　　反镗孔循环

N60 G80 G0 Z220;

N70 M30;

%

10. 镗削循环指令 G88

格式:G88 X__Y__Z__R__P__F__.

指令说明:G88 循环比较少见,它的应用仅限于使用特殊刀具且在孔底需要手动干涉的镗削操作。为了安全起见,刀具在完成该操作时必须从孔中退出。机床生产厂家在某些特定操作中可能会用到该循环。

G88 镗削循环指令的运动步骤说明及分解,如表 4-15 和图 4-44 所示。

表 4-15　G88 镗削循环指令的运动步骤说明

步骤	G88 循环介绍
1	快速运动至 XY 位置
2	快速运动至 R 平面
3	进给运动至 Z 向深度
4	在孔底暂停,单位:ms(P..)
5	主轴停止旋转(变为进给保持状态,数控操作人员切换到手动操作模式并执行手动操作,然后再回到记忆模式) 循环开始(CYCLE START)将使之返回正常循环
6	快速退刀至初始平面(左图)或快速退刀至 R 平面(右图)
7	主轴旋转

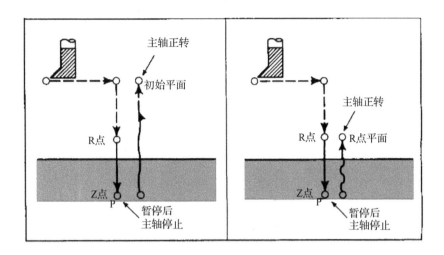

图 4-44 G88 固定循环(应用时需手动操作)

【例 4-19】 如图 4-33 所示,编制 G88 镗削循环程序。Φ20 镗刀。

参考程序:

O0088;

N10 G80 G90 G54 D01;

N20 G00 X0 Y0;

N30 M03 S2200;

N40 G43 H01 Z50;

N50 G88 X0 Y0 Z-30 R2 P2000 F220;   镗孔循环

N60 G80 G0 Z220;

N70 M30;

%

11. 镗削循环指令 G89

格式:G89 X__Y__Z__R__P__F__;

指令说明:该循环指令几乎与 G85 相同,不同的是该循环在孔底执行暂停。

G89 镗削循环指令的运动步骤说明及分解,如表 4-16 和图 4-45 所示。

表 4-16　G89 镗削循环指令的运动步骤说明

步骤	G89 循环介绍
1	快速运动至 XY 位置
2	快速运动至 R 平面
3	进给运动至 Z 向深度
4	在孔底暂停,单位:ms(P..)
5	进给运动至 R 平面
6	快速退刀至初始平面(左图)或快速退刀至 R 平面(右图)

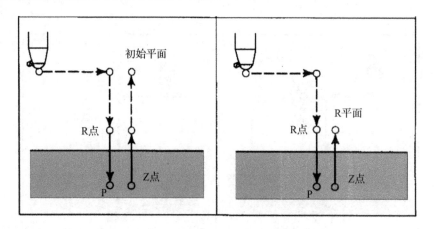

图 4-45　G89 固定循环(通常用于镗孔或铰孔)

【例 4-20】　如图 4-33 所示,编制 G89 镗削循环程序。Φ20 镗刀。

参考程序:

O0089;

N10 G80 G90 G54 D01;

N20 G00 X0 Y0;

N30 M03 S2200;

N40 G43 H01 Z50;

N50 G89 X0 Y0 Z-30 R2 P2000 F220;　　镗孔循环

N60 G80 G0 Z220;

N70 M30;

%

12. 精镗循环指令 G76

格式:G76 X＿Y＿Z＿R＿P＿Q＿F＿;

指令说明:该循环对加工高质量孔是很有用的。该循环主要用于孔的精加工。孔加工后的质量很重要,质量由孔的尺寸精度或表面质量定,或者由两者共同决定。G76 也可保证孔的圆柱度并平行于它们的轴。

G76 精镗循环指令的运动步骤说明及分解,如表 4-17 和图 4-46 所示。

表 4-17　G76 精镗循环指令的运动步骤说明

步骤	G76 循环介绍
1	快速运动至 XY 位置
2	快速运动至 R 平面
3	进给运动至 Z 向深度
4	在孔底暂停,单位:ms(P..)(如果使用)
5	主轴停止旋转
6	主轴定位
7	根据 Q 值退出或移动由 I 和 J 指定的大小和方向
8	快速退刀至初始平面(左图)或快速退刀至 R 平面(右图)
9	根据 Q 值进入或朝 I 和 J 指定的相反的方向移动
10	主轴恢复旋转

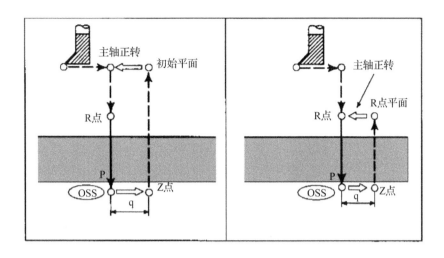

图 4-46 G76 固定循环(通常用于高精度加工)

【例 4-21】 如图 4-33 所示,编制 G76 精镗循环程序。Φ20 精镗刀。

参考程序:

O0076;

N10 G80 G90 G54 D01;

N20 G00 X0 Y0;

N30 M03 S2200;

N40 G43 H01 Z50;

N50 G76 X0 Y0 Z-30 R2 Q3 P2000 F220;   精镗循环

N60 G80 G0 Z220;

N70 M30;

%

十、固定循环的取消 G80

G80 指令可以取消任何有效的固定循环,且可自动切换到 G00 快速运动模式。

N20 G80

N30 X10 Y13

程序段 N30 中并没有编入快速运动 G00 指令,但是实际加工时 N30 程序段会执行快速运动。下面是一个标准的程序写法,它的实际运行轨迹和 N30 程序段一样,只是多了一个 G00 指令代码:

N40 G80

N50 G00 X10 Y13

上述两个程序的运行结果完全一样,也可以合并两个例子写成如下程序段:

N60 G80 G00 X10 Y13

上面几个例子的差别虽然很小,而且功能是一样的,但对于理解循环是很重要的。尽管不用 G80,G00 也可以取消循环,但该做法很不合理,应该尽量避免。

实训 4.1　内孔铣削编程与加工训练

一、钻孔编程与加工训练

使用数控铣床完成如图 4-47 所示零件。

（一）加工工艺分析；

（二）加工程序编制；

（三）加工过程分析。

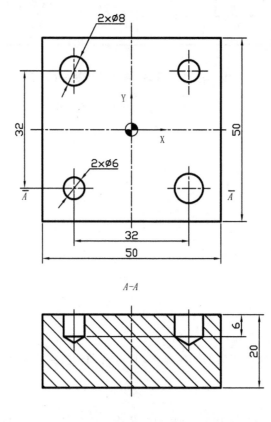

图 4-47　钻孔训练图

（一）加工工艺分析

1. 工、量、刃具选择

1）工具选择：工件采用平口钳装夹，百分表校正钳口，其工量具见表 4-18。

2）量具选择：孔径、孔深、孔间距等尺寸精度较低，用游标卡尺测量即可，其规格见表 4-18。

3）刃具选择：钻孔前先用中心钻钻中心孔定心；然后用麻花钻钻孔。常用麻花钻的种类及选择如下：

直柄麻花钻传递转矩较小，一般为直径小于 12mm 的钻头。

锥柄麻花钻可传递较大转矩,一般为直径大于 12mm 的钻头。

本课题所钻孔径较小,选用直柄麻花钻,其具体规格、参数见表 4-18。

表 4-18　工、量、刃具清单

种类	序号	名称	规格	数量
工具	1	平口钳		1 个
	2	平行垫铁		若干
	3	橡胶锤子		1 把
	4	扳手		若干
量具	5	游标卡尺	0～200mm	1 把
	6	百分表	0～10mm	1 套
刃具	7	中心钻	A2	1 个
	8	麻花钻	Φ6mm、Φ8mm	各 1 个

2. 加工工艺方案

1)孔的种类及常用加工方法

①按孔的深浅分浅孔和深孔两类;当长径比(L/D 孔深与孔径之比)小于 5 时为浅孔,大于等于 5 时为深孔。浅孔加工可直接编程加工或调用钻孔循环(G81/G82);深孔加工因排屑困难、冷却困难,钻削时应调用深孔钻削循环(G83/G73)加工。

②按工艺用途分,孔有以下几种,其特点及常用加工方法见表 4-19。

表 4-19　孔种类及其常用加工方法

序号	种类	特点	加工方法
1	中心钻	定心作用	钻中心孔
2	螺栓孔	孔径大小不一,精度较低	钻孔、扩孔、铣孔
3	工艺孔	孔径大小不一,精度较低	钻孔、扩孔、铣孔
4	定位孔	孔径较小,精度较高,表面质量高	钻孔+铰孔
5	支承孔	孔径大小不一,精度较高,表面质量高	钻孔+镗孔(钻孔+铰孔)
6	沉头孔	精度较低	

2)加工工艺路线　钻孔前工件应校平,然后钻中心孔定心,再用麻花钻钻各种孔,具体工艺如下。

①用中心钻钻 2×Φ6mm 及 2×Φ8mm 的中心孔。

②用 Φ6mm 钻头钻 2×Φ6mm 的盲孔。

③用 Φ8mm 钻头钻 2×Φ8mm 的盲孔。

3)合理切削用量选择加工铝件,钻孔深度较浅,切削速度可以提高,但垂直下刀进给量应小,参考切削用量参数见表 4-20。

表 4-20　切削用量选择

刀具号	刀具规格	工序内容	Vf/(mm/min)	n/(r/min)
T1	A2 中心钻	钻 2×Φ6mm 及 2×Φ8mm 的中心孔	100	1000
T2	Φ6mm 麻花钻	钻 2×Φ6mm 的盲孔	100	1200
T3	Φ8mm 麻花钻	钻 2×Φ8mm 的盲孔	100	1000

（二）加工程序编制

O1013（中心孔程序）

N0010 G17 G40 G80 G49；	设置初始状态
N0020 G90 G54 G00 X-16 Y16；	工件坐标系建立，刀具快速移动到点（X-16，Y16）
N0030 M03 S1000；	主轴顺时针方向旋转，转速为 1000r/min
N0040 G43 Z5 H01 M08；	调用 1 号刀具长度补偿，切削液开
N0050 G82 Z-3 R5 F100；	调用孔加工循环，钻中心孔深 3mm，刀具返回 R 平面
N0060 Y-16；	继续在 Y-16 处钻中心孔
N0070 X16；	继续在 X16 处钻中心孔
N0080 Y16；	继续在 Y16 处钻中心孔
N0090 G80 G00 Z200；	取消钻孔循环，刀具沿 Z 轴快速移动到 Z200 处
N0100 M09 M05 M30；	切削液关，主轴停止，程序停止，安装 Φ6mm 麻花钻

％

O1014（Φ6mm 孔程序）

N0010 G17 G40 G80 G49；	设置初始状态
N0020 G90 G54 G00 X-16 Y-16；	刀具快速移动到点（X-16，Y16）
N0030 M03 S1200；	主轴顺时针方向旋转，转速为 1000r/min
N0040 G43 Z5 H01 M08；	调用 1 号刀具长度补偿，切削液开
N0050 G83 Z-7.732 R5 Q3 F100；	调用孔加工循环，钻 Φ6mm 孔，刀具返回 R 平面
N0070 X16 Y16；	继续在 X16Y16 处钻 Φ6mm 孔孔
N0090 G80 G00 Z200；	取消钻孔循环，刀具沿 Z 轴快速移动到 Z200 处
N0100 M09 M05 M30；	切削液关，主轴停止，程序停止

％

O1015（Φ8mm 孔程序）

N10 G17 G40 G80 G49；	设置初始状态
N20 G90 G54 G00 X-16 Y16；	刀具快速移动到点（X-16，Y16）
N30 M03 S1000；	主轴顺时针方向旋转，转速为 1000r/min
N40 G43 Z5 H01 M08；	调用 1 号刀具长度补偿，切削液开
N50 G83 Z-8.3049 R5 Q3 F100；	调用孔加工循环，钻 Φ8mm 孔，刀具返回 R 平面
N70 X16 Y-16；	继续在 X16 处钻 Φ8mm 孔
N90 G80 G00 Z200；	取消钻孔循环，刀具沿 Z 轴快速移动到 Z200 处
N100 M09 M05 M30；	切削液关，主轴停止，程序停止。

％

（三）加工过程分析

1. 加工准备

1）阅读零件图，并检查坯料的尺寸。

2）开机，机床回参考点。

3）输入程序并检查该程序。

4)安装夹具,夹紧工件。把平口钳安装在数控铣床(加工中心)工作台上,用百分表校正钳口。工件安装在平口钳上并用平行垫铁垫起,使工件伸出钳口5mm左右,用百分表校平工件上表面并夹紧。

5)刀具装夹。本练习题共使用了3把刀具,把不同类型的刀具分别安装到对应的刀柄上,注意刀具伸出的长度应能满足加工要求,不能干涉,并考虑钻头的刚性,然后按序号依次放置在刀架上,分别检查每把刀具安装的牢固性和正确性。

2. 对刀,设定工件坐标系

1)X、Y向对刀通过试切法进行对刀操作得到X、Y零偏值,并输入到G54中。

2)Z向对刀测量3把刀的刀位点从参考点到工件上表面的Z数值(必须是机械坐标的Z值),分别输入到对应的刀具长度补偿中,供加工时调用(G54中Z值为0)。

3. 空运行及仿真

注意空运行及仿真时,使机床机械锁定或使G54中的Z坐标为50mm,按下启动键,适当降低进给速度,检查刀具运动轨迹是否正确。若在机床机械锁定状态下,空运行结束后必须回机床参考点;若在更改G54的Z坐标状态下,空运行结束后Z坐标改为0,机床不需要回参考点。

4. 零件自动加工

首先调整各个倍率开关到最小状态,按下循环启动键。机床正常加工过程中适当调整各个倍率开关,保证加工正常进行。

5. 零件检测

零件加工结束后,进行尺寸检测。

6. 加工结束,清理机床

松开夹具,卸下工件,清理机床。

(四)操作注意事项:

1. 毛坯装夹时,要考虑垫铁与加工部位是否干涉。

2. 钻孔加工前,要先钻中心孔,保证麻花钻起钻时不会偏心。

3. 钻孔加工时,要正确合理选择切削用量,合理使用钻孔循环指令。

4. 固定循环运行中,若利用复位或急停使数控装置停止,由于此时孔加工方式和孔加工数据还被存储着,所以在开始加工时要特别注意,使固定循环剩余动作进行到结束。

5. 当程序执行到M00暂停时,不允许手动移动机床,在停止位置手动换刀,继续执行程序。

6. 编程时应计算Φ6mm和Φ8mm钻头的顶点应加工的深度。

7. 通常直径大于Φ30mm的孔应在普通机床上完成粗加工,留4-6mm余量(直径方向),再由数控铣床(加工中心)进行精加工;而小于Φ30mm的孔可以直接在数控铣床(加工中心)上完成粗、精加工。

二、铰孔编程与加工训练

使用数控铣床完成如图4-48所示零件。

(一)加工工艺分析;

(二)加工程序编制;

(三)加工过程分析。

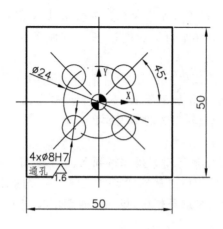

图 4-48 铰孔训练图

（一）加工工艺分析

1. 工、量、刃具选择

1）工具选择：工件装夹在平口钳上，平口钳用百分表校正，其工具见表 4-21。

2）量具选择：孔间距用游标卡尺测量；孔径尺寸精度较高用内径百分表或塞规测量，内径百分表用千分尺校对；表面质量用表面粗糙度样板比对。其规格、参数见表 4-21。

表 4-21 工、量、刃具清单

种类	序号	名称	规格	数量
工具	1	平口钳		1 个
	2	平行垫铁		若干
	3	橡胶锤子		1 把
	4	扳手		若干
量具	1	游标卡尺	0～200mm	1 把
	2	百分表	0～10mm	1 套
	3	千分尺	0～25mm	1 把
	4	内径百分表	6～10.5mm	1 套
	5	塞规	Φ8H7	1 个
	6	表面粗糙度样板	N0—N1	1 副
刃具	1	中心钻	A2	1 个
	2	麻花钻	Φ7.8mm	1 个
	3	铰刀	Φ8H7	1 个

3）刃具选择：铰孔作为孔的精加工方法之一，铰孔前应安排用麻花钻钻孔等粗加工工序（钻孔前还需用中心钻钻中心孔定心）。铰孔所用刀具为铰刀，铰刀形状、结构、种类如下：

①铰刀的几何形状和结构如图 4-49 所示。

②铰刀的组成及各部分的作用见表 4-22。

③铰刀的种类、特点及应用。铰刀按使用方法分为手用铰刀和机用铰刀两种；按所铰孔的形状分为圆柱形铰刀和圆锥形铰刀两种；按切削部分的材料分为高速钢铰刀和硬质合金铰刀。

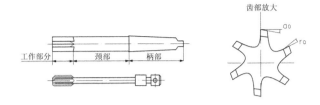

图 4-49　铰刀的几何形状和结构

表 4-22　铰刀的组成部分及作用

结构		作用
柄部		装夹和传递转矩
工作部分	引导部分	导向
	切削部分	切削
	修光部分	定向、修光孔壁、控制铰刀直径
	倒锥部分	减少铰刀与工件已加工表面的摩擦
颈部		标注规格及商标

铰刀是多刃切削刀具,有 6～12 个切削刃,铰孔时导向性好。由于刀齿的齿槽很浅,铰刀的横截面大,因此刚性好。

铰孔的加工精度可高达 IT6～IT7,表面粗糙度 Ra0.4～0.8μm,常作为孔的精加工方法之一,尤其适用于精度高的小孔的精加工。

本课题加工材料为硬铝,用数控铣床加工,所铰孔径小,宜选用圆柱形硬质合金机用铰刀。

2. 加工工艺方案

1)加工工艺路线　对每个孔都应先钻中心孔,钻底孔,最后再铰孔。具体工序安排如下。

①用 A2 中心钻钻 4×Φ8H7 中心孔;

②用 Φ7.8mm 钻 4×Φ8H7 底孔;

③用 Φ8H7 铰刀铰 4×Φ8H7 的孔。

2)合理切削用量选择　铰削余量不能太大也不能太小,余量太大铰削困难;余量太小,前道工序加工痕迹无法消除。一般粗铰余量为 0.15～0.30mm,精铰余量为 0.04～0.15mm。铰孔前如采用钻孔、扩孔等工序,铰削余量主要由所选择的钻头直径确定。

本例加工铝件,钻孔、铰孔为通孔,切削速度可以较高,但垂直下刀进给量应小,参考切削用量参数见表 4-23

表 4-23　切削用量选择

刀具号	刀具规格	工序内容	Vf/(mm/min)	n/(r/min)
T1	A2 中心钻	用 A2 中心钻钻 4×Φ8H7 中心孔	100	1000
T2	Φ7.8mm 麻花钻	用 Φ7.8mm 钻 4×Φ8H7 底孔	100	1200
T3	Φ8H7 铰刀	用 Φ8H7 铰刀铰 4×Φ8H7 的孔	60	1000

（二）加工程序编制

O0915

N0010 G17 G40 G80 G49；	设置初始状态
N0020 G90 G54；	绝对编程、设置工件坐标系
N0030 G00 X-8.485 Y8.485；	刀具快速移动到 X-8.485,Y8.485
N0040 M03 S1000 M07；	主轴顺时针方向旋转,转速 1000r/min,切削液开
N0050 G43 Z5 H01；	调用 1 号刀具长度补偿,刀具快速沿 Z 轴到 5mm 处
N0060 G99 G81 Z-3 R5 F100；	调用孔加工循环,钻中心孔深 3mm,刀具返回 R 平面
N0070 Y-8.485；	继续钻 Y-8.485 处的中心孔
N0080 X8.485；	续钻 X8.485 处的中心孔
N0090 Y8.485；	继续钻 Y8.485 处的中心孔
N0100 G80 G00 Z200；	取消钻孔循环,刀具沿 Z 轴快速移动到 Z200 处
N0110 M05 M09 M00；	主轴停止,切削液关,程序停止,安装 T2 刀具
N0120 G54 G00 X-8.485 Y8.485；	设置工件坐标系、刀具快速移动到 X-8.485,Y8.485
N0130 M03 S1000 M07；	主轴顺时针方向旋转、转速 1000r/min,切削液开
N0140 G43 Z5 H02；	调用 2 号刀具长度补偿,刀具快速沿 Z 轴到 5mm 处
N0150 G99 G83 Z-23 R5 Q3 F100；	调用孔加工循环
N0160 Y-8.485；	继续钻 Y-8.485 处的孔
N0170 X8.485；	继续钻 X8.485 处的孔
N0180 Y8.485；	继续钻 Y8.485 处的孔
N0190 G80 G00 Z200；	取消钻孔循环,刀具沿 Z 轴快速移动到 Z200 处
N0200 M05 M09 M00；	主轴停止,切削液关,程序停止,安装 T3 刀具
N0210 G54 G00 X-8.485 Y8.485；	设置工件坐标系、刀具快速移动到 X-8.485,Y8.485
N0220 M03 S1200 M07；	主轴顺时针方向旋转、转速 1200r/min,切削液开
N0230 G43 Z5 H03；	调用 3 号刀具长度补偿,刀具快速沿 Z 轴到 5mm 处
N0240 G99 G81 Z-23 R5 F60；	调用孔加工循环（铰孔）
N0250 Y-8.485；	继续铰 Y-8.485 处的孔
N0260 X8.485；	继续铰 X8.485 处的孔
N0270 Y8.485；	继续铰 Y8.485 处的孔
N0280 G80 G00 Z200；	取消钻孔循环,刀具沿 Z 轴快速移动到 Z200 处
N0290 M05 M09；	主轴停止,切削液关,程序结束
N0300 M30；	

%

（三）加工过程分析

1. 加工准备

1）阅读零件图,并检查坯料的尺寸。

2）开机,机床回参考点。

3）输入程序并检查该程序。

4）安装夹具,夹紧工件。

把平口钳安装在工作台面上,并用百分表校正钳口。工件装夹在平口钳上,用垫铁垫起,使工件伸出钳口 5mm 左右,校平工件上表面并夹紧。

5)刀具装夹。本练习题共使用了 3 把刀具,把不同类型的刀具分别安装到对应的刀柄上,注意刀具伸出的长度应能满足加工要求,不能干涉,并考虑钻头的刚性,然后按序号次放置在刀架上,分别检查每把刀具安装的牢固性和正确性。安装铰刀时尤其应注意铰刀的校正。校正方法是:

①清理主轴锥孔、刀柄及弹簧夹头等部位。

②将铰刀安装在刀柄上,连同刀柄装入主轴上。

③将百分表固定在工作台上,使百分表测头接触铰刀切削刃。

④手动旋转主轴,测出铰刀工作部分的径向圆跳动误差不超出被加工孔径公差的 1/3。

⑤若铰刀径向圆跳动误差超出被加工孔径公差的 1/3,查找原因,重新装夹、校正。

2. 对刀,设定工件坐标系

1)X、Y 向对刀通过试切法进行对刀操作,得到 X、Y 零偏值,并输入到 G54 中。

2)Z 向对刀测量 3 把刀的刀位点从参考点到工件上表面的 Z 数值,分别输入到对应的刀具长度补偿中,加工时调用(G54 中的 Z 值为 0)。

3. 空运行及仿真

注意空运行及仿真时,使机床机械锁定或使 G54 中的 Z 坐标中输入 50mm,按下启动键,适当降低进给速度,检查刀具运动轨迹是否正确。若在机床机械锁定状态下,空运行结束后必须回机床参考点,若在更改 G54 的 Z 坐标状态下,空运行结束后 Z 坐标改为 0,机床不需要回参考点。

4. 零件自动加工

首先使各个倍率开关达到最小状态,按下循环启动键。机床正常加工过程中适当调整各个倍率开关,保证加工正常进行。

5. 零件检测

零件加工结束后,进行尺寸检测。

6. 加工结束,清理机床

松开夹具,卸下工件,清理机床。

(四)操作注意事项:

1. 毛坯装夹时,应校平上表面并检测垫铁与加工部位是否干涉。

2. 铰孔加工之前,要先钻孔(含用中心钻钻中心孔定心),中心钻、麻花钻和铰刀对刀的一致性要好。

3. 铰孔加工时,要根据刀具机床情况合理选择切削参数;否则会在加工中产生噪声,影响孔的表面粗糙度。

4. 安装铰刀时,一定要用百分表校正铰刀,否则影响铰孔的直径尺寸。

5. 铰孔加工时要加注润滑液,否则影响孔的表面质量。

6. 当程序执行到 M00 暂停时,不允许手动移动机床,在停止位置手动换刀,继续执行程序。

三、铣孔编程与加工训练

使用数控铣床完成如图 4-50 所示零件的加工。

（一）加工工艺分析；

（二）加工程序编制；

（三）加工过程分析。

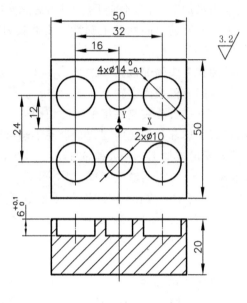

图 4-50　铣孔练习图

（一）加工工艺分析

1. 工、量、刃具选择

1）工具选择：工件装夹在平口钳上，平口钳用百分表校正，其工具见表4-24。

2）量具选择：孔间距用游标卡尺测量；孔深用深度游标卡尺测量；孔径精度较高用内径千分尺测量。量具见表4-24。

3）刃具选择：铣孔用键槽铣刀铣削，铣孔前用麻花钻钻预制孔（含用中心钻钻中心孔定心）。刃具见表4-24。

表 4-24　铣孔加工工、量、刃具清单

种类	序号	名称	规格	数量
工具	1	平口钳		1个
	2	平行垫铁		若干
	3	橡胶锤子		1把
	4	扳手		若干
量具	1	游标卡尺	0～200mm	1把
	2	百分表	0～10mm	1套
	3	内径千分尺	5～25mm	1把
	4	深度游标卡尺	0～200mm	1把
	5	表面粗糙度样板	N0－N1	1副
刃具	1	中心钻	A2	1个
	2	麻花钻	Φ9mm	1个
	3	键槽铣刀	Φ10mm	1个

2. 加工工艺方案

1)加工工艺路线制定　铣孔前先用麻花钻钻预制孔(含用中心钻钻中心孔定心),具体加工路线如下。

①用 A2 中心钻钻 $2 \times \Phi10$mm 和 $4 \times \Phi14^{0}_{-0.1}$mm 中心孔。

②用 $\Phi9$mm 麻花钻钻 $2 \times \Phi10$mm 和 $4 \times \Phi14^{0}_{-0.1}$mm 孔深 6mm。

③用 $\Phi10$mm 键槽铣刀铣 $2 \times \Phi10$mm 和 $4 \times \Phi14^{0}_{-0.1}$mm 盲孔深 6.05mm。

钻中心孔和 $\Phi14$mm 孔预制孔时调用孔加工循环;铣 4 个 $\Phi14$mm 孔,因加工内容相同,可编写一个子程序在主程序中调用 4 次。

2)合理切削用量选择　加工铝件,铣孔深度较浅,切削速度可以提高,但垂直下刀进给量应小,参考切削用量参数见表 4-25。

表 4-25　切削用量选择

刀具号	刀具规格	工序内容	Vf/(mm/min)	n/(r/min)
T1	A2 中心钻	钻 $2 \times \Phi10$mm 和 $4 \times \Phi14^{0}_{-0.1}$mm 中心孔	100	1000
T2	$\Phi9$mm 麻花钻	钻 $2 \times \Phi10$mm 和 $4 \times \Phi14^{0}_{-0.1}$mm 孔深 6mm	100	1000
T3	$\Phi10$ 键槽铣刀	$\Phi10$mm 键槽铣刀铣 $2 \times \Phi10$mm 和 $4 \times \Phi14^{0}_{-0.1}$mm 不通孔深 6.05mm	80	1200

(二)加工程序编制

O2008(主程序)

N0010 G17 G40 G80 G49;	设置初始状态
N0020 G90 G54 G00 X-16 Y12;	绝对编程、设置工件坐标系,快速移动到 X-16、Y12
N0030 M03 S1000;	主轴顺时针方向旋转,转速 1000r/min
N0040 G43 Z5 H01 M08;	调用 1 号刀具长度补偿,刀具快速沿 Z 轴到 5mm 处
N0050 G99 G81 Z-3 R5 F100;	调用孔加工循环,钻中心孔深 3mm,刀具返回 R 平面
N0060 Y-12;	继续钻 Y-12 处的中心孔
N0070 X0;	继续钻 X0 处的中心孔
N0080 X16;	继续钻 X16 处的中心孔
N0090 Y12;	继续钻 Y12 处的中心孔　　　　a
N0100 X0;	继续钻 X0 处的中心孔
N0110 G80 G00 Z200;	取消钻孔循环、刀具沿 Z 轴快速移动到 Z200 处
N0120 M05 M09 M00;	主轴停止,程序停止,安装 T2 刀具
N0130 G90 G54 G00 X-16Y12;	绝对编程、设置工件坐标系,快速移动到 X-16Y12 处
N0140 M03 S1000;	主轴顺时针方向旋转,转速 1000r/min
N0150 G43 Z5 H02 M08;	调用 2 号刀具长度补偿,刀具快速沿 Z 轴到 5mm 处
N0160 G99 G83 Z-6 R5 Q3 F100;	调用孔加工循环,钻孔深 6mm,刀具返回 R 平面
N0170 Y-12;	继续钻 Y-12 处的孔
N0180 X0;	继续钻 X0 处的孔
N0190 X16;	继续钻 X16 处的孔

N0200 Y12；	继续钻 Y12 处的孔
N0210 X0；	继续钻 X0 处的孔
N0220 G80 G00 Z200；	取消钻孔循环、刀具沿 Z 轴快速移动到 Z200 处
N0230 M05 M09 M00；	主轴停止,程序停止,安装 T3 刀具
N0240 G90 G54 G0 X0 Y12；	绝对编程、设置工件坐标系,快速移动到 X-16Y12 处
N0250 M03 S1200；	主轴顺时针方向旋转,转速 1200r/min
N0260 G43 Z5 H03 M08；	调用 3 号刀具长度补偿,刀具快速沿 z 轴到 5mm 处
N0270 G01 Z-6.05 F80；	铣孔深 6.05mm,进给速度 80mm/min
N0280 G04 X5；	暂停 55
N0290 G01 Z5F200；	刀具抬起 5mm,进给速度 200mm/min
N0300 G00 Y-12；	刀具快速移动到 Y-12 处
N03l0 G01 Z-6.05 F80；	铣孔深 6.05mm,进给速度 80mm/min
N0320 G04 X5；	暂停 55
N0330 G01 Z5 F200；	刀具抬起 5mm,进给速度 200mm/min
N0340 G00 X16 Y-12；	刀具快速移动到 X16 Y-12 处
N0350 M98 P2012；	调用子程序
N0360 G00 X16 Y12；	刀具快速移动到 X16 Y12 处
N0370 M98 P2012；	调用子程序
N0380 G00 X-16 Y12	具快速移动到 X-16Y12 处
N0390 M98 P2012	调用子程序
N0400 G00 X-16Y-12；	刀具快速移动到 X-16 Y-12 处
N0410 M98 P2012；	调用子程序
N0420 G00 Z200；	刀具快速抬起 200mm
N0430 M09 M05 M30；	主轴停止,程序结束
％	
O2012(子程序)	
N0010 G90 G01 Z-6.05 F80；	绝对编程铣孔深度 6.05mm,进给速度 80mm/min
N0020 G91 G01 X1.975；	增量方式编程刀具沿 X 正方向移动 1.975mm
N0030 G02 I-1.975；	刀具顺时针铣圆
N0040 G01 X-1.975；	刀具沿 X 轴负方向移动 1.975mm
N0050 G90 G00 Z5；	绝对方式刀具抬起 5mm
N0060 M99；	子程序结束
％	

(三)加工过程分析

1. 加工准备

1)阅读零件图,并检查坯料的尺寸。

2)开机,机床回参考点。

3)输入程序并检查该程序。

4)安装夹具,夹紧工件。把平口钳安装在工作台面上,并用百分表校正钳口。工件装夹在平口钳上并用垫铁垫起,使工件伸出钳口 5mm 左右,校平工件上表面并夹紧。

5)刀具装夹。本练习题共使用了 3 把刀具,把不同类型的刀具分别安装到对应的刀柄上,注意刀具伸出的长度应能满足加工要求,不能干涉,并考虑钻头的刚性,然后按序号依次放置在刀架上,分别检查每把刀具安装的牢固性和正确性。

2. 对刀,设定工件坐标系

1)X、Y 向对刀通过试切法进行对刀操作得到 X、Y 零偏值,并输入到 G54 中。

2)Z 向对刀利用试切法分别测量 3 把刀的刀位点从参考点到工件上表面的 Z 数值,并把 Z 数值分别输入到对应的刀具长度补偿值中(G54 中 Z 值为 0)。

3. 空运行及仿真

注意空运行及仿真时,使机床机械锁定或向 G54 中的 Z 坐标中输入 50mm,按下启动键,适当降低进给速度,检查刀具运动轨迹是否正确。若在机床机械锁定状态下,空运行结束后必须重回机床参考点;若在更改 G54 的 Z 坐标状态下,空运行结束后 Z 坐标改为 0,机床不需要回参考点。

4. 零件自动加工

首先使各个倍率开关达到最小状态,按下循环启动键。机床正常加工过程中适当调整各个倍率开关,保证加工正常进行。

5. 零件检测结果写在评分表中零件加工结束后,进行尺寸检测。

6. 加工结束,清理机床。

(四)操作注意事项

1. 钻预制孔及钻中心孔时,中心钻和钻头要保证对刀的一致性。

2. 用铣刀进行铣孔时,应选择能垂直下刀的铣刀或采用螺旋下刀方式。

3. 采用刀心轨迹编程,需计算铣刀刀心移动轨迹坐标。

4. 铣孔时尽可能采用顺铣,以保证已加工表面质量。

四、镗孔编程与加工训练

使用数控铣床完成如图 4-51 所示零件。

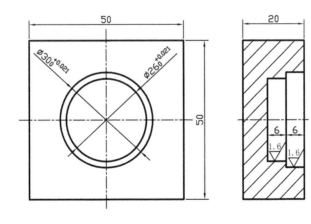

图 4-51　镗孔练习图

（一）加工工艺分析；

（二）加工程序编制；

（三）加工过程分析。

（一）加工工艺分析

1. 工、量、刃具选择

1）工具选择：工件用平口钳装夹，平口钳用百分表校正，其工具见表 4-26。

2）量具选择：因尺寸精度较高，孔深用深度游标卡尺测量；孔径尺寸用内径百分表测量，内径百分表用千分尺校对；表面质量用表面粗糙度样板比对；具体规格、参数见表 4-26。

3）刃具选择：镗孔作为孔的精加工方法之一，之前还需安排钻孔（含钻中心孔定心）、扩孔、铣孔等粗、半精加工工序，需用到中心钻、麻花钻、铣刀等刀具；最后用镗刀进行加工，其中镗刀分为粗镗刀和精镗刀。

刀具规格见表 4-26。

表 4-26　工、量、刃具清单

种类	序号	名称	规格	数量
工具	1	平口钳		1 个
	2	平行垫铁		若干
	3	橡胶锤子		1 把
	4	扳手		若干
量具	1	内径百分表	18～35mm	1 套
	2	百分表	0～10mm	1 套
	3	内径千分尺	5～25mm	1 把
	4	深度游标卡尺	0～200mm	1 把
	5	表面粗糙度样板	N0—N1	1 副
刃具	1	中心钻	A5	1 个
	2	麻花钻	Φ25mm	1 个
	3	键槽铣刀	Φ20mm	1 个
	4	微调镗刀（不通孔刀）	Φ26mm	1 把
	5	微调镗刀（不通孔刀）	Φ30mm	1 把

2. 加工工艺方案

1）加工工艺路线

①用 A5 中心钻钻中心孔。

②用 Φ25mm 麻花钻钻孔深 12mm。

③用 Φ20mm 键槽铣刀铣 Φ26mm 和 Φ30mm 不通孔底孔深度至尺寸要求。

④用微调镗刀镗 $\Phi 26+0.021\ 0$ mm 深 12mm。

⑤用微调镗刀镗 $\Phi 30+0.021\ 0$ mm 深 6mm。

2）合理切削用量选择加工铝件钻孔和粗镗孔速度要低，镗孔精度要求较高，可以减少切削余量，提高主轴转速，降低进给速度，参考切削用量参数见表 4-27。

表 4-27　切削用量选择

刀具号	刀具规格	工序内容	Vf/(mm/min)	n/(r/min)
T1	A5 中心钻	钻中心孔	100	1000
T2	Φ25mm 麻花钻	钻孔深 12mm	100	400
T3	Φ20 键槽铣刀	铣 Φ26mm 和 Φ30mm 不通孔	100	800
T4	Φ26mm 微调镗刀	镗 Φ26+0.021 0 mm 深 12mm	80	1200
T5	Φ30mm 微调镗刀	镗 Φ30+0.021 0 mm 深 6mm	80	1200

（二）加工程序编制

O0010；

N0010 G40 G80 G17G49；　　　　设置初始状态

N0020 G90 G54 G00 X0 Y0；　　绝对编程、设置工件坐标系，刀具快速移动到 X0、Y0

N0030 M03 S1000；　　　　　　主轴顺时针方向旋转，转速 1000r/min

N0040 G43 Z5 H01 M08；　　　调用 1 号刀具长度补偿，刀具快速沿 Z 轴到 5mm 处

N0050 G99 G81 Z-3 R5 F100；调用孔加工循环，钻中心孔深 3mm，刀具返回 R 平面

N0060 G80 G00 Z200；　　　　取消钻孔循环，刀具沿 Z 轴快速移动到 Z200 处

N0070 M05 M09 M00；　　　　　主轴停止，程序停止，安装 T2 刀具

N0080 G90 G54 G00 X0 Y0；　　绝对编程、设置工件坐标系，刀具快速移动到 X0、Y0

N0090 M03 S400；　　　　　　　主轴顺时针方向旋转，转速 400r/min

N0100 G43 Z5 H02 M08；　　　调用 2 号刀具长度补偿，刀具快速沿 Z 轴到 5mm 处

N0110 G99 G83 Z-12 R5 Q3 F100；调用孔加工循环，钻孔深 12mm，刀具返回 R 平面

N0120 G80 G00 Z200；　　　　取消钻孔循环、刀具沿 Z 轴快速移动到 Z200 处

N0130 M05 M09 M00；　　　　　主轴停止，程序停止，安装 T3 刀具

N0140 G90 G54 G00 X0 Y0；　　绝对编程、设置工件坐标系，刀具快速移动到 X0 Y0 处

N0150 M03 S800；　　　　　　　主轴顺时针方向旋转，转速 1200r/min

N0160 G43 Z5 H03 M08；　　　调用 3 号刀具长度补偿，刀具快速沿 Z 轴到 5mm 处

N0170 G01 Z-6 F100；　　　　铣孔深 6mm 进给速度 100mm/min

N0180 G91 G01 X4.9；　　　　增量方式编程，刀具沿 X 正方向移动 4.9mm

N0190 G02 I-4.9；　　　　　　顺时针圆弧插补

N0200 G90 G01 X0 Y0；　　　绝对方式编程，刀具回到 X0 Y0 处

N0210 G01 Z-12；　　　　　　刀具向 Z 负方向到 Z-12 处

N0220 G91 G01 X2.9；　　　　增量方式编程，刀具沿 X 正方向移动 2.9mm

N0230 G02 I-2.9；　　　　　　顺时针圆弧插补

N0240 G90 G01 X0 Y0；　　　绝对方式编程，刀具回到 X0 Y0 处

N0250 G00 Z200；　　　　　　刀具沿 Z 轴快速移动到 Z200 处

N0260 M05 M09 M00；　　　　　主轴停止，程序停止，安装 T4 刀具

N0270 G90 G54 G00 X0 Y0；　　绝对编程、设置工件坐标系，刀具快速移动到 X0 Y0 处

N0280 M03 S1200；　　　　　　主轴顺时针方向旋转，转速 1200r/min

N0290 G43 Z5 H04 M08；　　　调用 4 号刀具长度补偿，刀具快速沿 Z 轴到 5mm 处

N0300 G99 G85 Z-12 R5 F80；调用镗孔加工循环，镗孔深度 12mm

N0310 G80 G00 Z200;　　　取消钻孔循环、刀具沿 Z 轴快速移动到 Z200 处

N0320 M05 M09 M00;　　　主轴停止,程序停止,安装 T5 刀具

N0330 G90 G54 G00 X0 Y0;　绝对编程、设置工件坐标系,刀具快速移动到 X0 Y0 处

N0340 M03 S1200;　　　　主轴顺时针方向旋转,转速 1200r/min

N0350 G43 Z5 H05 M08;　　调用 5 号刀具长度补偿,刀具快速沿 Z 轴到 5mm 处

N0360 G99 G85 Z-6 R5 F80;　调用镗孔加工循环,镗孔深度 6mm

N0370 G80 G00 Z200;　　　取消钻孔循环、刀具沿 Z 轴快速移动到 Z200 处

N0380 M05 M09 M30;　　　主轴停止,程序结束

%

(三)加工过程分析

1. 加工准备

1)阅读零件图,并检查坯料的尺寸。

2)开机,机床回参考点。

3)输入程序并检查该程序。

4)安装夹具,夹紧工件。把平口钳安装在工作台面上,并用百分表校正钳口位置。工件装夹在平口钳上,用垫铁垫起,使工件伸出钳口 5mm 左右,校平上表面并夹紧。

5)刀具装夹。本练习题共使用了 5 把刀具,把不同类型的刀具分别安装到对应的刀柄上,注意刀具伸出的长度应能满足加工要求,不能干涉,并考虑钻头的刚性,然后按序号依次放置在刀架上,分别检查每把刀具安装的牢固性和正确性。

2. 对刀、设定工件坐标系

1)X、Y 向对刀通过试切法进行对刀操作得到 X、Y 零偏值,并输入到 G54 中。

2)Z 向对刀利用试切法分别测量 5 把刀的刀位点从参考点到工件上表面的 Z 数值,并把 Z 数值分别输入到对应的刀具长度补偿值中(G54 中 Z 值为 0)。

3. 空运行及仿真

注意空运行及仿真时,使机床机械锁定或向 G54 中的 Z 坐标中输入 50mm,按下启动键,适当降低进给速度,检查刀具运动轨迹是否正确。若在机床机械锁定状态下,空运行结束后必须回机床参考点;若在更改 G54 的 Z 坐标状态下,空运行结束后 Z 坐标改为 0,机床不需要回参考点。

4. 零件自动加工及尺寸控制

首先使各个倍率开关达到最小状态,按下循环启动键。机床正常加工过程中适当调整各个倍率开关,保证加工正常进行。

5. 零件检测

6. 加工结束,清理机床

(四)操作注意事项

1. 毛坯装夹时,要考虑垫铁与加工部位是否干涉。

2. 镗孔试切对刀时要准确找正预镗孔的中心位置,保证试切一周切削均匀。

3. 镗孔刀对刀时,工件零点偏置值可以直接借用前道工艺中应用麻花钻或铣刀测量得到的 X、Y 值,Z 值通过试切获得。

实训 4.2　内螺纹铣削编程与加工训练

使用数控铣床完成如图 4-52 所示零件。

（一）加工工艺分析；

（二）加工程序编制；

（三）加工过程分析。

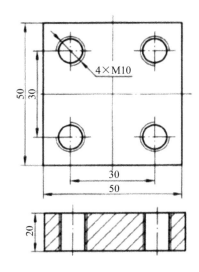

图 4-52　内螺纹铣削训练图

（一）加工工艺分析

1. 工、量、刃具选择

1）工具选择：工件装夹在平口钳中，平口钳用百分表校正位置，其工具见表 4-28。

表 4-28　工、量、刃具清单

种类	序号	名称	规格	数量
工具	1	平口钳		1个
	2	平行垫铁		若干
	3	橡胶锤子		1把
	4	扳手		若干
量具	1	百分表	0～10mm	1套
	2	螺纹塞规	M10	1个
	3	游标卡尺	0～150mm	1把
	4	表面粗糙度样板	N0—N1	1副
刃具	1	中心钻	A5	1个
	2	麻花钻	Φ8.5mm	1个
	3	丝锥	M10	1个

2)量具选择:内螺纹用螺纹塞规测量;内螺纹间距用游标卡尺测量;表面质量用表面粗糙度样板比对。见表 4-28。

3)刀具选择:攻内螺纹前应钻螺纹底孔(含钻中心孔定心),需用到中心钻及麻花钻;攻内螺纹用丝锥进行加工。见表 4-28。

丝锥分手用丝锥和机用丝锥两种。加工中心上常用机用丝锥直接攻螺纹,常用的机用丝维有直槽机用丝锥、螺旋槽机用丝锥和挤压机用丝锥等。

攻内螺纹时,丝锥主要是切削金属,但也有挤压金属的作用。加工塑性好的材料时,挤压作用尤其明显。因此,攻螺纹前的底孔直径(即钻孔直径)必须大于螺纹标准中规定的螺纹内径。一般用下列经验公式计算内螺纹底孔钻头直径 do。

对钢料及韧性金属:$do \approx d-P$

对铸铁及脆性金属:$do \approx d-(1.05-1.1)P$

式中:do——底孔直径;

   d——螺纹公称直径;

   P——螺距。

攻盲孔螺纹时,因丝锥不能攻到底,所以孔的深度要大于螺纹长度,盲孔深度可按下列公式计算:

孔的深度＝所需螺纹孔深度＋0.7d

2.加工工艺方案

1)加工工艺路线

①用 A5 中心钻钻中心孔。

②用 Φ8.5mm 麻花钻钻螺纹底孔。

③用 M10 丝锥攻 4×M10 螺纹。

2)合理切削用量选择加工铝件,钻孔速度可以提高,但攻螺纹时可以低速和高速加工,工件较薄时可以选择高速攻螺纹,本题宜低速攻螺纹。参考切削用量见表 4-29。

表 4-29 切削用量选择

刀具号	刀具规格	工序内容	Vf/(mm/min)	n/(r/min)
T1	A5 中心钻	钻中心孔	100	1000
T2	Φ8.5mm 麻花钻	钻孔螺纹底孔	100	800
T3	M10 丝锥	攻 4×M10 螺纹	150	100

(二)加工程序编制

O1001

N0010 G40 G80 G49;   设置初始状态

N0020 G90 G54 G00 X-15 Y15; 刀具快速移动到 X-15、Y15

N0030 M03 S1000;   主轴顺时针方向旋转,转速 1000r/min

N0040 G43 Z5 H01 M08;   调用 1 号刀具长度补偿,刀具快速沿 Z 轴到 5mm 处

N0050 G99 G81 Z-3 R5 F100;   调用孔加工循环,钻中心孔深 3mm,刀具返回 R 平面

N0060 Y-15;   继续钻 Y-15 处中心孔

N0070 X15;   继续钻 X15 处中心孔

N0080 Y15;	继续钻 Y15 处中心孔	
N0090 G80 G00 Z200;	取消钻孔循环,刀具沿 Z 轴快速移动到 Z200 处	
N0100 M05 M09 M00;	主轴停止,程序停止,安装 T2 刀具	
N0110 G90 G54 G00 X-15 Y15;	绝对编程,刀具快速移动到 X-15、Y15 处	
N0120 M03 S800;	主轴顺时针方向旋转,转速 800r/min	
N0130 G43 Z5 H02 M08;	调用 2 号刀具长度补偿,刀具快速沿 Z 轴到 5mm 处	
N0140 G99 G83 Z-23 R5 Q3 F100;	调用孔加工循环	
N0150 Y-15;	继续钻 Y-15 处孔	
N0160 X15;	继续钻 X15 处孔	
N0170 Y15;	继续钻 Y15 处孔	
N0180 G80 G00 Z200;	取消钻孔循环,刀具沿 Z 轴快速移动 Z200 处	
N0190 M05 M09 M00;	主轴停止,程序停止,安装 T3 刀具	
N0200 G90 G54 G00 X-15 Y15;	设置工件坐标系,刀具快速移动到 X-15、Y15 处	
N0210 M03 S100;	主轴顺时针方向旋转,转速 100r/min	
N0220 G43 Z5 H03 M08;	调用 3 号刀具长度补偿,刀具快速沿 Z 轴到 5mm 处	
N0230 G99 G84 Z-23 R5 F150;	调用攻螺纹加工循环	
N0240 Y-15;	继续攻 Y-15 处螺纹	
N0250 X15;	继续攻 X15 处螺纹	
N0260 Y15;	继续攻 Y15 处螺纹	
N0270 G80 G00 Z200;	取消攻螺纹循环、刀具沿 Z 轴快速移动到 Z200 处	
N0280 M05 M09 M30;	主轴停止,程序结束	

%

(三)加工过程分析

1. 加工准备

1)阅读零件图,并检查坯料的尺寸。

2)开机,机床回参考点。

3)输入程序并检查该程序。

4)安装夹具,夹紧工件。

把平口钳安装在工作台面上,并用百分表校正钳口位置。安装工件并用平行垫铁垫起毛坯,零件的底面上要保证垫出一定厚度的标准块,用平口钳夹紧工件,伸出钳口 5mm 左右。

5)刀具装夹,本练习题共使用了 3 把刀具,把不同类型的刀具分别安装到对应的刀柄上,注意刀具伸出的长度应能满足加工要求,不能干涉,并考虑钻头的刚性,然后按序号依次放置在刀架上,分别检查每把刀具安装的牢固性和正确性。

2. 对刀,设定工件坐标系

1)X、Y 向对刀通过试切法进行对刀操作得到 X、Y 零偏值,并输入到 G54 中。

2)Z 向对刀利用试切法分别测量 3 把刀的刀位点从参考点到工件上表面的 Z 数值,并把 Z 数值分别输入到对应的刀具长度补偿值中(G54 中 Z 值为 0)。

3. 空运行及仿真

注意空运行及仿真时,使机床机械锁定或向 G54 中的 Z 坐标中输入 50mm,按下启动键,适当降低进给速度,检查刀具运动轨迹是否正确。若在机床机械锁定状态下,空运行结束后必须回机床参考点;若在更改 G54 的 Z 坐标状态下,空运行结束后 Z 坐标改为 0,机床不需要回参考点。

4. 零件自动加工

首先使各个倍率开关达到最小状态,按下循环启动键。机床正常加工过程中适当调整各个倍率开关,保证加工正常进行。

5. 零件检测

6. 加工结束,清理机床

(四)操作注意事项:

1. 毛坯装夹时,要考虑垫铁与加工部位是否干涉。

2. 钻孔加工之前,要利用中心钻钻中心孔,然后再进行钻孔、攻螺纹,所以要保证中心钻、麻花钻和丝锥对刀的一致性;否则会折断麻花钻、丝锥。

3. 攻螺纹加工时,要正确合理选择切削参数,合理使用攻螺纹循环指令。

4. 攻螺纹加工时,暂停按钮无效,主轴速度修调旋钮保持不变,进给修调旋钮无效。

5. 加工钢件时,攻螺纹前必须把孔内的铁屑清理干净,防止丝锥阻塞在孔内。一般情况下,M20 以上的螺纹孔可在加工中心通过螺纹铣刀加工;M6 以上、M20 以下的螺纹孔可在加工中心上完成攻螺纹加工。

思考练习题

4-1 使用子程序编程的优点?

4-2 说明子程序一级嵌套、二级嵌套的含义?

4-3 子程序嵌套使用时应注意哪些事项?

4-4 镜像的基本规则是什么?

4-5 写出 G50.1、G51.1 可编程镜像指令的格式并说明含义?

4-6 使用可编程镜像指令 G50.1、G51.1 时应注意哪些问题?

4-7 写出旋转指令的格式并说明含义?

4-8 旋转指令编程使用时应注意哪些事项?

4-9 写出比例缩放指令 G51 的格式并解释其含义?

4-10 在实际加工中使用比例缩放功能有哪些优点?

4-11 简述比例缩放因子的含义并举例说明其作用?

4-12 简述固定循环的顺序动作分哪几个步骤?

4-13 简述固定循环的编程格式?

4-14 简述固定循环的基本规则?

4-15 说明固定循环指令 G73 与 G83、G81 与 G82、G85 与 G89 的区别?

4-16 简述固定循环指令 G74 与 G84 的区别,并说明使用攻丝固定循环时应注意的事项？

4-17　写出 G87 背镗固定循环指令格式、含义，并说明其运动步骤？

4-18　写出精镗固定循环 G76 的指令格式并解释含义？

4-19　固定循环取消指令 G80 有什么特点？

4-20　孔的种类及常用加工方法有哪些？

4-21　利用数控铣床做钻孔加工时应注意哪些问题？

4-22　如图 4-53 所示零件，编写钻 4 个 Φ5mm 孔的加工程序并练习加工。

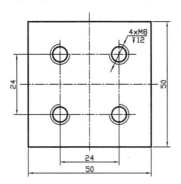

图 4-53　零件图 1

4-23　铰刀的组成部分及其作用？

4-24　铰刀的种类、特点及应用？

4-25　使用数控铣床做铰孔加工时应注意哪些问题？

4-26　如图 4-54 所示零件，编写铰孔的加工程序。

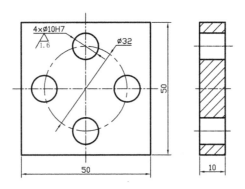

图 4-54　零件图 2

4-27　使用数控铣床做铣孔加工时应注意哪些问题？

4-28　使用数控铣床做镗孔加工时应注意哪些问题？

4-29　丝锥的种类、特点及应用？

4-30　使用数控铣床做攻丝加工时应注意哪些问题？

4-31　如图 4-55 所示零件，编写攻丝的加工程序。

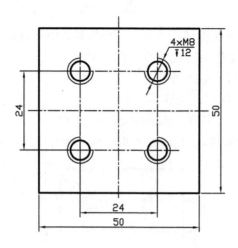

图 4-55　零件图

下篇　提高篇

项目五　华中(HNC-21M)系统数控铣床 实训操作

※ 知识目标

1. 掌握华中(HNC-21M)系统数控铣床操作面板功能;

2. 掌握华中(HNC-21M)系统基本编程指令的功能;

3. 掌握华中(HNC-21M)系统数控铣床基本操作。

※ 能力目标

1. 能够完成机床回参考点操作;

2. 能完成机床手动(JOG)操作;

3. 能进行机床参数设定;

4. 能新建、编辑零件程序并加以图形模拟;

5. 能选择相应程序进行自动加工;

6. 能熟练应用编程指令进行数控程序编辑。

任务 5.1　华中(HNC-21M)系统操作面板介绍

一、主要技术规格及功能

华中(HNC-21M)系统最大控制轴数为 4 轴(X、Y、Z、4TH);最大联动轴数为 4 轴(X、Y、Z、4TH);主轴数为 1;最大编程尺寸 99999.999mrn;最小分辨率 0.01μm～10μm(可设置);直线圆弧螺旋线插补;小线段连续高速插补;用户宏程序、固定循环、旋转、缩放、镜像等功能;自动加减速控制(S曲线);加速度平滑控制;MDI 功能;M、S、T 功能;故障诊断与报警;汉字操作界面;全屏幕程序在线编辑与校验功能;参考点返回;工件坐标系 G54 ～G59 设置;加工轨迹三维彩色图形仿真、加工过程实时三维图形显示;加工断点保护与恢复功能;双向螺距补偿(最多 5000 点);反向间隙补偿;刀具长度与半径补偿;主轴转速及进给速度倍率控制;CNC 通信功能 RS-232;网络功能支持 NT、Novell、Internet 网络;支持 DIN/ISO 标准 G 代码,不需 DNC 最大可直接执行 2GB 的程序;内部二级电子齿轮;内部已提供标准 PLC 程序,也可按要求自行编制 PLC 程序。

二、操作装置

1. **操作台结构**　HNC-21M 铣床数控装置操作面板为标准固定结构,外形尺寸为 420mm×310mm×110mm(长×高×宽),如图 5-1 所示。

2. **显示器**　面板的左上部为 7.5 吋彩色液晶显示器(分辨率为 640×480),用于汉字菜单、系统状态、故障报警的显示和加工轨迹的图形仿真。

3. **NC 键盘**　NC 键盘包括精简型 MDI 键盘和 Fl～F10 十个功能键。标准化的字母

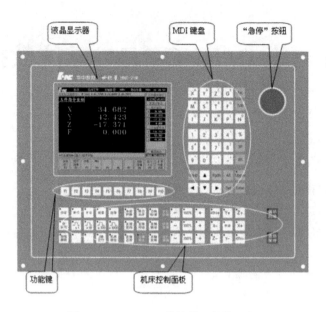

图 5-1　HNC-21M 数控装置操作面板

数字式 MDI 键盘介于显示器和"急停"按钮之间。其中的大部分键具有上档键功能,当 Upper 键有效时(指示灯亮),输入的是上档键。Fl～F10 十个功能键位于显示器的正下方。NC 键盘用于零件程序的编制、参数输入、MDI 及系统管理操作等。

4. 机床控制面板 MCP　标准机床控制面板的大部分按键(除"急停"按钮外)位于操作台的下部。"急停"按钮位于操作台的右上角,机床控制面板用于直接控制机床的动或加工过程。

5. MPG 手持单元　MPG 手持单元由手摇脉冲发生器、坐标轴选择开关组成,用于手摇方式增量进给坐标轴。MPG 手持单元的结构如图 5-2 所示。

三、软件操作界面

HNC-21M 的软件操作界面如图 5-3 所示,其界面由如下几个部分组成。

图 5-2　MPG 手持单元结构

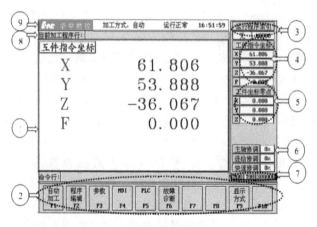

图 5-3　HNC-21 的软件操作界面

(1)图形显示窗口 可以根据需要,用功能键 F9 设置窗口的显示内容。

(2)菜单命令条 通过菜单命令条中的功能键 F1~F10 来完成系统功能的操作。

(3)运行程序索引 自动加工中的程序名和当前程序段行号。

(4)选定坐标系下的坐标值。

①坐标系可在机床坐标系/工件坐标系/相对坐标系之间切换。

②显示值可在指令位置/实际位置/剩余进给/跟踪误差/负载电流/补偿值之间切换(负载电流只对 11 型伺服有效)。

(5)工件坐标零点 工件坐标系零点在机床坐标系下的坐标。

(6)倍率修调

①主轴修调:当前主轴修调倍率。

②进给修调:当前进给修调倍率。

③快速修调:当前快进修调倍率。

(7)辅助机能自动加工中的 M S T 代码。

(8)当前加工程序行当前正在或将要加工的程序段。

(9)当前加工方式、系统运行状态及当前时间。

①工作方式:系统工作方式根据机床控制面板上相应按键的状态可在自动(运行)、单段(运行)、手动(运行)、增量(运行)、回零、急停、复位等之间切换。

②运行状态:系统工作状态在运行正常和出错间切换。

③系统时钟:当前系统时间。

操作界面中最重要的一块是菜单命令条。系统功能的操作主要通过菜单命令条中的功能键 F1~F10 来完成。由于每个功能包括不同的操作,菜单采用层次结构,即在主菜单下选择一个菜单项后,数控装置会显示该功能下的子菜单,用户可根据该子菜单的内容选择所需的操作,如图 5-4 所示。

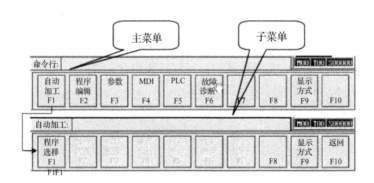

图 5-4 菜单层次

注意:根据华中公司研制设定,用 F1~F4 格式表示在主菜单下按 F1,然后在子菜单下按 F4。当要返回主菜单时,按子菜单下的 F10 键即可。HNC-21M 的菜单结构如图 5-5 所示。

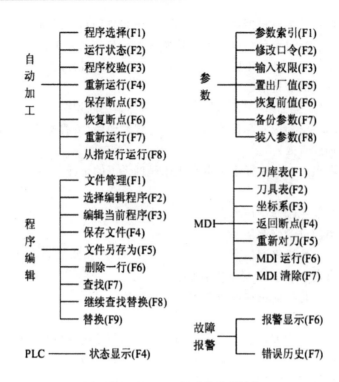

图 5-5　HNC-21M 的功能菜单结构

任务 5.2　华中(HNC-21M)系统数控铣床编程指令

一、华中(HNC-21M)数控系统功能

(一)准备功能 G 指令

准备功能指令由大写字母 G 后跟一位或两位数字组成,它用来规定刀具和工件的相对运动轨迹、机床和工件坐标系、坐标平面、刀具补偿、固定循环指令等多种加工操作。

G 功能有非模态 G 功能和模态 G 功能之分:

(1)非模态 G 功能只在所规定的程序段中有效,程序段结束时被注销。

例如:N10 G04　P10　　　　　　　　　　(程序暂停 10s)

　　　N20 G91 G21 G01 Yl00 Fl00　　(Y 轴往正方向移动 100mm)

N10 程序段中 G04 为非模态指令,不影响 N20 程序段中 Y 向的移动。

(2)模态 G 功能是一组可相互注销的 G 功能,这些功能一旦被执行,则一直有效,直到被同一组的 G 功能注销为止(表 5-1 中除 00 组外的其他 G 代码)。模态 G 功能组中包含一个缺省 G 功能(表 5-1 中带 * 的 G 指令),上电时将初始化为该功能。华中(HNC-21M)系统铣床准备功能指令见表 5-1。

例如:N10 G90 G01 X60 F100

　　　N20 Y80　　　　　　　　　　(G90、G01 仍然有效)

　　　N30 G02 X80 R-10　　　　　(G02 有效,而 G01 无效,但 G90 仍然有效)

表 5-1 华中 HNC-21M 系统数控铣床准备功能 G 代码

G 指令	组号	功能	G 指令	组号	功能
G00		快速定位	G57		工件坐标系设定
* G01		直线插补	G58	11	工件坐标系设定
G02	01	顺时针圆弧插补	G59		工件坐标系设定
G03		逆时针圆弧插补	G60	00	单方向定位
G04	00	暂停	* G61		精确停止校验方式
G07	16	虚轴指定	G64	02	连续方式
G09	00	准停校验	G65	00	宏指令调用
* G17		XY 平面选择	G68		坐标旋转
G18	02	XZ 平面选择	* G69	05	旋转取消
G19		YZ 平面选择	G73		深孔断屑钻孔循环
G20		英制尺寸	G74		攻左旋螺纹循环
* G21	08	米制尺寸	G76		精镗孔循环
G22		脉冲当量	* G80		取消固定循环
G24	03	镜像开	G81		点孔/钻孔循环
* G25		镜像关	G82		钻孔循环
G28	00	返回参考点	G83	06	深孔排屑钻孔循环
G29		由参考点返回	G84		攻右旋螺纹循环
* G40		取消刀具半径补偿	G85		镗孔循环
G41	09	刀具半径左补偿	G86		镗孔循环
G42		刀具半径右补偿	G87		反镗孔循环
G43		刀具长度正向补偿	G88		镗孔循环
G44	10	刀具长度负向补偿	G89		镗孔循环
* G49		取消刀具长度补偿	* G90	13	绝对值编程
* G50	04	比例缩放关	G91		相对值编程
G51		比例缩放开	G92	00	工件坐标系设定
G53	00	机床坐标系	* G94	14	每分钟进给
* G54		工件坐标系设定	G95		每转进给
G55		工件坐标系设定	* G98	15	固定循环返回初始平面
G56		工件坐标系设定	G99		固定循环返回 R 平面

没有共同参数的不同组 G 代码可以放在同一程序段中,而且与顺序无关。例如,G90、G17 可与 G01 放在同一程序段中,但是 G24、G68、G51 等特殊指令则不能与 G01 放在同一程序段中。同组 G 指令不能出现在同一程序段中,否则将执行后出现的 G 指令代码。

（二）辅助功能 M 指令

辅助功能由大写字母 M 后跟一位或两位数字组成,主要用于控制零件程序的走向,以及机床各种辅助功能的开关动作。M 指令在同一程序段中不能同时出现两个或多个,否则执行后出现的 M 指令代码。

M 功能有非模态 M 功能和模态 M 功能之分(见表 5-2);也可分为前作用 M 功能和后作用 M 功能,前作用 M 功能表示在程序段编制的轴运动之前执行,后作用 M 功能则在程序段编制的轴运动之后执行。华中(HNC-21M)系统数控铣床准备功能 M 指令见表 5-2。

表 5-2　华中 HNC-21M 系统数控铣床辅助功能 M 指令代码

M 指令	分类	功能	M 指令	分类	功能
M00	非模态	程序暂停	M07	模态	雾状切削液开
M02	非模态	程序结束	M08	模态	液状切削液开
M03	模态	主轴正转(顺时针旋转)	M09	模态	切削液关
M04	模态	主轴反转(逆时针旋转)	M30	非模态	程序结束并返回起始行
M05	模态	主轴停止	M98	非模态	调用子程序
M06	非模态	换刀	M99	非模态	子程序结束并返回主程序

注:表中除 M21、M22、M30、M41、M98、M99 的其他 M 指令可省略前面的 0,如 M00 可写成 M0。

其中 M00、M01、M02、M30、M98、M99 用于控制零件程序的走向,是 CNC 内定的辅助功能,不由机床制造商决定。其余 M 代码用于机床各种辅助功能的开关动作,其功能不由 CNC 内定,而是由 PLC 程序指定,所以有可能因机床制造厂家不同而有差异(表 5-2 为标准 PLC 指定的功能),使用时必须参考机床说明书。

1. 程序暂停 M00

程序在自动运行时执行到 M00 指令后,将停止执行当前程序,以便于操作人员进行观察加工状况;若要进行工件的测量,须在该指令程序段前用 M05 指令停止主轴,如果加工时切削液开,还需用 M09 指令关闭切削液。暂停时,机床进给停止,而全部现存的模态信息保持不变,欲继续执行后续程序,再次按操作面板上的"循环启动"按钮。M00 为后作用 M 功能。

2. 程序结束 M02

M02 编写在主程序的最后一个程序段中,当 CNC 执行到 M02 指令时,机床的进给停止,加工结束。使用 M02 的程序结束后,若要重新执行该程序,必须在"程序"菜单下按"重新运行"软键,然后再按操作面板上的"循环启动"按钮。

3. 程序结束并返回起始行 M30

M30 与 M02 功能基本相同,区别是 M30 指令还兼有控制返回到程序起始行(%或 0)的作用。使用 M30 指令结束程序后,若要重新执行该程序,只需再次按操作面板上的"循环启动"按钮。

4. 主轴控制指令 M03、M04、M05

M03:主轴正转(即从 Z 轴正向往负向观察,主轴顺时针旋转)。

M04:主轴反转(即从 Z 轴正向往负向观察,主轴逆时针旋转)。

M05:主轴停止转动。

M03、M04 为模态前作用 M 功能,M05 为模态后作用 M 功能,M05 为缺省功能。M03、M04、M05 可相互注销。

5. 切削液打开、关闭 M07、M08、M09

M07/M08 为模态前作用 M 功能,M09 为模态后作用 M 功能,M09 为缺省功能。

6. 子程序调用 M98 及子程序结束并返回到主程序 M99

(1)调用子程序的格式为:M98 P __ L __

P:被调用的子程序号;

L:子程序重复调用次数,只调用一次时可省略不写。

(2)子程序的格式:%××××

……

M99

华中(HNC-21M)系统数控铣床的子程序接在主程序结束语(M30)后编写,程序名不能和主程序名或其他子程序名相同。

(三)进给功能

进给功能由地址符 F 后跟若干位数字组成,F 指令表示刀具相对于工件的合成进给速度(进给率),F 的单位取决于 G94(每分钟进给量 mm/min)或 G95(每转进给量 mm/r)。F 指令为模态指令,在 G01、G02 或 G03 方式下,F 一直有效,直到被新的 F 值取代;而在 G00、G60 方式下,快速定位的速度是各轴的最高速度,与程序中的 F 无关,只受操作面板上快速修调倍率按钮的控制。

借助于操作面板上的进给修调倍率按钮,F 可在一定范围内进行倍率修调(0%~200%)。当执行攻螺纹循环指令 G74 或 G84 时,倍率按键不起作用,进给倍率默认 100%。

(四)主轴转速功能

主轴功能 S 控制主轴转速,其后的数值表示主轴速度,单位为转/每分钟(r/min)。S 为模态指令,当执行 S500 M03 使主轴以 500r/min 的速度顺时针旋转时,可借助于操作面板上主轴修调倍率按键进行调整(10%~150%)。当执行攻螺纹循环指令 G74 或 G84 时,倍率按键不起作用,转速倍率默认 100%。一般机床出厂后主轴转速具有一定的范围,系统参数将进行设置,当程序中给出的转速超出该范围时,系统将默认最高转速;给出的转速低于该范围时,系统默认最低转速。

(五)刀具功能

刀具功能由地址符 T 和其后的数值组成,数值表示选择的刀具号,T 代码与刀具的关系是由机床厂家规定的。在加工中心上执行 T 指令时必须与换刀指令 M06 一起使用,T 表示需要选择的刀具,而 M06 指令才能执行换刀动作,如果执行的刀具号超出了刀库的范围,则该换刀指令不执行。T 指令为非模态指令,执行时不调入刀具长度和半径补偿值。

二、华中(HNC-21M)数控系统基本编程指令

(一)有关单位的设定

1. 尺寸单位的选择 G20/G21/G22

格式:G20(英制输入形式。线性轴尺寸单位是 in,旋转轴尺寸单位是度。)

G21(米制输入形式。线性轴尺寸单位是 mm,旋转轴尺寸单位是度。)

G22(脉冲当量输入形式。线性轴尺寸单位是移动脉冲当量,旋转轴尺寸单位是旋转脉冲当量。)

G20、G21、G22 是模态功能指令,一般在程序的起始行选择其一,它们可相互注销,G21 为缺省值,这三个 G 代码必须在程序执行运动指令前指令。尺寸单位输入形式的转换将改变以下值的单位:由 F 代码指令的进给速度、位置坐标指令、工件零点偏移值、刀具补偿值、手摇脉冲发生器的刻度单位、增量方式下的移动距离以及固定循环中的参数等等。

2. 进给速度单位的设定 G94/G95

格式:G94(F __)(每分钟进给)

G95(F __)(每转进给)

G94 为每分钟进给,F 之后的数值直接指定刀具每分钟的进给量。对于线性轴,F 的单位依照 G20/G21/G22 的设定而为 in/min、mm/min 和脉冲当量/min;对于旋转轴,F 的单位是度/min 或脉冲当量/min。

G95 为每转进给,即主轴转一圈时刀具的进给量。F 的单位依照 G20/G21/G22 的设定而应为 in/r、mm/r 和脉冲当量/r。此功能只有在主轴装有编码器时才能使用。

G94、G95 为模态功能,可相互注销,G94 为缺省值。

(二)回参考点控制指令

1. 自动返回参考点 G28

格式:G28 X＿ Y＿ Z＿

说明:X、Y、Z 为回参考点时经过的中间点(不是机床参考点),在 G90 时为中间点在工件坐标系中的坐标;在 G91 时为中间点相对于起点的位移量。

G28 指令先使所有的编程轴都快速定位到中间点,然后再从中间点到达参考点,如图 5-6 所示。

一般,G28 指令用于刀具自动更换或者消除机械误差,在执行该指令之前应取消刀具半径补偿和刀具长度补偿。在 G28 的程序段中不仅产生坐标轴移动指令,而且记忆了中间点坐标值,以供 G29 使用。

系统电源接通后,在没有手动返回参考点的状态下,执行 G28 指令时,刀具从当前点经中间点自动返回参考点,与手动返回参考点的结果相同。这时从中间点到参考点的方向就是机床参数"回参考点方向"设定的方向。G28 指令仅在其被规定的程序段中有效。

2. 自动从参考点返回 G29

格式:G29 X＿ Y＿ Z＿

说明:X、Y、Z 是返回的定位终点,在 G90 时为定位终点在工件坐标系中的坐标;在 G91 时为定位终点相对于 G28 中间点的位移量。

G29 可使所有编程轴以快速进给经过由 G28 指令定义的中间点,然后再到达指定点。通常该指令紧跟在 G28 指令之后。G29 指令仅在其被规定的程序段中有效。

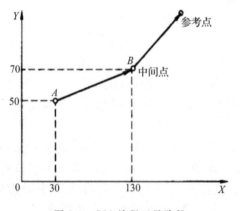

图 5-6　G28 编程刀具路径

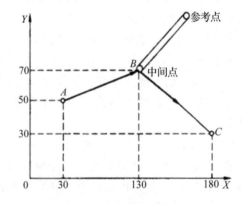

图 5-7　G29 编辑刀具路径

【例 5-1】　用 G28、G29 对图 5-7 所示的路径编程:要求由点 A 经过中间点 B 并返回参考点,然后从参考点经由中间点 B 返回到 C 点。

%0001　　　程序名

N10 G53 G90 G00 Z0;　　　　Z轴快速抬刀至机床原点

N20 G54 G90 M3S600;　　　　G54工件坐标系,绝对坐标编程,主轴正转,600r/min

N30 G00 Z100;　　　　　　　Z轴快速定位

N40 G28 X130 Y70 Z0;　　　从A点移动到B,最后回到参考点

N50 G29 X180 Y30;　　　　　从参考点经过B点,到达C点

N60 G00 Z200;　　　　　　　Z轴快速定位退刀

N70 M05;　　　　　　　　　　主轴停转

N80 M30;　　　　　　　　　　程序结束,返回起始行

注:使用G28、G29指令时,中间点选择要合适,防止发生撞刀现象。

(三)有关坐标系和坐标指令

1. 绝对值编程 G90 与增量值编程 G91

指令格式:G90;G91

说明:G90为绝对值编程,每个编程坐标轴上的编程值是相对于程序原点的。G91为增量值编程,每个编程坐标轴上的编程值是相对于前一位置而言的,该值等于沿轴移动的距离。G90、G91为模态功能,可相互注销,G90为默认值。G90、G91可用于同一程序段中,但要注意其顺序所造成的差异。

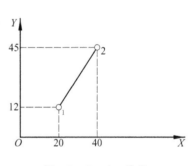

图 5-8　G90/91 编程

如图5-8所示,使用G90、G91编程,控制刀具由1点移动到2点。程序如下:

绝对值编程:G90 G01 X40 Y45

增量值编程:G91 G01 X20 Y30

选择合适的编程方式可使编程简化。当图样尺寸由一个固定基准给定时,采用绝对方式编程较为方便。当图样尺寸是以轮廓顶点之间的间距给出时,则采用增量方式编程较为方便。

2. 工件坐标系设定 G92

指令格式:G92 X __ Y __ Z __

说明:X、Y、Z设定的工件坐标系原点到刀具起点的有向距离。G92指令通过设定刀具起点(对刀点)与坐标系原点的相对位置建立工件坐标系。工件坐标系一旦建立,绝对值编程时的指令值就是在此坐标系中的坐标值。执行含G92指令的程序段只建立工件坐标系,刀具并不产生运动。刀尖与程序起刀点重合。G92指令为非模态指令,一般放在一个零件程序的第一段。

3. 工件坐标系选择 G54~G59

指令格式:G54、G55、G56、G57、G58、G59(表示设定当前机床坐标位置为工件坐标系原点)。

说明:G54~G59可预定6个工件坐标系(见图5-9),根据需要任意选用。这6个预定工件坐标系的原点在机床坐标系中的值用MDI方式预先输入在"坐标系"功能表中,系统自动记忆。当程序中执行G54~G59中某一个指令,后续程序段中绝对值编程时的指令值均

为相对此工件坐标系原点的值。

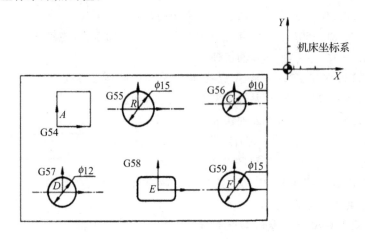

图 5-9　选择工件坐标系

【例 5-2】　如图 5-10 所示,用 G54 和 G59 选择工件坐标系指令编程,要求刀具从当前点(任一点)移动到 A 点,再从 A 点移动到 B 点。

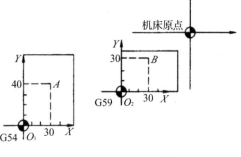

%1000	
N01 G54	选择工件坐标系 1
N02 G00 G90 X30 Y40	当前点→A
N03 G59	选择工件坐标系 2
N04 G00 X30 Y30	A→B
N05 M03	

注意:使用该组指令前,先用 MDI 方式输入各坐标系的坐标原点在机床坐标系中的坐标值。

图 5-10　用 G54 和 G59 编程

4. 直接机床坐标系编程 G53

指令格式:G53

说明:G53 是设定坐标轴移动值为机床坐标系中的坐标值;在含有 G53 的程序段中,绝对值编程时的指令值是在机床坐标系中的坐标值。G53 指令为非模态指令。

【例 5-3】　用 G53 设定机床坐标系中的坐标值。

%1001	
N01 G54	选择工件坐标系
N02 G90 G00 X50 Y20	刀具运行至工件坐标系(50,20)
N03 G01 Z-5 F200	
N04 Z20	
N05 G00 X0 Y0	
N06 G53 X-20 Y-20	刀具到达机床坐标系(-20,-20)
N07 M30	

5. 坐标平面选择 G17、G18、G19

指令格式：G17、G18、G19。

说明：G17—选择 XY 平面；G18—选择 ZX 平面；G19—选择 YZ 平面。执行圆弧插补和建立刀具半径补偿功能时，必须用该组指令选择所在平面。

注意：移动指令与平面选择无关。

（四）进给控制指令

1. 快速定位 G00

指令格式：G00 X __ Y __ Z __

说明：X、Y、Z 定位终点坐标。在 G90 时为终点在工件坐标系中的坐标；在 G91 时为终点相对于起点的位移量，不运动的轴可以不写。G00 指定刀具相对于工件以各轴预先设定的速度，从当前位置快速移动到程序段指令的定位目标点。G00 指令中的快移速度由机床参数"快移进给速度"对各轴分别设定，不能用 F 规定。G00 一般用于加工前快速定位或加工后快速退刀。快移速度可由面板上的快速修调旋钮修正。

注意：在执行 G00 指令时，由于各轴以各自速度移动，不能保证各轴同时到达终点因而联动直线轴的合成轨迹不一定是直线。操作者必须格外小心，以免刀具与工件发生碰撞。常见的做法是，将 Z 轴移动到安全高度，再执行 G00 指令。

2. 单方向定位 G60

指令格式：G60 X __ Y __ Z __

说明：X、Y、Z 单向定位终点，在 G90 时为终点在工件坐标系中的坐标；在 G91 时为终点相对于起点的位移量。G60 单方向定位过程：各轴先以 G00 快速运动到一定位中间点，然后以一固定速度移动到定位终点，如图 5-11 所示。各轴的定位方向（从中间点到定位终点的方向）以及中间点与定位终点的距离（过冲量）由系统参数"单向定位偏移值"设定。当过冲量值小于 0 时，定位方向为负，如图 5-11 所示中起始点 1 或起始点 2 运动到终点。当过冲量值大于 0 时，定位方向为正，如图 5-12 所示。G60 指令仅在其被规定的程序段中有效。

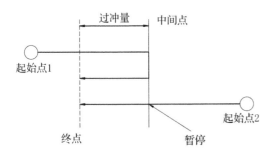

图 5-11 G60 执行过程及负方向定位

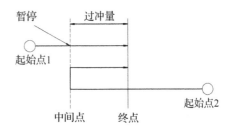

图 5-12 G60 执行过程及正方向定位

3. 线性进给 G01

指令格式：G01 X __ Y __ Z __ F __

说明：X、Y、Z 为线性进给终点，在 G90 时为终点在工件坐标系中的坐标；在 G91 时为终点相对于起点的位移量；F：合成进给速度。G1 指令刀具以联动的方式，按 F 规定的合成进给速度,从当前位置按线性路线(联动直线轴的合成轨迹为直线)移动到程序段指令的终点。

4. 圆弧进给 G02/G03

指令格式:

$$G17 \begin{Bmatrix} G02 \\ G03 \end{Bmatrix} X \underline{} Y \underline{} \begin{Bmatrix} I \underline{} J \underline{} \\ R \underline{} \end{Bmatrix} F \underline{}$$

$$G18 \begin{Bmatrix} G02 \\ G03 \end{Bmatrix} X \underline{} Z \underline{} \begin{Bmatrix} I \underline{} K \underline{} \\ R \underline{} \end{Bmatrix} F \underline{}$$

$$G19 \begin{Bmatrix} G02 \\ G03 \end{Bmatrix} Y \underline{} Z \underline{} \begin{Bmatrix} J \underline{} K \underline{} \\ R \underline{} \end{Bmatrix} F \underline{}$$

说明:G02—顺时针圆弧插补;G03—逆时针圆弧插补。X、Y、Z—圆弧终点,在 G90 时为圆弧终点在工件坐标系中的坐标,在 G91 时为圆弧终点相对于圆弧起点的位移量。I、J、K—圆心相对于圆弧起点在 X、Y、Z 方向的偏移值(等于圆心的坐标减去圆弧起点的坐标),在 G90/G91 时都是以增量方式指定。R—圆弧半径,当圆弧圆心角小于 180 度时,R 为正值,否则 R 为负值。F—被编程的两个轴的合成进给速度。

注意:

(1)顺时针或逆时针是从垂直于圆弧所在平面的坐标轴的正方向看到的回转方向。

(2)整圆编程时不可以使用 R,只能用 I、J、K。

(3)同时编入 R 与 I、J、K 时,R 有效。

5. 螺旋线进给 G02/C03

指令格式:

$$G17 \begin{Bmatrix} G02 \\ G03 \end{Bmatrix} X \underline{} Y \underline{} \begin{Bmatrix} I \underline{} J \underline{} \\ R \underline{} \end{Bmatrix} F \underline{}$$

$$G18 \begin{Bmatrix} G02 \\ G03 \end{Bmatrix} X \underline{} Z \underline{} \begin{Bmatrix} I \underline{} K \underline{} \\ R \underline{} \end{Bmatrix} F \underline{}$$

$$G19 \begin{Bmatrix} G02 \\ G03 \end{Bmatrix} Y \underline{} Z \underline{} \begin{Bmatrix} J \underline{} K \underline{} \\ R \underline{} \end{Bmatrix} F \underline{}$$

说明:X、Y、Z 中由 G17/G18/G19 平面选定的两个坐标为螺旋线投影圆弧的终点,意义同圆弧进给,第 3 坐标是与选定平面相垂直的轴终点;其余参数的意义同圆弧进给。该指令对另一个不在圆弧平面上的坐标轴施加移动指令,对于任何小于 360 度的圆弧,可附加任一数值的单轴指令。

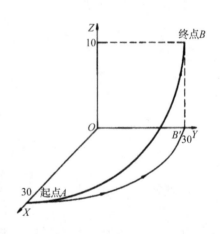

图 5-13 螺旋线编程

【例 5-4】 使用 G03 对图 5-13 所示的螺旋线编程。AB 为一螺旋线,起点 A 的坐标为(30,0,0),终点 B 的坐标为(0,30,10);圆弧插补平面为 XY 面,圆弧 AB' 是 AB 在 XY 平面上的投影,B' 的坐标值是(0,30,0),从 A 点到 B' 是逆时针方向。在加工 AB 螺旋线前,要把刀具移到螺旋线起点 A 处,则加工程序编写如下：

　　G90 编程时：

　　G90 G17 F300

　　G03 X0 Y30 R30 Z10

　　G91 编程时：

　　G91 G17 F300

　　G03 X-30 Y30 R30 Z10

6. 虚轴指定 G07 及正弦线插补

　　指令格式：G07 X_ Y _ Z_

　　说明：对于 X、Y、Z，指令轴后跟数字 0，则该轴为虚轴；后跟数字 1，则该轴为实轴。G07 为虚轴指定和取消指令。G07 为模态指令。若一轴设为虚轴，则此轴只参加计算，不运动。虚轴仅对自动操作有效，对手动操作无效。在螺旋线插补指令功能前，用 G07 将参加圆弧插补的某一轴指定为虚轴，则螺旋线插补变为正弦线插补。

　　【例 5-5】 使用 G03、G07 对图 5-14 所示的关于 Y-Z 平面上的正弦线编程。正弦线在 XY 平面上的投影如图 5-15 所示。

　　程序如下：

　　N10 G92 X0 Y0 Z50　　　　　　　　　设定工件上表面 Z30，起刀点距上表面 20mm。

　　N20 G01 Z0 F200 M03

　　N30 G07 X0　　　　　　　　　　　　设定 X 轴为虚轴

　　N40 G03 X0 Y0 I0 J5.0 Z20.0 F100　　正弦线插补功能

　　N50 G07 X1　　　　　　　　　　　　设定 X 轴为实轴

　　N60 G01 Z50

　　N70 M30

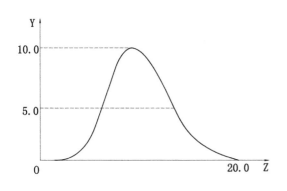

图 5-14　正弦线插补编程

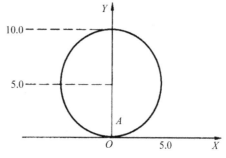

图 5-15　正弦线 XY 平面的投影

（五）刀具补偿功能指令

1. 刀具半径补偿(G41、G42、G40)

(1)指令格式：

$$\left.\begin{matrix} G17 \\ G18 \\ G19 \end{matrix}\right\} \left.\begin{matrix} G41 \\ G42 \\ G40 \end{matrix}\right\} G00/G01X \_\_ Y \_\_ Z \_\_ F \_\_ D \_\_$$

其中 G41 为刀具半径左补偿;G42 为刀具半径右补偿;G40 为刀具半径取消;D 值用于指定偏置存储器的偏置号。

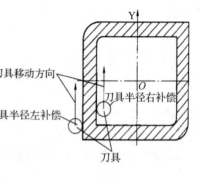

图 5-16　刀具半径左/右补偿判断

G41 与 G42 的判断方法是:从补偿平面外的另一个坐标轴的正向向着负向观察,当刀具沿着移动方向加工时,如果刀具位于工件轮廓的左侧,则称为刀具半径左补偿;如果刀具位于工件轮廓的右侧,则称为刀具半径右补偿,如图 5-16 所示。

(2)B 型和 C 型刀补　根据刀具半径补偿在工件拐角处过度方式的不同,刀具半径补偿可以分为两种补偿方式,分别称为 B 型刀补和 C 型刀补。

B 型刀补在工件轮廓拐角处采用圆弧过渡,如图 5-17 所示中的圆弧 AB。这样在拐角处,刀具切削刃与工件尖角始终接触,致使刀具在尖角处始终处于切削状态。采用这种刀补方式会使刀具磨损加剧,工件尖角变钝,甚至在工件拐角处还会引起过切现象。

随着 CNC 技术大发展,系统工作方式、运算速度以及存储容量都有了很大的进步和增加。C 型刀补采用了较为复杂的刀偏计算方法,计算出拐角处的交点(图 5-18 所示中的 C 点),使刀具在工件轮廓拐角处以直线方式进行过渡,如图 5-18 中的 AC 和 CB 直线,从而彻底地解决了 B 型刀补存在的不足。现在大多数 CNC 系统都采用 C 型刀补。

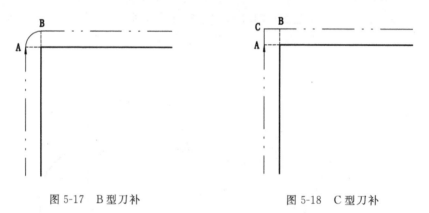

图 5-17　B 型刀补　　　　　　　　图 5-18　C 型刀补

(3)刀具半径补偿过程刀具半径补偿的过程分为三步,即刀补建立、刀补进行和刀补取消,如图 5-19 所示。程序如下:

```
%0001
N10 G41 G01 X30 Y20 D01 F100;    刀补建立
N20 Y80;
N30 X80 Y20;                     刀补进行
N40 X30;
N50 G40 G01 X0 Y0;               刀补取消
```

①刀补的建立。刀补的建立是指刀具从起点接近终点时,刀具中心与编程轨迹重合过渡到与编程轨迹偏离一个偏置量的过程。该过程只能在 G01 或 G00 移动指令模式下来

实现。

图 5-19 所示,刀补的建立是通过程序段
N10 来建立的。系统当执行到 N10 程序段时,
机床刀具坐标位置由以下方法确定:系统预读
对包含 G41 语句以及下面两个程序段(N20、
N30)的内容,连接在补偿平面内最近两条移动
语句的终点坐标(图 5-18 中的 AB 连线),其连
线的垂直方向为刀补的偏置方向,根据 G41 或
G42 来确定向哪一边进行偏置,偏置的大小由
偏置号(如 D01)地址中的数值确定。经过补偿
后,刀具中心相对于 A 点偏移了一个偏置值,
即坐标为(30-偏置值,20)。

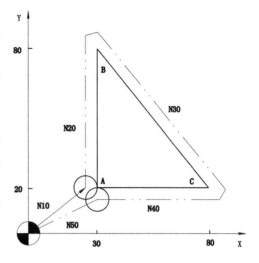

图 5-19 刀具半径补偿过程

②刀补的进行。在 G41 或 G42 程序段后,
程序进入到补偿模式,此时刀具中心与编程轨
迹始终相距一个偏置量,直到刀补取消。

③刀补的取消。刀具中心轨迹过渡到与编程轨迹重合的过程称为刀补的取消,如图 5-19 所示的 AO 程序段。刀补的取消用 G40 指令。

(4)刀具半径补偿注意事项

①刀具半径补偿的建立或取消必须在 G00 或 G01 移动指令模式下进行。

②刀具半径补偿在建立或取消的过程中,其移动距离必须大于刀具的半径。

③为保证刀补的建立或取消时刀具与工件不发生碰撞,通常采用 G01 方式来建立或取消。

④为防止在半径补偿的过程中产生过切现象,建立或取消刀补程序段的起始点与终止点的位置最好与补偿方向在同一侧。即建立刀补的轨迹与下一个程序段的轨迹的夹角为大于 90°小于 180°。

⑤在刀补模式下,不允许存在两个以上的非补偿平面内的移动指令,否则,系统在进行预读后,判断不出其偏置方向,也会出现过切等危险动作。

2. 刀具长度补偿(G43、G44、G49)

(1)指令格式

$$\begin{Bmatrix} G17 \\ G18 \\ G19 \end{Bmatrix} \begin{Bmatrix} G43 \\ G44 \\ G49 \end{Bmatrix} G00/G01 \ X\_\_ \ Y\_\_ \ Z\_\_ \ H\_\_$$

其中 G43 为刀具长度正向偏置;G44 为刀具长度负向偏置;G49 为取消刀具长度补偿;X、Y、Z 为刀补建立与取消的终点坐标;H 为刀具长度补偿寄存器的编号,取值范围(H00~H99)。

在 G17 平面上进行长度补偿时,其长度补偿轴为 Z 轴;在 G18 平面上进行长度补偿时,其长度补偿轴为 Y 轴;在 G19 平面上进行长度补偿时,其长度补偿轴为 X 轴。

刀具长度寄存器中,对应的数值是通过对刀找到工件坐标系原点相对于机床坐标系中的 Z 向机械坐标值。其中当执行 G43 G00 Z50 H01 时,机床的实际移动距离为寄存器中的

偏置值＋50mm，如图 5-20 所示。
当执行 G44 G00 Z50 H01 时，机床的实际移动距离为寄存器中的偏置值-50mm，如图 5-20 所示。

（2）刀具长度补偿的应用　刀具长度补偿指令常辅助用于坐标系指令（G54）的设置。即用 G54 设定坐标系时，仅设置 XY 方向的偏置坐标原点的位置，而 Z 方向不进行偏置，即设置为 0。Z 向的偏置值通过刀具长度补偿来进行设置。

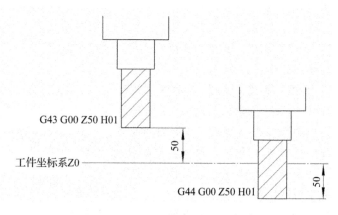

图 5-20　刀具长度补偿

（3）注意

①G43 和 G44 为模态指令。

②取消刀具长度补偿指令，可采用 G49 或 H00 指令。

③G43Z_H_中，Z 为正值时，刀具向上；为负值时，刀具向下。G44 与之相反，Z 为正值时，刀具向下；为负值时，刀具向上。故为了编程方便最好采用 G43 刀具长度正补偿来编程。

（六）其他功能指令

1. 暂停指令（G04）

指令格式：G04 P ＿

说明：

P：暂停时间，单位为 S（秒）。

G04 在前一程序段的进给速度降到零之后才开始暂停动作。在执行含 G04 指令的程序段时，先执行暂停功能。G04 为非模态指令，仅在其被规定的程序段中有效。

【例 5-6】　编制图 5-21 所示零件的钻孔加工程序。

%0004

G92 X0 Y0 Z0；

G91 F200 M03 S500；

G43 G01 Z -6 H01；

G04 P5；

G49 G00 Z6 M05；

M30；

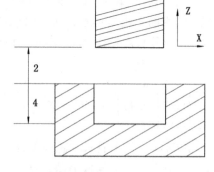

图 5-21　G04 编程

G04 可使刀具作短暂停留，以获得圆整而光滑的表面。如对不通孔作深度控制时，在刀具进给到规定深度后，用暂停指令使刀具作非进给光整切削，然后退刀，保证孔底平整。

2. 准停检验 G09

指令格式：G09

说明：一个包括 G09 的程序段在继续执行下个程序段前，准确停止在本程序段的终点。该功能用于加工尖锐的棱角。G09 为非模态指令，仅在其被规定的程序段中有效。

3. 段间过渡方式(G61、G64)

格式：G61/G64

说明：G61—精确停止检验；G64—连续切削方式。在 G61 后的各程序段编程轴都要准确停止在程序段的终点，然后再继续执行下一程序段。

在 G64 之后的各程序段编程轴刚开始减速时(未到达所编程的终点)就开始执行下一程序段。但在定位指令(G00,G60)或有准停校验(G09)的程序段中，以及在不含运动指令的程序段中，进给速度仍减速到 0 才执行定位校验。

G61 方式的编程轮廓与实际轮廓相符。G61 与 G09 的区别在于 G61 为模态指令。G64 方式的编程轮廓与实际轮廓不同。其不同程度取决于 F 值的大小及两路径间的夹角，F 越大，其区别越大。一般在实际加工时，如果要求程序段间不停顿，连续做小线段切削，则设定在 G64 方式。

G61、G64 为模态指令，可相互注销，G64 为缺省值。

【例 5-7】 编制如图 5-22 所示轮廓的加工程序，要求编程轮廓与实际轮廓相符。

％0061

G92 X0 Y0 Z10

G91 G01 Z-10 M03 F200

X50 Y20

G01 G61 Y80 F300

Xl00

Y-100

Z20 M05

M30

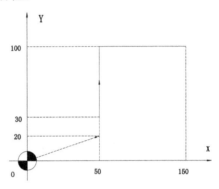

图 5-22　G61 编程

【例 5-8】 编制如图 5-23 所示轮廓的加工程序，要求程序段间不停顿。

％0064

G92 X0 Y0 Z10

G91 G01 Z-10 M03 F200

X50 Y20

G01 G64 Y80 F300

Z20 M05

M30

(七)简化编程功能指令

1. 镜像功能(G24、G25)

指令格式：G24 X＿Y＿Z＿A＿

　　　　　 M98 P＿

　　　　　 G25 X＿Y＿Z＿A＿

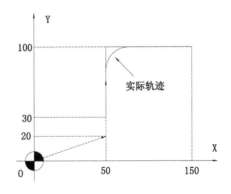

图 5-23　G64 编程

说明:G24 建立镜像;G25 取消镜像;X、Y、Z、A 为镜像位置。G24、G25 为模态指令,可相互注销,G25 为缺省值。

【例 5-9】 使用镜像功能编制如图 5-24 所示轮廓的加工程序:设刀具起点距工件上表面 10mm,切削深度 5mm。预先在 MDI 功能中"刀具表"设置 01 号刀具半径值项 D01＝6.0,长度值项 H01＝4.0。

%0024　　　　　　　　　　　　主程序

G92 X0 Y0 Z0;　　　　　　　　建立工件坐标系

G91 G17 M03 S600;

M98 P100;　　　　　　　　　　加工①

G24 X0;　　　　　　　　　　　Y 轴镜像,镜像位置为 X＝0

M98 P100;　　　　　　　　　　加工②

G24 Y0;　　　　　　　　　　　X、Y 轴镜像,镜像位置为(0,0)

M98 P100;　　　　　　　　　　加工③

G25 X0;　　　　　　　　　　　X 轴镜像继续有效,取消 Y 轴镜像

M98 P100;　　　　　　　　　　加工④

G25 Y0;　　　　　　　　　　　取消镜像

M30;

%100　　　　　　　　　　　　　子程序(①的加工程序)

N100 G41 G00 X20 Y10 D01;

N110 Y10;

N120 G43 Z－8 H01;

N130 G01 Z－7 F300;

N140 Y40;

N150 X20;

N160 G03 X20 Y－20 I20 J0;

N170 G01 Y－20;

N180 X-50;

N190 G49 G00 Z55;

N200 G40 X-10 Y-20;

N210 M99;

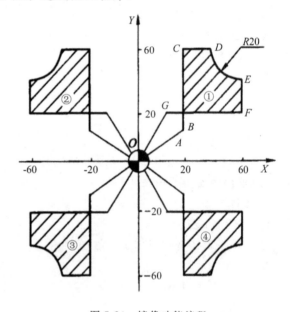

图 5-24　镜像功能编程

2. 缩放功能(G50、G51)

指令格式:G51 X ＿ Y ＿ Z ＿ P ＿

　　　　　M98 P ＿

　　　　　G50

说明:G51 为建立缩放;G50 为取消缩放;X、Y、Z 为缩放中心的坐标值;P 为缩放倍数。G51 既可指定平面缩放,也可指定空间缩放。在 G51 后,运动指令的坐标值以(X,Y,Z)为缩放中心,按 P 规定的缩放比例进行计算。在有刀具补偿的情况下,先进行缩放,然后才进行刀具半径补偿、刀具长度补偿。G51、G50 为模态指令,可相互注销,G50 为缺省值。

【例5-10】　编制如图5-25所示的缩放加工程序。

%0051 主程序

G92 X0 Y0 Z60

G91 G17 M03 S600 F300

G43 G00 X50 Y50 Z -46 H01

♯51＝14

M98 P100

♯51＝8

G51 X50 Y50 P0.5

M98 P100

G50

G49 Z46

M05 M30

%100

N100 G42 G00 X -44 Y -20 D01

N120 Z[-♯51]

N150 G01 X84

N160 X -40 Y80

N170 X -44 Y -88

N180 Z[♯51]

N200 G40 G00 X44 Y28

N210 M99

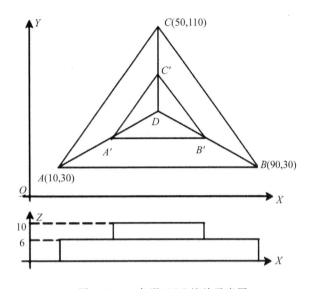

图5-25　三角形ABC缩放示意图

3. 旋转变换(G68、G69)

指令格式:G17 G68 X ＿ Y ＿P ＿或G18 G68 X ＿Z ＿P ＿或G19 G68 Y ＿Z ＿P ＿

M98 P ＿

G69

说明:G68为建立旋转;G69为取消旋转;X、Y、Z为旋转中心的坐标值;P为旋转角度,单位是(°),0≤P≤360°。在有刀具补偿的情况下,先旋转后刀补(刀具半径补偿、长度补偿);在有缩放功能的情况下,先缩放后旋转。

G68、G69为模态指令,可相互注销,G69为缺省值。

【例5-11】　使用旋转功能编制如图5-26所示轮廓的加工程序。设刀具起点距工件上表面50mm,切削深度5mm。程序如下:

%0068

N10 G92 X0 Y0 Z50

N20 G90 G17 M03 S600

N30 G43 Z-5 H02

N40 M98 P200

N50 G68 X0 Y0 P45

N60 M98 P200

N70 G68 X0 Y0 P90

N80 M98 P200

N90 G49 Z50

N100 G69 M05 M30

%200

N110 G41 G01 X20 Y-5 D2 F300

N120 Y0

N130 G02 X40 I10

N140 X30 I-5

N150 G03 X20 I-5

N160 G00 Y-6

N170 G40 X0 Y0

N180 M99

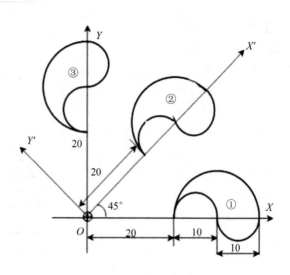

图 5-26　旋转变换功能

（八）固定循环指令

在数控加工中,某些加工动作循环已经典型化,例如,钻孔、镗孔的动作是孔位平面定位、快速引进、工作进给、快速退回等。这样一系列典型的加工动作已经预先编好程序,存储在内存中,可用称为固定循环的一个 G 代码程序段调用,从而简化编程工作。

孔加工固定循环指令有 G73、G74、G76、G80～G89 通常由下述 6 个动作构成(见图 5-27)。

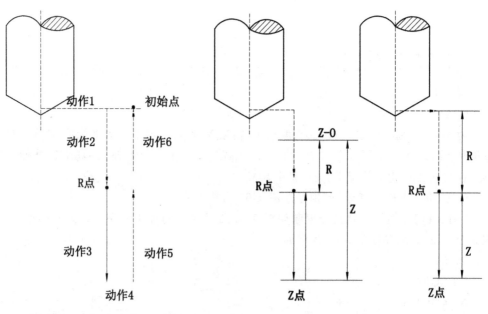

图 5-27　固定循环动作(实线表示切削进给,
虚线表示快速进给)

a) G90　　　b) G91

图 5-28　固定循环的数据形式

1)X Y 轴定位

2)定位到 R 点(定位方式取决于上次是 G00 还是 G01)

3)孔加工

4)在孔底的动作

5)退回到 R 点(参考点)

6)快速返回到初始点

固定循环的数据表达形式可以用绝对坐标(G90)和相对坐标(G91)表示。如图 5-28 所示,其中图(a)是采用 G90 的表示,图(b)是采用 G91 的表示。

固定循环的程序格式包括数据形式、返回点平面、孔加工方式、孔位置数据、孔加工数据和循环次数、数据形式(G90 或 G91)在程序开始时就已指定,因此,在固定循环程序格式中可不注出。固定循环的程序格式如下:

G98/G99 G __ X __ Y __ Z __ R __ Q __ P __ I __ J __ K __ F __ L __

说明:

G98:返回初始平面

G99:返回 R 点平面

G_:固定循环代码 G73、G74 、G76 和 G81～G89 之一

X、Y:加工起点到孔位的距离(G91)或孔位坐标(G90)

R:初始点到 R 点的距离(G91)或 R 点的坐标(G90)

Z：R 点到孔底的距离(G91)或孔底坐标(G90)

Q:每次进给深度(G73/G83)

I、J:刀具在轴反向位移增量(G76/G87)

P:刀具在孔底的暂停时间

F:切削进给速度

L:固定循环的次数

G73、G74、G76 和 G81～G89 Z、R、P、F、Q、I、J、K 是模态指令。G80、G00～G03 等代码可以取消固定循环。

1. 高速深孔加工循环 G73

格式:G98/G99 G73 X __ Y __ Z __ R __ Q __ P __ K __ F __ L __

说明:Q 每次进给深度;k 为每次退刀距离。G73 用于 Z 轴的间歇进给,使深孔加工时容易排屑,减少退刀量,可以进行高效率的加工。G73 指令动作循环见图 5-29。

注意:Z、K、Q 移动量为零时,该指令不执行。

【例 5-12】 使用 G73 指令编制如图 5-29

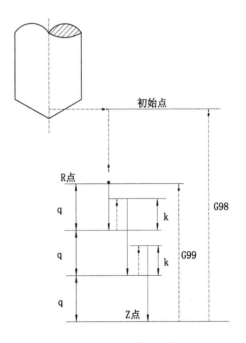

图 5-29　G73 指令动作

所示深孔加工程序。设刀具起点距工件上表面 42mm,距孔底 80mm,在距工件上表面 2mm 处(R 点)由快进转换为工进,每次进给深度 10mm 每次退刀距离 5mm。

％0073（工件原点设定在孔底）

G92 X0 Y0 Z80

G00 G90 G98 M03 S600

G73 X100 Z0 R40 P2 Q-10 K5 F200

G00 X0 Y0 Z80

M05

M30

2. 反攻螺纹循环 G74

格式：G98/G99 G74 X＿Y＿Z＿R＿P＿F＿L＿

说明：G74 反攻螺纹时主轴反转，到孔底时主轴正转，然后退回。G74 指令动作循环见图 5-30。

注意：

（1）攻丝时速度倍率、进给保持均不起作用。

（2）R 应选在距工件表面 7mm 以上的地方。

（3）如果 Z 的移动量为零，该指令不执行。

【例 5-13】 使用 G74 指令编制如图 5-30 所示反螺纹攻丝加工程序 设刀具起点距工件上表面 48mm 距孔底 60mm，在距工件上表面 8mm 处（R 点）由快进转换为工进。

％0074（工件原点设定在孔底）

G92 X0 Y0 Z60

G91 G00 F200 M04 S500

G98 G74 X100 R-40 P4 G90 Z0

G00 X0 Y0 Z60

M05

M30

3. 精镗循环 G76

指令格式：G98/G99 G76 X＿Y＿Z＿R＿P＿I＿J＿F＿L＿

说明：I 为 X 轴刀尖反向位移量；J 为 Y 轴刀尖反

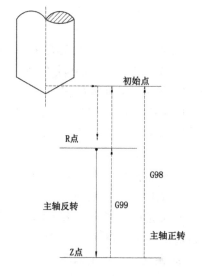

图 5-30　G74 指令动作

向位移量。G76 精镗时，主轴在孔底定向停止后，向刀尖反方向移动，然后快速退刀。这种带有让刀的退刀不会划伤已加工平面 保证了镗孔精度。G76 指令动作循环见图 5-31。

注意：如果 Z 的移动量为零，该指令不执行。

【例 5-14】 使用 G76 指令编制如图 5-31 所示精镗加工程序。设刀具起点距工件上表面 42mm，距孔底 50mm，在距工件上表面 2mm 处（R 点），由快进转换为工进。

％0076

G92 X0 Y0 Z50

G00 G91 G99 M03 S600

G76 X100 R-40 P2 I-6 Z-10 F200

G00 X0 Y0 Z40

M05

M30

4. 钻孔循环(中心钻)G81

指令格式:G98/G99 G81 X __ Y __ Z __ R __ F __ L __

G81钻孔动作循环,包括X、Y坐标定位、快进、工进和快速返回等动作。G81指令动作循环见图5-32。注意:如果Z的移动量为零,该指令不执行。

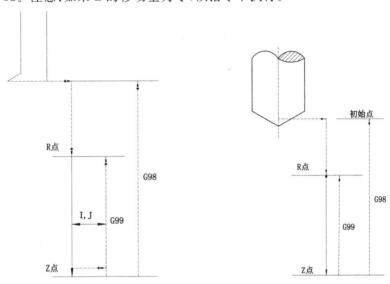

图5-31 G76精镗动作   图5-32 G81钻孔动作

【例5-15】 使用G81指令编制如图5-32所示钻孔加工程序,设刀具起点距工件上表面42mm,距孔底50mm,在距工件上表面2mm处(R点)由快进转换为工进。

%0081

G92 X0 Y0 Z50

G00 G90 M03 S600

G99 G81 X100 R10 Z0 F200

G90 G00 X0 Y0 Z50

M05

M30

5. 带停顿的钻孔循环 G82

格式:G98/G99 G82 X __ Y __ Z __ R __ P __ F __ L __

说明:G82指令除了要在孔底暂停外,其他动作与G81相同,暂停时间由地址P给出。G82指令主要用于加工盲孔,以提高孔深精度。注意如果Z的移动量为零,该指令不执行。

6. 深孔加工循环 G83

指令格式:G98/G99 G83 X __ Y __ Z __ R __ Q __ P __ K __ F __ L __

说明:Q为每次进给深度;K为每次退刀后,再次进给时,由快速进给转换为切削进给时距上次加工面的距离。G83指令循环见图5-33。

注意:Z、K、Q移动量为零时,该指令不执行。

【例5-16】 使用G83指令编制如图5-33所示深孔加工程序。设刀具起点距工件上表面42mm,距孔底80mm,在距工件上表面2mm处(R点)由快进转换为工进,每次进给深度10mm,每次退刀后,再由快速进给转换为切削进给时距上次加工面的距离5mm。

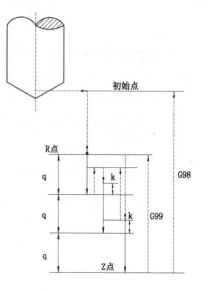

```
%0083
G92 X0 Y0 Z80
G00 G99 G91 F200
M03 S500
G83 X100 G90 R40 P2 Q-10 K5 Z0
G90 G00 X0 Y0 Z80
M05
M30
```

7. 攻螺纹循环 G84

格式:G98/G99 G84 X＿Y＿Z＿R＿P＿F＿L＿

图 5-33 G83钻孔动作

说明:G84攻螺纹时从R点到Z点主轴正转,在孔底暂停后,主轴反转,然后退回。G84指令动作循环见图5-34。

注意:

1)攻丝时速度倍率 进给保持均不起作用。

2)R应选在距工件表面7mm以上的地方。

3)如果Z的移动量为零,该指令不执行。

【例5-17】 使用G84指令编制如图5-34所示螺纹攻丝加工程序设刀具起点距工件上表面48mm,距孔底60mm,在距工件上表面8mm处(R点)由快进转换为工进。

```
%0084
G92 X0 Y0 Z60
G90 G00 F200 M03 S600
G98 G84 X100 R20 P10 Z0
G00 X0 Y0
M05
M30
```

8. 镗孔循环 G85

G85指令与G84指令相同,但在孔底时主轴不反转。

9. 镗孔循环 G86

G86指令与G81相同,但在孔底时主轴停止,然后快速退回。

注意:

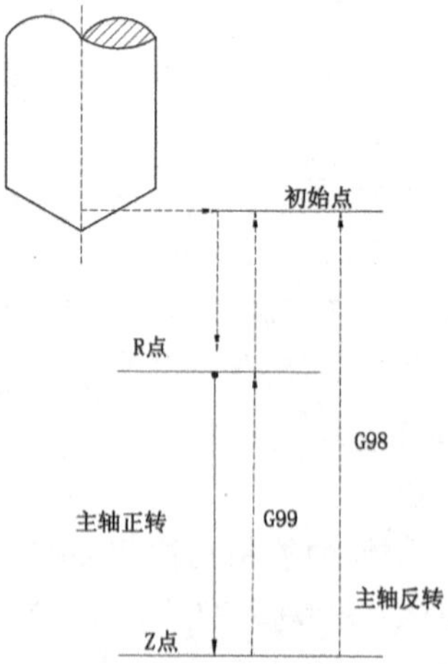

图 5-34 G84攻丝动作

(1)如果 Z 的移动位置为零,指令不执行。

(2)调用此指令之后,主轴将保持正转。

10. 反镗循环 G87

指令格式:G98/G99 G87 X __ Y __ Z __ R __ P __ I __ J __ F __ L __

说明:I 为 X 轴刀尖反向位移量;J 为 Y 轴刀尖反向位移量。G87 指令动作循环见图 5-35 描述如下:

(1)在 X、Y 轴定位

(2)主轴定向停止

(3)在 X、Y 方向分别向刀尖的反方向移动 I、J 值

(4)定位到 R 点(孔底)

(5)在 X、Y 方向分别向刀尖方向移动 I、J 值

(6)主轴正转

(7)在 Z 轴正方向上加工至 Z 点

(8)主轴定向停止

(9)在 X、Y 方向分别向刀尖反方向移动 I、J 值

(10)返回到初始点(只能用 G98)

(11)在 X、Y 方向分别向刀尖方向移动 I、J 值

(12)主轴正转

注意:如果 Z 的移动量为零,该指令不执行。

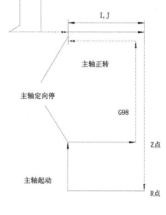

图 5-35 G87 镗孔动作

【例 5-18】 使用 G87 指令编制如图 5-47 所示反镗加工程序。设刀具起点距工件上表面 40mm,距孔底(R 点)80mm。

G92 X0 Y0 Z80

G00 G91 G98 F300

G87 X50 Y50 I-5 G90 R0 P2 Z40

G00 X0 Y0 Z80 M05

M30

11. 镗孔循环 G88

格式:G98/G99 G88 X __ Y __ Z __ R __ P __ F __ L __

G88 指令动作循环见图 5-36 描述如下

(1)在 X、Y 轴定位

(2)定位到 R 点

(3)在 Z 轴方向上加工至 Z 点孔底

(4)暂停后主轴停止

(5)转换为手动状态,手动将刀具从孔中退出

(6)返回到初始平面

(7)主轴正转

注意:如果 Z 的移动量为零,该指令不执行。

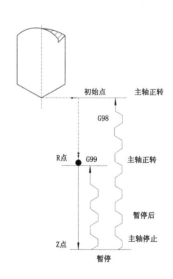

图 5-36 G88 镗孔动作

使用 G88 指令编制如图 5-36 所示镗孔加工程序,设刀具起点距 R 点 40mm,距孔底 80mm。

%0088

G92 X0 Y0 Z80

M03 S600

G90 G00 G98 F200

G88 X60 Y80 R40 P2 Z0

G00 X0 Y0 M05

M30

12. 镗孔循环 G89

G89 与 G86 指令相同,但在孔底有暂停。注意:如果 Z 的移动量为零,G89 指令不执行。

13. 取消固定循环 G80

该指令能取消固定循环,同时 R 点与 Z 点也被取消。

综上所述,使用固定循环时应注意以下几点:

(1)在固定循环指令前应使用 M03 或 M04 指令使主轴回转。

(2)在固定循环程序段中 X、Y、Z、R 数据应至少指令一个才能进行孔加工。

(3)在使用控制主轴回转的固定循环(G74、G84、G86)中,如果连续加工一些孔间距比较小,或者初始平面到 R 点平面的距离比较短的孔时,会出现在进入孔的切削动作前时,主轴还没有达到正常转速的情况,遇到这种情况时,应在各孔的加工动作之间插入 G04 指令,以获得时间。

(4)当用 G00~G03 指令注销固定循环时,若 G00~G03 指令和固定循环出现在同一程序段,按后出现的指令运行。

(5)在固定循环程序段中,如果指定了 M 则在最初定位时送出 M 信号,等待 M 信号完成,才能进行孔加工循环。

(九)宏程序指令

三维曲面铣削是数控机床加工的优势,但利用手工编程时较为复杂,一般使用 CAD/CAM 软件进行绘图自动编程,对于某些简单或规则的三维图形(凹凸球面、椭圆球面、抛物面、轮廓倒角倒圆等)可使用类似于高级语言的宏程序功能进行编写。使用宏程序可进行变量的算术运算、逻辑运算和函数的混合运算,此外宏程序还提供了循环语句、赋值语句、条件语句和子程序调用语句等,减少甚至免去了手工编程时的繁琐数值计算,以及精简程序量。对于不同的数控系统,宏程序的编写指令和格式有所差异,但编写的方法和思路基本相同。编写宏程序前,必须选择合理的铣削路径和刀具等来保证三维曲面加工后的表面粗糙度值和精度。

1. 宏变量及常量

(1)宏变量(见表 5-3)

表 5-3　宏变量的类型

变量号	变量类型	变量号	变量类型
♯0～♯49	当前局部变量	♯450～♯499	5 层局部变量
♯50～♯199	全局变量	♯500～♯549	6 层局部变量
♯200～♯249	O 层局部变量	♯550～♯599	7 层局部变量
♯250～♯299	1 层局部变量	♯600～♯699	刀具长度寄存器 HO～H99
♯300～♯349	2 层局部变量	♯700～♯799	刀具半径寄存器 D0～D99
♯350～♯399	3 层局部变量	♯800～♯899	刀具寿命寄存器
♯400～♯449	4 层局部变量	♯1000～♯1199	200 个具体意义宏变量

(2)常量

PI:圆周率 π;TRUE:条件成立(真);FALSE:条件不成立(假)

2. 运算符和表达式

变量算术与逻辑运算见表 5-4。

表 5-4　算术与逻辑运算

算术运算符	$+,-,*,/$		
条件运算符	EQ(=),NE( ),GT(>), GE(≥), LT(<),LE(≤) 等		
逻辑运算符	AND, OR, NOT		
函数	SIN, COS, TAN, ATAN, ATAN2, ABS, INT, SIGN, SQRT,EXP		
表达式	175/SQRT [2] * COS[55 * PI/180]或 SQRT[♯ 1 * ♯ 1ï(运算符连接起来的常数或变量) 注:华中系统角度计算时单位是弧度		

3. 赋值语句

格式:宏变量＝常数或表达式

把常数或表达式的值送给一个宏变量称为赋值。

例如:♯ 3 ＝ 124

　　　♯ 2 ＝ 175/SQRT [20] * COS [55 * PI/180]

4. 条件判别语句 IF、ENDIF

格式:IF 条件表达式

　　　……

　　　ENDIF

5. 循环语句 WHILE、ENDW

格式 1：WHILE 条件表达式　　　　格式 2：WHILE 条件表达式 DO1

……　　　　　　　　　　　　　　……

ENDW　　　　　　　　　　　　　WHILE 条件表达式 DO2

　　　　　　　　　　　　　　　　……(可嵌套 3 层)

　　　　　　　　　　　　　　　　ENDW2

　　　　　　　　　　　　　　　　……

　　　　　　　　　　　　　　　　ENDW1

实训 5.1　华中(HNC-21M)系统数控铣床基本操作

一、数控铣床常规操作

1．开机操作

(1)检查机床状态是否正常。

(2)检查电源电压是否符合要求,接线是否正确。

(3)按下"急停"按钮。

(4)打开机床电源。

(5)打开数控电源。

(6)检查风扇电机运转是否正常。

(7)检查面板上的指示灯是否正常。

接通数控装置电源后,HNC-21M 自动运行系统软件。此时液晶显示器显示如图 5-3 所示系统上电屏幕(软件操作界面),工作方式为"急停"。

2．复位

为解除"急停"工作方式,使数控系统正常运行,需左旋并拔起操作台右上角的"急停"按钮,使系统复位,并接通伺服电源。系统默认进入"回参考点"方式,软件操作界面的工作方式变为"回零"。

3．回参考点

回参考点的目的是找到机床坐标系的原点,以便建立机床坐标系。在每次电源接通、系统复位后,必须首先完成各坐标轴的因参考点操作,然后再进入其他运行方式,以确保各轴坐标的正确性。

(1)机床各轴回参考点操作步骤如下：

①按控制面板上面的"回零"按键,确保系统处于"回零"方式下。

②根据 Z 轴机床参数"回参考点方向",按下"＋Z"(回参考点方向为＋)或"-Z"(回参考点方向为-);按键 Z 轴回到参考点后"＋Z"或"-Z"按键内的指示灯亮。

③用同样的方法使用"＋X"或"-X"、"＋Y"或"-Y"、"＋4TH"或"-4TH"按键可以使 X 轴、Y 轴、4TH 轴回参考点。

所有坐标轴回参考点后即建立了机床坐标系。

(2)回参考点操作时的注意事项

①为防止数控铣床主轴或刀具与工件、工装等发生碰撞,回参考点操作时,应选择 Z 轴先回参考点,将主轴或刀具抬起,然后再回其余各轴。

②在回参考点前,应确保回零轴位于参考点的"回参考点方向"相反侧(如 X 轴的回参考点方向为负,则回参考点前,应保证 X 轴当前位置在参考点正向侧);否则应手动移动该轴直到满足条件为止。这样不易造成各轴回参考点时由于惯性而超程。

③每次接通电源后,必须先完成各轴回参考点操作,然后再进入其他方式。以确保各轴坐标的正确性。

④若出现超程,就按住控制面板上的"超程解除"按键,用手动方式向相反方向移动该

轴,使其退出超程状态。

4. 急停

在机床运行过程中,在危险或紧急情况下,按下"急停"按钮,CNC 即进入急停状态,伺服进给及主轴运转立即停止工作(控制柜内的进给驱动电源被切断);松开"急停"按钮(左旋此按钮,自动跳起),CNC 进入复位状态。在机床上电和关机之前应按下"急停"按钮,以减少设备电冲击。

解除紧急停止前,先确认故障原因是否排除,且紧急停止解除后,应重新执行回参考点操作,以确保坐标位置的正确性。

5. 超程解除

在伺服轴行程的两端各有一个极限开关,作用是防止伺服机构碰撞而损坏。每当伺机构碰到行程极限开关时,就会出现超程。当某轴出现超程("**超程解除**"按键内指示灯亮)时,系统视其状况为紧急停止,要退出超程状态时,必须按以下步骤操作:

(1)松开"急停"按钮,置工作方式为"手动"或"手摇"方式。

(2)一直按压着"超程解除"按键(控制装置会暂时忽略超程的紧急情况)。

(3)在手动(手摇)方式下,使该轴向相反方向退出超程状态。

(4)松开"超程解除"按键。

若显示屏上运行状态栏"运行正常"取代了"出错",表示恢复正常,可以继续操作。

注意:

在操作机床退出超程状态时,请务必注意移动方向及移动速率,以免发生撞机。

6. 关机

(1)按下控制面板上的"急停"按钮,断开伺服电源。

(2)断开数控电源。

(3)断开机床电源。

二、机床手动操作

机床手动操作主要由手持单元(见图 5-2)和机床控制面板共同完成,机床控制面板如图 5-37 所示。

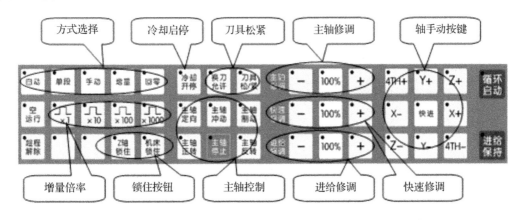

图 5-37 机床控制面板

1. 移动坐标轴

手动移动机床坐标轴的操作由手持单元和机床控制面板上的方式选择、轴手动、增量倍率、进给修调、快速修调等按键共同完成。

(1)点动进给

1)按一下"手动"按键(指示灯亮),系统处于点动运行方式。此时可点动所需机床坐标轴的按键(X、Y、Z、或4TH),同时按压多个方向的轴手动按键,每次能手动连续移动多个机床坐标轴。下面以点动移动X轴为例说明:

①按压"-X"或者"+X"按键(指示灯亮),X轴将向正向或者负向连续移动。

②松开"-X"或者"+X"按键(指示灯灭),X轴即减速停止。

用同样的方法使用"+Z"或"-Z"、"+Y"或"-Y"、"+4TH"或"-4TH"按键,可以使Y轴、Z轴、4TH轴产生正向或负向连续移动。

2)在点动进给时,若同时按压"快进"按键,则产生相应轴的正向或负向快速移动。

3)点动进给速度选择,在点动进给时,进给速度以系统参数"最高快移动速度"的三分之一乘以进给修调选择的快移倍率。

通过按压进给修调或快速修调右侧的100%按键(指示灯亮),进给或快速修调倍率被置为100%;按一下"+"按键修调倍率递增5%;按一下"-"按键修调倍率递减5%。

(2)增量进给

1)增量进给。当手持单元的坐标轴选择波段开关置于"off"档时,按一下控制面板上的"增量"按键(指示灯亮),系统处于增量进给方式,可增量移动机床坐标轴。下面以增量进给X轴为例说明:

①按一下"+X"或"-X"按键(指示灯亮),X轴将向正向或负向移动一个增量值。

②再按一下"+X"或"-X"按键,X轴将向正向或负向继续移动一个增量值。

用同样的操作方法使用"+Y"、"-Y"、"+Z"、"-Z"、"+4TH"、"-4TH"按键可以使Y轴、Z轴、4TH轴向正向或负向移动一个增量值,同时按一下多个方向的轴手动按键,每次能增量进给多个坐标轴。

增量进给的增量值由"x1(增量值为0.001mm)"、"x10(增量值为0.01mm)"、"x100(增量值为0.1mm)"、"x1000(增量值为1mm)"四个增量倍率按键控制。增量倍率按键和增值量的对应关系如下图5-38所示:

注意:这几个按键互锁即按一下其中一个(指示灯亮),其余几个会失效(指示灯灭)。

增量倍率按键	×1	×10	×100	×1000
增量值(mm)	0.001	0.01	0.1	1

图5-38 倍率按键与增量值对应关系

(3)手摇进给

1)手摇脉冲发生器(手轮)进给。手摇脉冲发生器进给(简称手轮进给)属增量进给方式。当手持单元的坐标轴选择波段开关置于"X"、"Y"、"Z"、"4TH"档时,按一下控制面板上的"增量"按键(指示灯亮),系统处于手摇进给方式,可手摇进给机床坐标轴。下面以手摇进给X轴为例说明。

①手持单元的坐标轴选择波段开关置于"X"档。

②旋转手摇脉冲发生器,可控制 X 轴正、负向运动。

③顺时针/逆时针旋转手摇脉冲发生器一格,X 轴将向正向或负向移动一个增量值。

用同样的操作方法使用手持单元,可以使 Y 轴、Z 轴、4TH 轴向正向或负向移动一个增量值。手摇进给方式每次只能增量进给 1 个坐标轴。

手摇进给的增量值(手摇脉冲发生器每转一格的移动量)由手持单元的增量倍率波段开关"x1(增量值为 0.001mm)"、"x10(增量值为 0.01mm)"、"x100(增量值为 0.1mm)"控制。增量倍率波段的开关的位置和增量值的对应关系如下图 5-39 所示:

位　置	×1	×10	×100
增量值(mm)	0.001	0.01	0.1

图 5-39　手摇波段开关位置与增量值对应关系

2. 主轴的手动操作

主轴控制由机床控制面板上的主轴控制按键完成。

(1)主轴制动　在手动方式下,主轴处于停止状态时,按一下"主轴制动"按键指示灯亮,主电动机被锁定在当前位置。

(2)主轴的正反转及停止　在手动方式下当"主轴制动"无效时(指示灯灭)。

①按一下主轴正转按键(指示灯亮),主电动机以机床参数设定的转速正转。

②按一下主轴反转按键(指示灯亮),主电动机以机床参数设定的转速反转。

③按一下主轴停止(指示灯亮),主电动机停止运转。

注意:

这几个按键互锁,即按一下其中一个(指示灯亮),其余几个会失效(指示灯灭)。

(3)主轴冲动　在手动方式下,当主轴制动无效时(指示灯灭),按一下"主轴冲动"按键(指示灯亮),主电动机以机床参数设定的转速和时间转动一定的角度。

(4)主轴速度修调　主轴正转及反转的速度可通过主轴修调调节,按压主轴修调右侧的"100%"按键(指示灯亮),主轴修调倍率被置为 100%;按一下"＋"按键,主轴修调倍率递增 5%;按一下"－"按键,主轴修调倍率递减 5%。机械齿轮换档时,主轴速度不能修调。

3. 机床锁住与 Z 轴锁住

机床锁住与 Z 轴锁住由机床控制面板上的机床锁住与 Z 轴锁住按键完成。

(1)机床锁住　该功能禁止机床所有运动。在手动运行方式下,按一下"机床锁住"按键(指示灯亮),再进行手动操作,系统继续执行,显示屏上的坐标轴位置信息变化,但不输出伺服轴的移动指令,所以机床停止不动。

(2)Z 轴锁住　该功能禁止进刀。在手动运行开始前,按一下"Z 轴锁住"按键(指示灯亮),再手动移动 Z 轴,Z 轴坐标位置信息变化,但 Z 轴不运动。

4. 其他手动操作

(1)刀具夹紧与松开　在手动方式下通过按压"允许换刀"按键,使得允许刀具松/紧操作有效(指示灯亮),按一下"刀具松/紧"按键,松开刀具(默认值为夹紧),再按一下又为夹紧刀具,如此循环。

(2)切削液启动与停止　在手动方式下,按一下"冷却开/停"按键,切削液开(默认值为冷却液关),再按一下又为切削液关,如此循环。

5. 手动数据输入(MDI)运行(F4→F6)

在图 5-3 所示的主操作界面下,按 F4 键进入 MDI 功能子菜,单命令行与菜单条的显示如图 5-40 所示。

图 5-40　MDI 功能子菜单

在 MDI 功能子菜单下,按 F6 进入 MDI 运行方式,命令行的底色变成了白色,并且有光标在闪烁,如图 5-41 所示。这时可以从 NC 键盘输入并执行一个 G 代码指令段,即"MDI运行"。

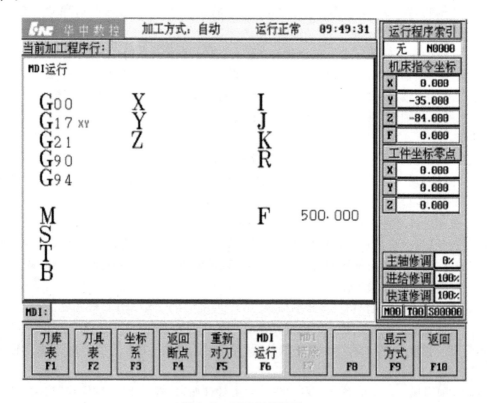

图 5-41　MDI 运行界面

注意:

自动运行过程中,不能进入 MDI 运行方式,可在进给保持后进入。

(1)输入 MDI 指令段。MDI 输入的最小单位是一个有效指令字,因此,输入一个 MDI运行指令段可以有下述两种方法:

1)一次输入,即一次输入多个指令字的信息。

2)多次输入,即每次输入一个指令字信息。

例如,要输入"G00 X100 Y1000"MDI 运行指令段,可以进行以下操作:

①直接输入"G00 X100 Y1000"并按 Enter 键,图 5-41 显示窗口内关键字 G、X、Y 的值将分别变为 00、100、1000。

②先输入 G00 并按 Enter 键,图 5-41 显示窗口内将显示大字符"G"。再输入"X100"并按 Enter 键,然后输入"Y1000"并按 Enter 键,显示窗口将依次显示大字符"X100"、"Y1000"。

在输入命令时,可以在命令行看见输入的内容,在按 Enter 键之前,发现输入错误,可用 BS、▶、◀键进行编辑;按 Enter 键后,系统发现输入错误,会提示相应的错误信息。

(2)运行 MDI 指令段。在输入完一个 MDI 指令段后,按一下操作面板上的"循环启动"键,系统即开始运行所输入的 MDI 指令,如果输入的 MDI 指令信息不完整或存在语法错误,系统会提示相应的错误信息,此时不能运行 MDI 指令。

(3)修改某一字段的值。在运行 MDI 指令段之前,如果要修改输入的某一指令字,可直接在命令行上输入相应的指令字符及数值。例如:在输入"X100"并按 Enter 键后,希望 X 值变为 110,可在命令行上输入"X110"并按 Enter 键。

(4)清除当前输入的所有尺寸字数据。在输入 MDI 数据后,按 F7 键可清除当前输入的所有尺寸字数据(其他指令字依然有效),显示窗口内 X、Y、Z、I J K R 等字符后面的数据全部消失,此时可重新输入新的数据。

(5)停止当前正在运行的 MDI 指令。在系统正在运行 MDI 指令时,按 F7 键可停止 MDI 运行。

三、数据设置

1. 坐标系

1)输入坐标系数据的操作步骤:

①在 MDI 功能子菜单(见图 5-41)下按[F3]键,进入坐标系手动数据输入方式,图形显示窗口首先显示 G54 坐标系数据,如图 5-42 所示。

②按"Pgdn 由"和"Pgup"键或直接按下相应的[F1]-[F8]键,选择要输入的坐标系:G54、G55、G56、G57、G58、G59 坐标系,当前工件坐标系(坐标系零点相对于机床零点的值)或当前相对值零点。

③在命令行输入所需数据,例如在如图 5-42 所示情况下,输入"X308.668 Y178.92",并按"Enter"键,将设置 G54 坐标系的 X、Y 偏置分别为 308.668、178.920。

④若输入正确,图形显示窗口相应位置将显示修改过的值,否则原值不变。

输入的过程中,没按"Enter"键进行确认之前,可按返回键 ESC 退出[坐标系设定],但输入的数据将丢失,系统将保持原值不变。

2. 刀具表

1)在如图 5-3 所示的软件操作界面下按[F4](MDI)键,进入 MDI 操作菜单,命令行与菜单条的显示如图 5-40 所示。选择按键[F2]进行刀具设置,图形显示窗口将出现刀具数据,如图 5-43 所示。

2)用▲、▼、▶、◀、"Pgup"、"Pgdn"移动蓝色亮条,选择要编辑的选项。

3)按 Enter 键,蓝色亮条所指刀库数据的颜色和背景都发生变化,同时有一光标在闪烁。

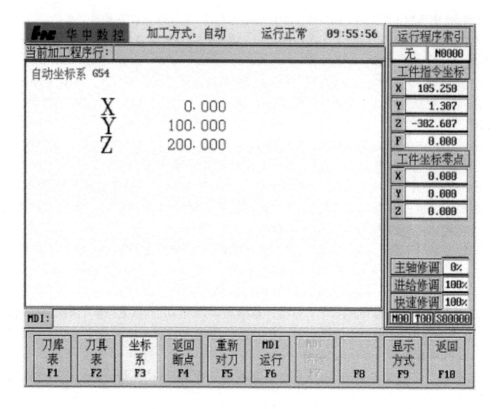

图 5-42　坐标系显示界面

4）用▶、◀、"BS"、"Del"键进行编辑修改。

5）修改完毕按"Enter"键确认。

6）若输入正确，图形显示窗口相应位置将显示修改过的值，否则原值不变。

3．刀库表

1）在如图 5-3 所示的软件操作界面下按［F4］（MDI）键，进入 MDI 操作菜单，命令行与菜单条的显示如图 5-40 所示。选择按键［F1］进行刀库表设置，图形显示窗口将出现刀库数据，如图 5-44 所示。

2）用▲、▼、▶、◀、"Pgup"、"Pgdn"移动蓝色亮条，选择要编辑的选项。

3）按 Enter 键，蓝色亮条所指刀库数据的颜色和背景都发生变化，同时有一光标在闪烁。

4）用▶、◀、"BS"、"Del"键进行编辑修改。

5）修改完毕按"Enter"键确认。

6）若输入正确，图形显示窗口相应位置将显示修改过的值，否则原值不变。

四、程序输入和编辑

在图 5-3 所示的软件操作界面下，按 F2 键进入编辑功能子菜单。命令行及菜单条的显示如图 5-45 所示。

在编辑功能子菜单下，可以对零件程序进行编辑、存储、传递以及对文件进行管理。操作过程为：首先新建一个程序的文件和程序名，或者是选择已保存的程序；然后对此程序进

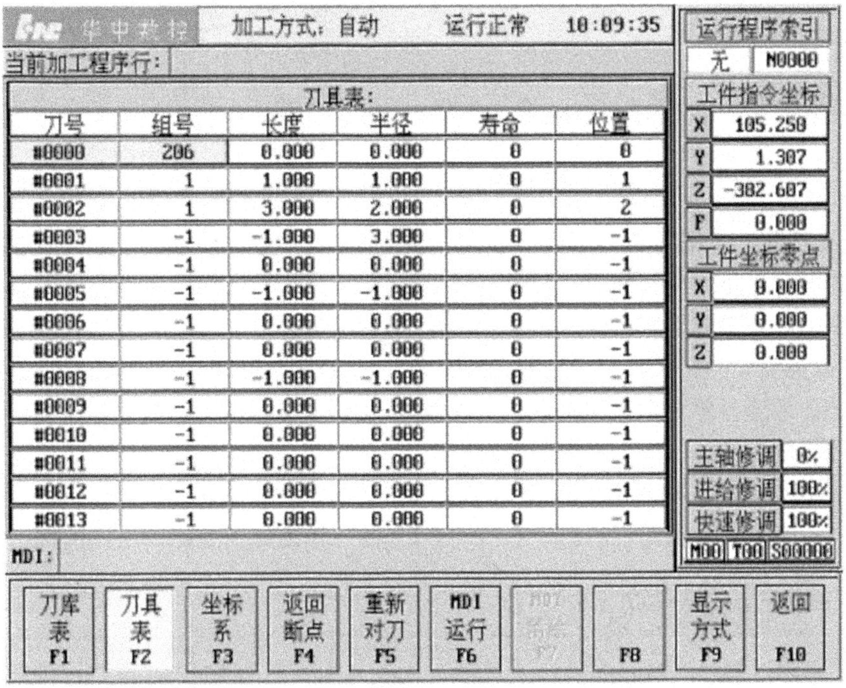

图 5-43　刀具数据输入与修改

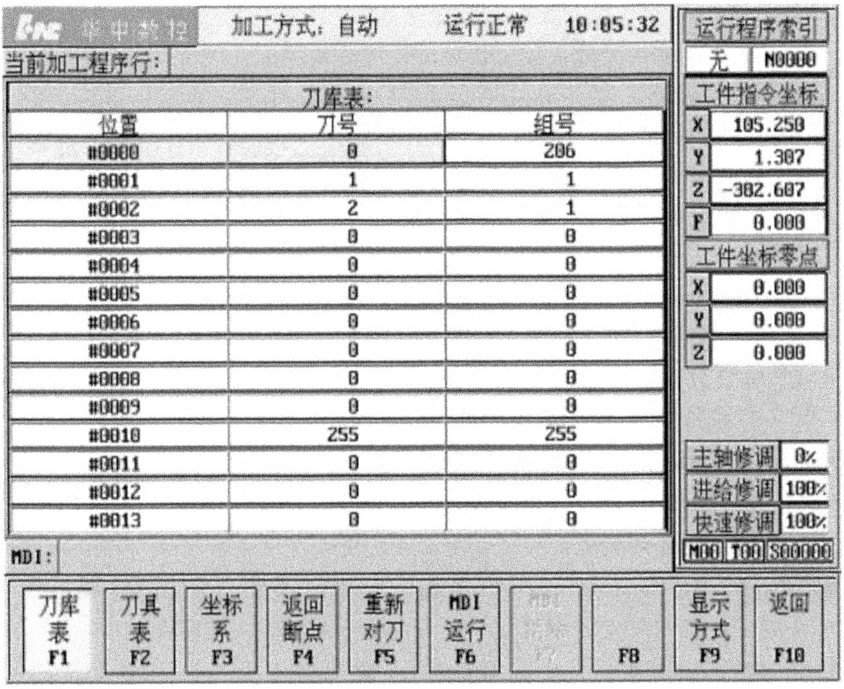

图 5-44　刀库表的修改

图 5-45　编辑功能子菜单　　　　　　　　图 5-46　选择编辑程序

行编辑(修改或重新输入),编辑完成后要保存。

(一)输入和选择编辑程序(F2→F2)

在编辑功能子菜单下(见图 5-45)按 F2 键,将弹出如图 5-46 所示的"选择编辑程序"菜单。其中"磁盘程序"为:保存在电子盘、硬盘、软盘或者网络路径上的文件;"正在加工的程序"为:当前已经选择放在加工缓冲区的一个加工程序;串口程序为:通过 RS-232 接口由上位计算机传入的程序。

1. 选择磁盘程序(含网络程序)调入已有程序的操作方法

1)在选择编辑程序菜单(见图 5-46)中,按 F1 键→弹出如图 5-47 所示对话框。

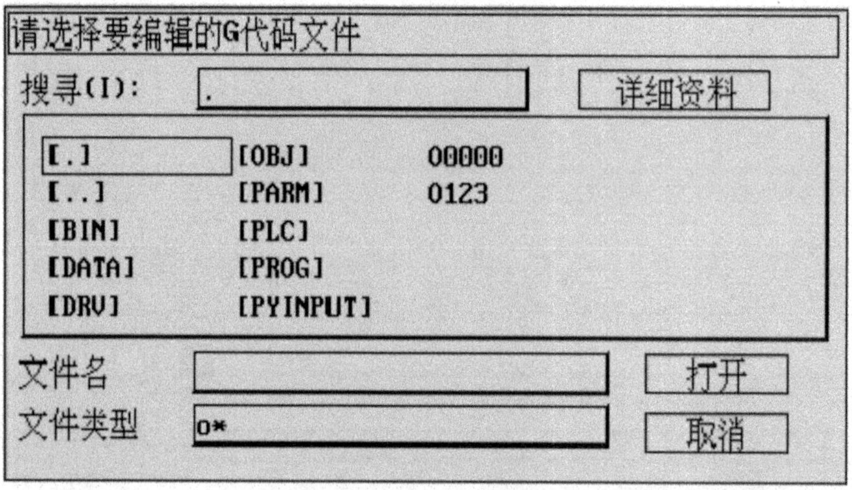

图 5-47　选择要编辑的零件程序

2)如果选择缺省目录可跳过后面 3—6 步骤。

3)连续按 Tab 键将蓝色亮条移动到"搜寻"栏。

4)按▼键弹出系统的分区表,用▲、▼选择分区如[D:]。

5)按 Enter 键,文件列表框中显示被选分区的目录和文件

6)按 Tab 键进入文件列表框。

7)用▲、▼、▶、◀、Enter 键选中想要编辑的磁盘的路径和名称,如当前目录下的"O1234"。

8)按 Enter 键,如果被选文件不是零件程序,将弹出如图 5-48 所示对话框,不能调入文件。

9)如果被选文件是只读 G 代码文件(可编辑但不能保存,只能另存),将弹出图 5-49 所

示对话框。

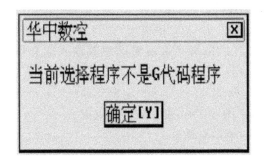

图 5-48　提示文件类型错误

图 5-49　提示文件只读

10)否则直接调入文件到编辑缓冲区(图形显示窗口)进行编辑如图 5-50 所示。

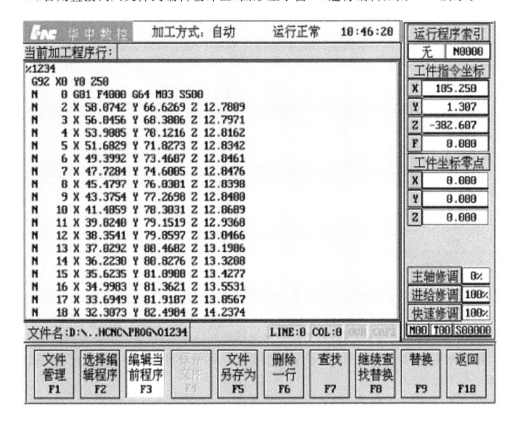

图 5-50　调入文件到编辑缓冲区

注意:

数控程序零件名一般是由字母"O"开头,后面跟四个或多个数字组成,缺省认为零件程序名由 O 开头。

HNC-21M 扩展了标识零件程序文件的方法,可以使用任意 DOS 文件名(即 8+3 文件名:1 至 8 个字母或数字后再加点,再加 0 至 3 个字母或数字组成,如 MYPART.111 等)标识程序。

2. 通过面板输入新程序

在"选择编辑程序"菜单(见图 5-46)中,按 F1 键(选择编辑程序)→弹出如图 5-47 所示对话框→选择新文件的路径(默认路径可省略此步)→按 Tab 键进入"文件名"窗口输入新程序名(如:O0001)→按 Enter 键,已产生一个空文件,并可在编辑区编辑输入此文件的程序。

3. 选择当前正在加工的程序

在选择"编辑程序"菜单中,按 F2 键(正在加工的程序)可能出现 3 种情况:

1)若当前没有选择加工的程序,将弹出显示没有的对话框。

2)如果"当前正在加工的程序"不处于正在加工状态(没有运行),可直接进行编辑。

3)如果该程序正在运行,编辑器会用红色亮条标记当前正在加工的程序行。此时若进行编辑,将弹出显示"停止加工"的对话框;停止该程序的加工就可以进行编辑了。

(二)编辑当前程序(F2→F3)

通过上述操作调入或新建一个零件程序后,就可以编辑当前程序了。但在编辑过程中退出编辑模式后,再返回到编辑模式时,如果零件程序不处于编辑状态,可在编辑功能子菜单下(见图 5-45)按 F3 键进入编辑状态。编辑过程中可利用 NC 键盘上的快捷键,如 Del、Pgup、Pgdn、BS 键和▲、▼、▶、◀ 4 光标键进行编辑,以及用删除一行(F2→F6)、查找(F2→F9)、继续查找替换(F2→F8)等操作,提高编辑效率。

(三)文件管理(F2→F1)

1. 文件管理菜单各项功能

在编辑子菜单下(见图 5-45)按 F1 键,将弹出如图 5-51 所示的文件管理菜单。其中每一项的功能如下:

1)新建目录:在指定磁盘或目录下建立一个新目录,但新目录不能和已存在的目录同名。

2)更改文件名:将指定磁盘或目录下的一个文件更名为其他文件,但更改的新文件不能和已存在的文件同名。

3)拷贝文件:将指定磁盘或目录下的一个文件拷贝到其他的磁盘或目录下,但拷贝的文件不能和目标磁盘或目录下的文件同名。

4)删除文件:将指定磁盘或目录下的一个文件彻底删除,只读文件不能被删除。

5)映射网络盘:将指定网络路径映射为本机某一网络盘符,即建立网络连接,只读网络文件编辑后不能被保存。

6)断开网络盘:将已建立网络连接的网络路径与对应的网络盘符断开。

7)接收串口文件:通过串口接收来自上位计算机的文件。

8)发送串口文件:通过串口发送文件到上位计算机。

2. 文件管理菜单各项的操作

(1)新建目录。

1)在文件管理菜单中(见图 5-51)。用▲、▼选中"新建目录"选项。

2)按 Enter 键,弹出如图 5-52 所示对话框,光标在"文件名"栏闪烁。

3)按 Esc 键,退出输入状态(闪烁的光标变为蓝色亮条)。

4)连续按 Tab 键,将蓝色亮条移到"搜寻"栏。

5)按▼键,弹出系统的分区表,用▲、▼选择分区,如[D:]。

6)按 Enter 键,文件列表框中显示被选分区的目录和文件。

图 5-51 文件管理菜单   图 5-52 输入新建文件目录名

7)按 Tab 键,进入文件列表框,用▲、▼、▶、◀、Enter 键选中"新建目录"的父目录,如[HCNC50]。

8)按 Tab 键,将蓝色亮条移到"文件名"栏。

9)按 Enter 键,进入输入状态(蓝色亮条变为闪烁的光标)。

10)在"文件名"栏输入新建目录名,如"NEW"。

11)按 Enter 键,如果新建目录成功,则弹出成功提示的对话框,否则,弹出如提示失败的对话框。

(2)更改文件名。在文件管理菜单中(见图 5-51),用▲、▼选中"更改文件名"选项;按 Enter 键,弹出"选择被更改的文件名"对话框;按上述步骤4~7选择要被更改的文件路径及文件名;选择要更改的新文件的路径;在"文件名"栏输入要更改的新文件名。

(3)拷贝文件。在文件管理菜单中,用▲、▼选中"拷贝文件"选项;弹出"选择要拷贝的目标文件"对话框;选择要拷贝的目标文件路径和文件名;按 Y 键或 Enter 键完成拷贝。

(4)删除文件。在文件管理菜单中用▲、▼选中"删除文件"选项;选择要被删除的文件路径及文件名;按 Enter 键,在弹出提示后按 Y 键将进行删除,按 N 则取消删除操作。

(5)映射网络盘和断开网络盘。华中世纪星数控系统具有以太网接口,支持网络功能,体现了数控系统的发展方向。

(6)接收串口程序。用串口线连接 HNC-21M 的 RS-232 串口和上位计算机的 RS-232 串口(一般使用计算机的 COM 接口),设置数控系统和上位计算机的串口参数,然后分别在数控系统侧和上位计算机侧执行接收串口文俘和发送串口文件操作。

读入串口程序编辑的操作步骤如下:

1)在"选择编辑程序"菜单(见图 5-46)中,用▲、▼选中"串口程序"选项。

2)按 Enter 键,系统提示"正在和发送串口数据的计算机联络"。

3)在上位计算机上执行 DNC 程序,弹出如图 5-53 所示主菜单。

4)按 AIT＋F 键,弹出如图 5-54 所示文件子菜单。

5)用▲、▼键选择"发送 DNC 程序"选项。

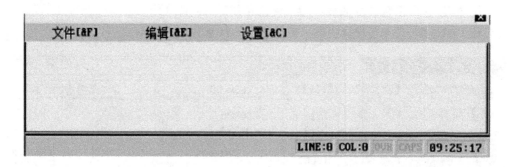

图 5-53　DNC 程序菜单

6）按 Enter 键，弹出如图 5-55 所示对话框。

7）选择要发送的 G 代码文件。

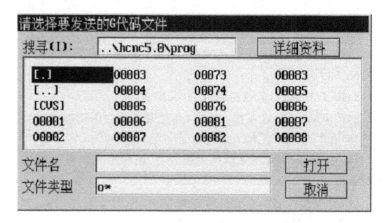

图 5-54　文件子菜单　　　　　　图 5-55　在上位计算机选择要发送的文件

8）按 Enter 键，弹出如图 5-56 所示对话框，提示"正在和接收数据的 NC 装置联络"。

9）联络成功后，开始传输文件，上位计算机上有进度条显示传输文件的进度，并提示请稍等，正在通过串口发送文件，要退出请按"Alt-E"，HNC-21M 的命令行提示"正在接收串口文件"。

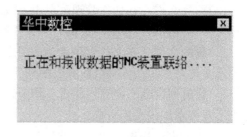

图 5-56　NC 装置数据联络

10）传输完毕，上位计算机上弹出对话框提示文件发送完毕，HNC-21M 的命令行提示"接收串口文件完毕"，编辑器将调入串口程序到编辑缓冲区。

（7）发送串口文件。如果当前编辑的是上位计算机传来的串口程序，编辑完成后按 F4 键，可将当前编辑程序通过串口回送上位计算机。与接收串口文件相比，只是发送的方向目标不同，操作过程变化不大。

五、程序运行加工

在图 5-3 所示的软件操作界面下按 F1 键进入程序运行子菜单命令行与菜单条的显示

如图 5-57 所示。在程序运行子菜单下可以装入检验并自动运行一个零件程序。

（一）选择运行程序(Fl→Fl)

在程序运行子菜单下按 Fl 键,将弹出如图 5-58 所示的"选择运行程序"子菜单(按 Esc 键可取消该菜单)。有如下三项选择:

1)磁盘程序——保存在电子盘、硬盘、软盘或网络上的文件。

2)正在编辑的程序——编辑器已经选择存放在编辑缓冲区的一个零件程序。

3)DNC 程序——通过 RS-232 串口传送的程序。

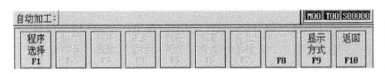

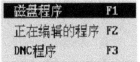

图 5-57　程序运行子菜单　　　　　　　图 5-58　选择运行程序

1. 选择磁盘程序(含网络程序)

选择磁盘程序(含网络程序)的操作方法如下:

1)在选择程序菜单(见图 5-58)中,用▲、▼选中"磁盘程序"选项(或直接按快捷键 Fl, 下同)。

2)按 Enter 键,弹出如图 5-59 所示对话框。

3)如果选择缺省目录下的程序,跳过步骤 4～7。

4)连续按 Tab 键将蓝色亮条移到"搜寻"栏。

5)按▼键弹出系统的分区表,用▲、▼选择分区,如[E:]。

6)按 Enter 键,文件列表框中显示被选分区的目录和文件。

7)按 Tab 键进入文件列表框。

8)用▲、▼、▶、◀、Enter 键选中想要运行的磁盘程序的路径和名称。如当前目录下的 "O1234"

9)按 Enter 键,如果被选文件不是零件程序,将弹出当前选择程序不是 G 代码程序对话框。不能调入文件。

10)否则直接调入文件到运行缓冲区进行加工。

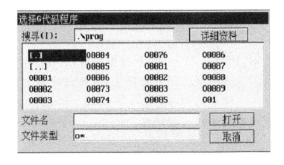

图 5-59　选择运行的程序

2. 选择正在编辑的程序

选择正在编辑的程序操作步骤如下:

1)在选择运行程序菜单(见图 5-58)中,用▲、▼选中"正在编辑的程序"选项。

2)按 Enter 键,如果编辑器没有选择编辑程序,将如图 5-60 所示提示信息,否则解释器将调入"正在编辑的程"文件到运行缓冲区。

注意:系统调入加工程序后,图形显示窗口会发生一些变化,其显示的内容取决于当前图形显示方式。

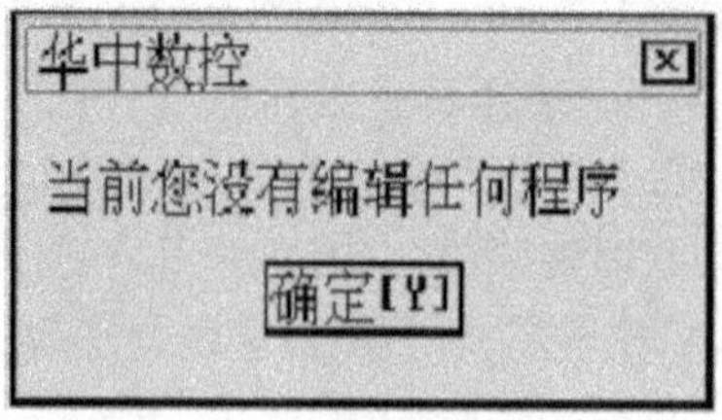

图 5-60 提示没有编辑程序

3. DNC 加工

DNC 加工(加工串口程序)的操作步骤如下:

1)在"选择运行程序"菜单(见图 5-58)中,用▲、▼选中"DNC 程序"选项。

2)按 Enter 键,系统命令行提示"正在和发送串口数据的计算机联络"。

3)在上位计算机上执行 DNC 程序,弹出 DNC 程序主菜单。

4)按 ALT+C,在"设置"子菜单下设置好传输参数。

5)按 ALT+F,在"文件"子菜单下选择"发送 DNC 程序"命令。

6)按 Enter 键,弹出"请选择要发送的 G 代码文件"对话框。

7)选择要发送的 G 代码文件。

8)按 Enter 键,弹出对话框,提示"正在和接收数据的 NC 装置联络"。

9)联络成功后,开始传输文件,上位计算机上有进度条显示传输文件的进度,并提示"请稍等,正在通过串口发送文件,要退出请按 Alt-E";HNC-21M 的命令行提示"正在接收串口文件",并将调入串口程序到运行缓冲区。

10)传输完毕,上位计算机上弹出对话框提示文件发送完毕,HNC-21M 的命令行提示"DNC 加工完毕"。

(二)程序校验(F1→F3)

程序校验用于对调入加工缓冲区的零件程序进行校验,并提示可能的错误。以前未在机床上运行的新程序在调入后最好先进行校验运行,正确无误后再启动自动运行。程序校验运行时,机床不动作,操作步骤如下:

1)调入要校验的加工程序。

2)按机床控制面板上的"自动"按键进入程序运行方式。

3)在程序运行子菜单下,按 F3 键,此时软件操作界面的工作方式显示改为"校验运行"。

4)按机床控制面板上的"循环启动"按键,程序校验开始。

5)若程序正确,校验完后,光标将返回到程序头,且软件操作界面的工作方式显示改回为"自动";若程序有错,命令行将提示程序的哪一行有错。为确保加工程序正确无误,请选择不同的图形显示方式来观察校验运行的结果。

(三)启动、暂停、中止、再启动

(1)启动加工程序系统调入零件加工程序,经校验无误后,可正式启动运行。

1)按一下机床控制面板上的"自动"按键(指示灯亮)进入程序运行方式。

2)按一下机床控制面板上的"循环启动"按键(指示灯亮),机床开始自动运行调入的零件加工程序。

（2）暂停运行在程序运行的过程中，需要暂停运行，可按下述步骤操作：

1）在"程序运行子菜单"下按 F7 键，弹出如图 5-61 所示对话框。

2）按 N 键，则暂停程序运行，并保留当前运行程序的模态信息，暂停运行后，可按下面（4）所述的方法，从暂停处重新启动运行。

（3）中止运行在程序运行的过程中，需要中止运行，可按下述步骤操作：

1）在"程序运行子菜单"下，按 F7 键，弹出如图 5-61 所示对话框。

2）按 Y 键，则中止程序运行，并卸载当前运行程序的模态信息，中止运行后，可按下述（5）的方法从程序头重新启动运行。

（4）暂停后的再启动在自动运行暂停状态下，按一下机床控制面板上的"循环起动"，按键系统将从暂停前的状态重新启动继续运行。

（5）重新运行在当前加工程序中止自动运行后，希望从程序头重新开始运行时，可按下述步骤操作：

1）在程序运行子菜单下按 F4 键，弹出如图 5-62 所示对话框。

2）按 Y 键，则光标将返回到程序头，按 N 键，则取消重新运行。

3）按机床控制面板上的"循环启动"按键，从程序首行开始重新运行当前加工程序

（6）从任意行执行 在自动运行暂停状态下，除了能从暂停处重启动继续运行外，还可控制程序从任意行执行。

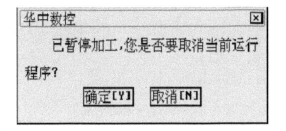

图 5-61 程序运行过程中停止运行

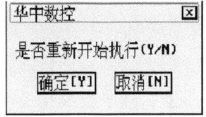

图 5-62 自动方式下重新运行

1）从红色行开始运行

①在"程序运行子菜单"下按 F7 键，然后按 N 键，暂停程序运行。

②用▲、▼、PgUp、PgDn 键移动蓝色亮条到开始运行，此时，蓝色亮条变为红色亮

③在"程序运行子菜单"下，按 F8 键，弹出如图 5-63 所示对话框。

④用▲、▼键选择从红色行开始运行选项弹出如图 5-64 所示对话框。

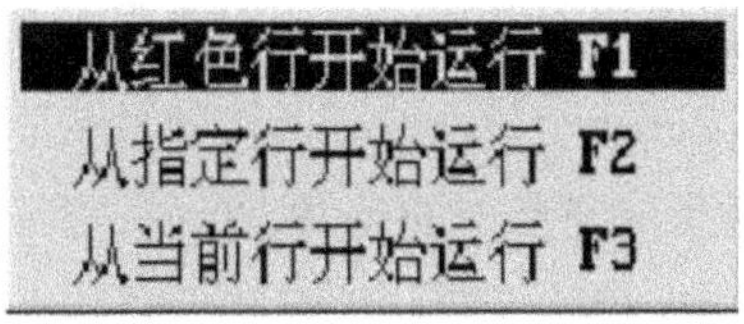

图 5-63 暂停运行时从任意行运行

图 5-64 从红色行开始运行

⑤按 Y 或 Enter 键,红色亮条变成蓝色亮条。

⑥按机床控制面板上的"循环启动"按键,程序从蓝色亮条即红色行处开始运行。

2)从指定行开始运行

①在"程序运行子菜单"下按 F7 键,然后按 N 键暂停程序运行。

②在"程序运行子菜单"下按 F8 键,弹出如图 5-63 所示对话框。

③用▲、▼键选择"从指定行开始运行"选项,弹出如图 5-65 所示输入框。

④输入开始运行行号弹出如图 5-64 所示对话框。

⑤按 Y 或 Enter 键,蓝色亮条移动到指定行。

⑥按机床控制面板上的"循环启动"按键,程序从指定行开始运行。

3)从当前行开始运行。从当前行开始运行的操作步骤如下:

①在"程序运行子菜单"下按 F7 键,然后按 N 键,暂停程序运行。

②用▲、▼、PgUp、PgDn 键移动蓝色亮条到开始运行,此时蓝色亮条变为红色亮条。

③在"程序运行子菜单"下按 F8 键,弹出如图 5-63 所示对话框。

图 5-65　从指定行开始运行

④用▲、▼键选择"从当前行开始运行"选项,弹出如图 5-64 所示对话框。

⑤按 Y 或 Enter 键,红色亮条消失,蓝色亮条回到移动前的位置。

⑥按机床控制面板上的"循环启动"按键,程序从蓝色亮条处开始运行。

(四)空运行

在自动方式下,按一下机床控制面板上的"空运行"按键(指示灯亮),CNC 处于空运行状态,程序中编制的进给速率被忽略,坐标轴以最大快移速度移动。空运行不做实际切削,目的在于确认切削路径及程序。在空运行前,应使主轴在 Z 方向远离工件和工作台,以免发生碰撞。在实际切削时,应关闭此功能,否则可能会造成危险。此功能对螺、纹切削无效。

(五)单段运行

按一下机床控制面板上的"单段"按键(指示灯亮),系统处于单段自动运行方式,程序控制将逐段执行。

1)按一下"循环启动"按键,运行一程序段后,机床运动轴减速停止,刀具、主轴电动机停止运行。

2)再按一下"循环启动"按键,又执行下一程序段,执行完了后又再次停止。

六、控制加工过程

(一)加工断点保存与恢复

一些大零件,特别是一些金属模具,其加工时间一般都会超过一个工作日,有时甚至需要好几个工作日。如果能在零件加工一段时间后,保存断点(让系统记住此时的各种状态),关断电源;并在隔一段时间后,打开电源,恢复断点(让系统恢复上次中断加工时的状态),从而继续加工,可为用户提供极大的方便。

(1)保存加工断点(Fl→F5)保存加工断点的操作步骤如下:

1)在"程序运行子菜单"下按 F7 键,弹出如图 5-61 所示对话框。

2)按 N 键暂停程序运行,但不取消当前运行程序。

3)按 F5 键,弹出如图 5-66 所示对话框。

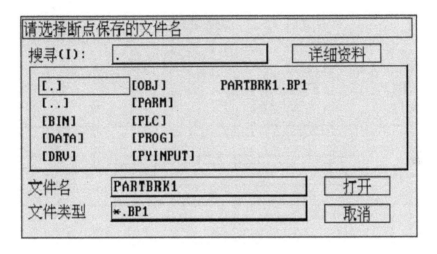

图 5-66　输入保存断点的文件名

4)选择断点文件的路径。

5)在文件名栏输入断点文件的文件名,如:"PARTBRK1"。

6)按 Enter 键,系统将自动建立一个名为 PARTBRK1.BP1 的断点文件。

注意:

1)按 F4 键保存断点之前,必须在自动方式下装入了加工程序,否则,系统会弹出如图 5-67 所示对话框,提示没有装入零件程序。

2)按 F4 键保存断点之前,必须暂停程序运行,否则,系统会弹出如图 5-68 所示对话框,提示"有程序正在加工,请先停止"。

(2)恢复断点(Fl→F6)恢复加工断点的操作步骤如下:

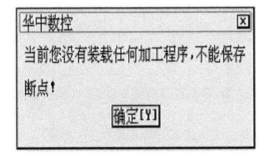

图 5-67　提示没有装入程序

图 5-68　提示加工停止

1)如果在保存断点后,关断了系统电源,则上电后首先应进行回参考点操作,否则直接进入步骤 2)。

2)按 F6 键,弹出如图 5-69 所示对话框。

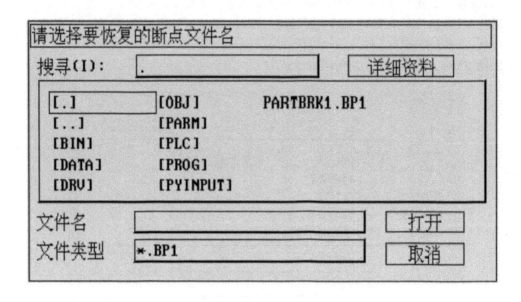

图 5-69　选择要恢复的断点文件名

3)选择要恢复的断点文件路径及文件名,如当前目录下的 PARTBRKI.BP1。

4)按 Enter 键,系统会根据断点文件中的信息,恢复中断程序运行时的状态,并弹出如图 5-70 或图 5-71 所示对话框。

5)按 Y 键,系统自动进入 MDI 方式。

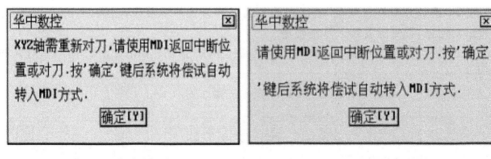

图 5-70　需要重新对刀　　　　　　　图 5-71　需要返回断点

(3)定位至加工断点(F4→F4)如果在保存断点后,移动过某些坐标轴,要继续从断点处加工,必须先定位至加工断点。

1)手动移动坐标轴到断点位置附近,并确保在机床自动返回断点时不发生碰撞。

2)在 MDI 方式子菜单下按 F4 键,自动将断点数据输入 MDI 运行程序段。

3)按"循环启动"键启动 MDI 运行,系统将移动刀具到断点位置。

4)按 F10 键退出 MDI 方式。

定位至加工断点后,按机床控制面板上的"循环启动"键即可继续从断点处加工了。

注意:在恢复断点之前,必须装入相应的零件程序,否则系统会提示:不能成功恢复断,点。

(4)重新对刀(F4→F5) 在保存断点后,如果工件发生过偏移需重新对刀,可使用本功能,重新对刀后继续从断点处加工。

1)手动将刀具移动到加工断点处。

2)在 MDI 方式子菜单下按 F5 键,自动将断点处的工作坐标输入 MDI 运行程序段。

3)按"循环启动"键,系统将修改当前工件坐标系原点,完成对刀操作。

4)按 F10 键退出 MDI 方式。

重新对刀并退出 MDI 方式后,按机床控制面板上的"循环启动"键即可继续从断点处加工。

(二)运行时干预

(1)进给速度修调 在自动方式或 MDI 运行方式下,当 F 代码编程的进给速度偏高或偏低时,可用进给修调右侧的"100%"和"+"、"-"按键,修调程序中编制的进给速度。

按压"100%"按键(指示灯亮),进给修调倍率被置为 100%,按一下"+"按键,快速修调倍率递增 5%,按一下"-"按键,进给修调倍率递减 5%。

(2)快移速度修调 在自动方式或 MDI 运行方式下,可用快速修调右侧的"100%"和"+"、"-"按键,修调 G00 快速移动时系统参数"最高快移速度"设置的速度。按压"100%"按键(指示灯亮),快速修调倍率被置为 100%,按一下"+"按键,快速修调倍率递增 5%,按一下"-"按键,快速修调倍率递减 5%。

(3)主轴修调 在自动方式或 MDI 运行方式下,当 S 代码编程的主轴速度偏高或偏低时,可用主轴修调右侧的"100%"和"+"、"-"按键,修调程序中编制的主轴速度。

按压"100%"按键(指示灯亮),主轴修调倍率被置为 100%,按一下"+"按键,主轴修调倍率递增 5%,按一下"-"按键,主轴修调倍率递减 5%。

机械齿轮换档时,主轴速度不能修调。

(4)机床锁住 禁止机床坐标轴动作。在自动运行开始前,按一下"机床锁住"按键(指示灯亮),再按"循环启动"按键,系统继续执行程序,显示屏上的坐标轴位置信息变化,但不输出伺服轴的移动指令,所以机床停止不动。这个功能用于校验程序。注意:

1)即使是 G28、G29 功能,刀具不运动到参考点。

2)机床辅助功能 M、S、T 仍然有效。

3)在自动运行过程中,按"机床锁住"按键,机床锁住元效。

4)在自动运行过程中,只在运行结束时,方可解除机床锁住。

5)每次执行此功能后,须再次进行回参考点操作。

(5)Z 轴锁住禁止进刀。在自动运行开始前,按一下"Z 轴锁住"按键(指示灯亮),再按"循环启动"按键,Z 轴坐标位置信息变化,但 Z 轴不运动,因而主轴不运动。

实训 5.2　圆凸台铣削编程与加工训练

【例 5-19】　加工如图 5-72 所示圆凸台零件。

一、加工工艺分析

1. 工具、量具、刃具选择

（1）工具选择　工件装夹在平口钳上，平口钳用百分表校正。X、Y 方向用寻边器对刀。Z 方向用 Z 轴定向器进行对刀。其工具见表 5-5。

（2）量具选择　内、外轮廓尺寸用游标卡尺测量；深度尺寸用深度游标卡尺测量；孔径用内径千分尺测量，其规格、参数见表 5-5。

（3）刃具选择　上表面铣削用面铣刀；内、外轮廓铣削用键槽铣刀铣削；孔加工用中心钻、麻花钻，其规格、参数见表 5-5。

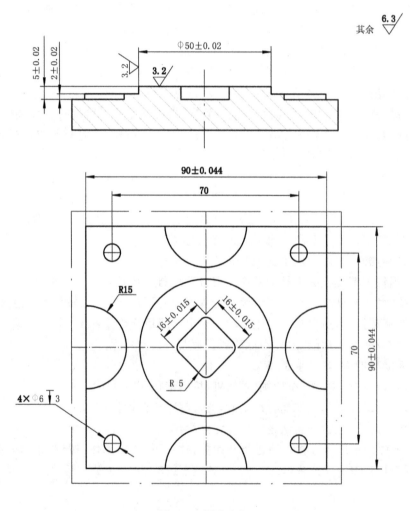

图 5-72　圆凸台加工

2. 加工工艺方案

(1)加工工艺路线本课题为内、外轮廓及孔加工。首先粗、精铣坯料上表面,以便深度测量;然后粗、精铣削内、外轮廓,最后钻孔。

①粗、精铣坯料上表面,粗铣余量根据毛坯情况由程序控制,留精铣余量 0.5mm。

②用 φ16mm 键槽铣刀粗、精铣外轮廓。

③用 φ16mm 键槽铣刀粗、精圆凸台。

④用 φ12mm 键槽铣刀粗、精铣方槽。

⑤用中心钻钻 4×φ6mm 中心孔。

⑥用 φ6mm 麻花钻钻 4×φ6mm 孔

(2)合理切削用量选择加工钢件,粗加工深度除留精加工余量,应进行分层切削。切削速度不可太高,垂直下刀进给量应小。参考切削用量见表 5-6。

表 5-5　工、量、刃具清单

种类	序号	名称	规格	数量
工具	1	平口钳	QH160	1 个
	2	平行垫铁		若干
	3	塑胶锤子		1 个
	4	扳手		若干
	5	偏心寻边器	φ10mm	1 只
	6	Z轴定向器		1 只
量具	1	游标卡尺	0～150mm	1 把
	2	百分表及表座	0～10mm	1 个
	3	深度游标卡尺	0～150mm	1 把
	4	内径千分尺	5～25mm	1 把
刃具	1	面铣刀	φ80mm	1 把
	2	中心钻	A2	1 个
	3	麻花钻	φ6mm	1 个
	4	键槽铣刀	φ12mm	1 个
	5	键槽铣刀	φ16mm	1 个

表 5-6　切削用量选择

刀具号	刀具规格	工序内容	切削速度(mm/min)	转速(r/min)
T1	φ80mm 面铣刀	粗、精铣坯料上表面	100/80	500/800
T2	φ16mm 键槽刀	粗精铣外、内轮廓及凸台	100-200	800/1200
T3	φ8mm 键槽刀	粗精铣方槽	100	1000/1500
T4	A2 中心钻	钻中心孔	100	1200
T5	φ6mm 麻花钻	钻 4×φ6mmm 的底孔	100	650

二、参考程序

选择工件中心为工件坐标系 X、Y 坐标的原点,选择工件的上表面为工件坐标系 Z=0 平面。内、外轮廓的铣削通过修改刀具半径补偿进行粗、精加工,同时本例需采用分层铣削。

(1)粗、精铣毛坯上表面

N10 G54 G17 G40 G90　　　　设定初始加工程序,建立工件坐标系,XY平面,绝对

坐标编程,取消半径补偿,加工前装直径 80 的面铣刀

N20 M03 S800　　　　　　　　　　主轴正转,转速 800r/min

N30 G0 Z10　　　　　　　　　　　抬刀到安全高度 10mm

N40 X-35 Y-100　　　　　　　　　运行至下刀点

N50 G01 Z-2 F50　　　　　　　　　下刀至 2mm 深度,进给速度 50mm/min

N60 G01 Y100 F100　　　　　　　　直线切削至 Y 轴 100mm 处

N70 G00 X35　　　　　　　　　　　快速定位至 X35 处

N80 G01 Y-100　　　　　　　　　　直线切削至 Y 轴－100mm 处

N90 G0 Z10　　　　　　　　　　　快速抬刀至安全高度 10mm 处

N100 M30　　　　　　　　　　　　程序停止,返回程序

(2)粗、精铣外轮廓

N10 G54 G17 G40 G90　　　　　　　设定初始加工程序,建立工件坐标系,XY 平面,绝对坐标编程,取消半径补偿,加工前装直径 16 的键槽铣刀

N20 M03 S800　　　　　　　　　　主轴正转,转速 800r/min

N30 G0 Z10　　　　　　　　　　　抬刀到安全高度 10mm

N40 X-65 Y-65　　　　　　　　　　运行至下刀点

N50 G01 Z-7 F50　　　　　　　　　下刀至 7mm 深度,进给速度 50mm/min

N60 G01 G41 X-45 Y-50 D1 F200　　建左刀补,进给速度 200mm/min

N70 Y-15　　　　　　　　　　　　直线切削

N80 G03 Y15 R15　　　　　　　　　圆弧切削

N90 G01 Y45　　　　　　　　　　　直线切削

N100 G01 X-15　　　　　　　　　　直线切削

N110 G03 X15 R15　　　　　　　　　圆弧切削

N120 G01 X45　　　　　　　　　　　直线切削

N130 Y15　　　　　　　　　　　　直线切削

N140 G03 Y-15 R15　　　　　　　　圆弧切削

N150 G01 Y-45　　　　　　　　　　直线切削

N160 G01 X15　　　　　　　　　　　直线切削

N170 G03 X-15 R15　　　　　　　　圆弧切削

N180 G01 X-50　　　　　　　　　　直线切削

N190 G0 Z10　　　　　　　　　　　抬刀到安全高度

N200 G40 G0 X0 Y0　　　　　　　　取消半径补偿

N210 M30　　　　　　　　　　　　程序结束并返回

(3)粗、精铣圆台

N10 G54 G17 G40 G90　　　　　　　设定初始加工程序,建立工件坐标系,XY 平面,绝对坐标编程,取消半径补偿,加工前装直径 16 的键槽铣刀

N20 M03 S800　　　　　　　　　　主轴正转,转速 800r/min

N30 G0 Z10	抬刀到安全高度 10mm
N40 X-65 Y-65	运行至下刀点
N50 G01 Z-5 F50	下刀至 5mm 深度,进给速度 50mm/min
N60 G01 G41 X-25 Y-50 D1 F200	建立刀具左补偿
N70 Y0	直线切削
N80 G02 I25	整圆切削
N90 G01 Y10	直线切削
N100 G00 Z10	抬刀到安全高度
N120 G40 G0 X0 Y0	取消半径补偿
N130 M30	程序结束并返回

（4）粗、精铣方槽

N10 G54 G17 G40 G90	设定初始加工程序,建立工件坐标系,XY 平面,绝对坐标编程,取消半径补偿,加工前装直径 8 的键槽铣刀
N20 M03 S1500	主轴正转,转速 1500r/min
N30 G0 Z10	抬刀到安全高度 10mm
N40 X0 Y0	运行至下刀点
N50 G68 X0 Y0 P(45 * PI/180)	调用旋转坐标系命令,华中用弧度表示度
N60 M98 P0002	调用方槽加工子程序
N70 M30	程序结束并返回
%0002	子程序号
N10 G0 Z5	抬刀到安全高度
N20 X0 Y0	运行至下刀点
N30 G01 Z-7 F50	下刀至 -7mm 处,速度 50mm/min
N40 G01 G41 X-8 Y0 D1 F150	建立左刀补
N50 G01 Y-3	直线切削
N60 G03 X-3 Y-8 R5	倒 R5 圆弧切削
N70 G01 X3	直线切削
N80 G03 X8 Y-3 R5	倒 R5 圆弧切削
N90 G01 Y3	直线切削
N100 G03 X3 Y8 R5	倒 R5 圆弧切削
N110 G01 X-3	直线切削
N120 G03 X-8 Y3 R5	倒 R5 圆弧切削
N130 G01 Y-1	直线切削
N140 G0 Z10	抬刀至安全高度
N150 G40 G0 X0 Y0	取消刀补
N160 G69	取消坐标旋转
N170 M99	子程序结束

（5）中心钻钻中心孔

N10 G54 G17 G40 G90　　　　　设定初始加工程序,建立工件坐标系,XY 平面,绝对坐标编程,取消半径补偿,加工前装 A2 中心钻

N20 M03 S1200　　　　　主轴正转,转速 1200r/min

N30 G0 Z10　　　　　抬刀到安全高度 10mm

N40 X0 Y0　　　　　运行至下刀点

N50 G81 G99 X35 Y35 Z-4 R3 F100 钻孔循环加工第一孔

N50 X-35　　　　　加工第二孔

N60 Y-35　　　　　加工第三孔

N70 X35　　　　　加工第四孔

N80 G80　　　　　取消钻孔循环

N90 M30　　　　　程序结束

（6）麻花钻钻孔

N10 G54 G17 G40 G90　　　　　设定初始加工程序,建立工件坐标系,XY 平面,绝对坐标编程,取消半径补偿,加工前装直径 6 的麻花钻

N20 M03 S650　　　　　主轴正转,转速 650r/min

N30 G0 Z10　　　　　抬刀到安全高度 10mm

N40 X0 Y0　　　　　运行至下刀点

N50 G82 G99 X35 Y35 Z-5 R3 P3 F100　　　钻孔循环加工第一孔

N50 X-35　　　　　加工第二孔

N60 Y-35　　　　　加工第三孔

N70 X35　　　　　加工第四孔

N80 G80　　　　　取消钻孔循环

N90 M30　　　　　程序结束并返回

思考练习题

5-1　华中 HNC-21M 系统如何实现回原点操作?

5-2　华中(HNC—21M)系统操作面板由哪几部分组成。

5-3　G90 与 G91 指令编程时的区别是什么? 它的选用原则是什么?

5-4　设置坐标系的方法有哪几种? 常用的是哪一种?

5-5　在不同平面内,圆弧指令 G02 与 G03 如何规定。

5-6　叙述镗孔循环指令 G76、螺纹指令 G84 的执行动作。

5-7　如何正确使用铣床上的手持单元。

5-8　刀具长度补偿指令 G43,G44 是如何规定的? 选用它的作用是什么?

5-9　熟悉华中系统数据基本设置。

5-10　从任意行运行程序的方法分几种? 如何进行操作?

5-11　如何建立串口通信、发送和接受串口程序?

5-12　如何进行断点操作?

5-13　对刀的目的是什么? 有哪几种方法?

5-14　规定循环指令有哪六个动作构成?

5-15　使用刀具半径补偿需要注意什么?

5-16　华中系统中程序命名的方法是什么?

5-17　根据图 5-73～5-74 编制程序,合理选择刀具及切削参数。

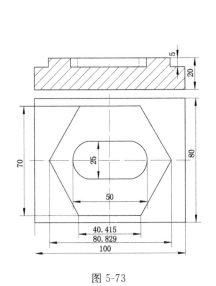

图 5-73

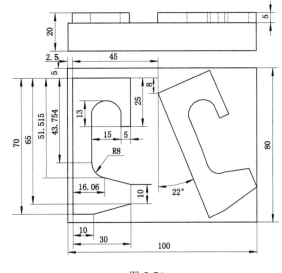

图 5-74

项目六 FANUC 0i 系统数控铣床实训操作

※ 知识目标

1. 掌握 FANUC 0i 系统数控铣床操作面板功能；
2. 掌握 FANUC 0i 系统基本编程指令的功能；
3. 掌握 FANUC 0i 系统数控铣床基本操作。

※ 能力目标

1. 能够正确进行 FANUC 0i 系统数控铣床开关机、回参考点、刀具装夹等准备工作；
2. 能熟练完成 FANUC 0i 系统数控铣床手动(JOG)及 MDI 方式下的功能操作；
3. 能够正确对 FANUC 0i 数控系统的常用参数进行设定；
4. 能在 FANUC 0i 系统数控铣床上编辑零件程序及模拟作图；
5. 能选择相应程序进行自动加工。

任务 6.1 FANUC 0i 系统操作面板介绍

一、主要技术规格及功能

FANUC 0i 系列数控系统是高可靠性、高性能价格比的 CNC。支持 α 系列，β 系列伺服电机，α 系列主轴电机，还可用 I/O LINK 与 β 电机相连扩大控制轴数(最多连 7 个)。提前预读 12 段程序，实现了切削速度的最佳加减速，提高了加工精度。伺服 HRV 控制使得进给系统刚性更好，速度增益高，位置误差小，加工精度高。强大的 PMC 功能(内置 PMC 控制模块)。自动存储报警履历表和操作履历表，大大简化了追踪故障的过程。伺服波形诊断可显示伺服电机位置误差，指令脉冲等。易自定制的 FANUC 标准机床操作面板。帮助功能键，可以很方便地查到需要的帮助信息，如参数号，编程指南，报警信息等。图形显示功能可以在自动运行方式下看到刀具的轨迹。RS232 接口，可以方便地对存储区的程序进行存储。采用 ISO 标准的编程语言代码(IS-B)，使程序更具通用性。各种固定循环功能令加工程序的编制更趋简化。

二、操作面板介绍

FANUC 0i 系统数控铣床操作面板如图 6-1 所示，包括数控系统面板和手动操作面板两部分。

（一）FANUC 0i 数控系统面板部分介绍

FANUC 0i 数控系统面板（图 6-2 所示）分为两块区域，左边为 CRT 显示区，右边为 MDI 键盘区域。

1. CRT 显示器 面板的左边为 8.4in 彩色显示器(或者 7.2in 黑白显示器)，用于坐标界面、程序编辑、汉字菜单、系统状态、故障报警、参数信息的显示和加工轨迹的图形仿真显示。

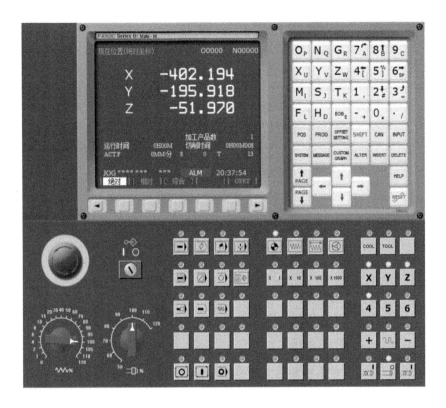

图 6-1　FANUC 0i 系统数控铣床操作面板

图 6-2　FANUC 0i 数控系统面板

2. MDI 键盘　MDI 键盘主要包括字符键区（如图 6-3 所示）和功能键区（如图 6-4 所示）两个部分。

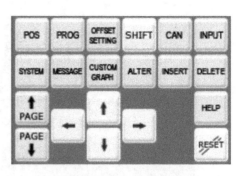

图 6-3　字符键区　　　　　　　　　　　　图 6-4　功能键区

其中字符键主要由英文字母、阿拉伯数字、数学符号、EOB/E 键(回车换行键)四个部分组成。

功能键盘区主要由页面切换键、编辑键、翻页光标键以及复位键组成：

(1)页面切换键(图 6-4 左上角)介绍：

 位置显示页面。位置显示有三种方式，分别为[绝对]、[相对]和[综合]，用[PAGE]按钮或者[光标]按钮选择。

PROG 数控程序显示与编辑页面。在编辑模式下按下此按键可进行程序的建立、编辑、修改和删除等工作。在手动数据输入模式下按下此按键，可进行手动数据输入自动运行操作。连续按此按键，可在程序编辑和信息显示间切换。

OFFSET SETTING 参数及偏置信息输入页面。按第一次进入坐标系设置页面，按第二次进入刀具补偿参数页面。进入不同的页面以后，用[PAGE]按钮或者[光标]按钮选择。

SYSTEM 系统参数页面。

MESSAGE 信息页面，如"报警"信息。误操作或者系统异常的信息都会在这个页面显示。

CUSTOM GRAPH 图形参数设置页面。主要用于程序模拟验证、作图。

HELP 系统帮助页面。

(2)编辑键(图 6-4 右上角)介绍：

ALERT 替代键。用输入的数据替代光标所在的数据。一般用于程序编辑。

DELETE 删除键。删除光标所在的数据；或者删除一个数控程序或者删除全部数控程序。

CAN 取消键。消除输入域内的数据。取消键只能取消在输入域中未保存到系统中的数据，系统中的数据，比如一段程序必须用[DELETE]键删除。

INSERT 插入键。把输入域之中的数据插入到当前光标之后的位置。插入键一般用在程序编辑的数据输入中。

SHIFT 上档键。用于字符键区同一个按键上不同的字符间的切换，比如图 6-3 左上角第一个键同时包括 O 和 P，就必须利用上档键进行切换输入。

（3）翻页光标键（图 6-4 左下角）介绍：

翻页按钮（PAGE）

↑PAGE 向上翻页。

PAGE↓ 向下翻页。

光标移动（CURSOR）

↑ 向上移动光标。

↓ 向下移动光标。

← 向左移动光标。

→ 向右移动光标。

（4）输入复位键（图 6-4 右下角）介绍：

INPUT 输入键。把输入域内的数据输入参数页面或者输入一个外部的数控程序。这里所说的外部是指数控系统之外，比如连接铣床的计算机，在系统内的程序编辑输入数据是用插入键[INSERT]。

RESET 复位键。最常用的一个按键，可用于停止一切正在进行的动作、消除报警信息或者使光标返回到程序开始的位置等等。

（二）手动操作面板部分介绍

数控铣床床操作面板位于面板窗口的下侧，如下图 6-5 所示。主要用于控制机床的运动和选择机床运行状态，由模式选择旋钮、数控程序运行控制开关和外置 MPG 手持单元等多个部分组成。

1. 模式旋转按钮，如图 6-6 所示

 AUTO（MEM）自动模式键：进入自动加工模式。自动加工时按下此键。

 EDIT 编辑模式键：用于直接通过数控系统面板输入、编辑和修改数控程序。要结合[PROG]键一起使用。

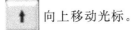 MDI 模式键：手动数据输入。用于主轴启动激活、变速及一次性程序的输入，自

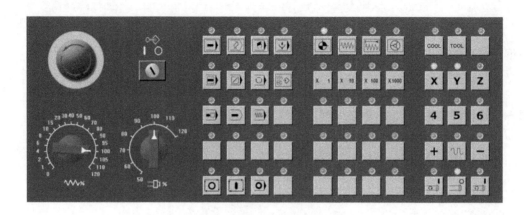

图 6-5　数控铣床手动操作面板

图 6-6　模式旋转按钮

动执行完毕,程序将消失。

INC 模式键:增量进给。手动脉冲方式进给。

手轮模式键:手轮方式移动工作台或刀具。按此键切换成手轮移动各坐标轴。

JOG 模式键:手动方式,手动连续移动工作台或刀具。

DNC 模式键:文件传输键,通过 RS232 接口把数控系统与电脑相联并传输文件。

REF 键:回参考点键,通过手动回机床参考点。

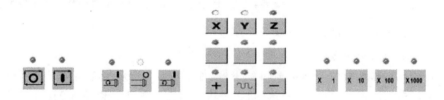

图 6-7　数控程序运行控制开关

2. 数控程序运行控制开关,如图 6-7 所示

(1)数控程序运行控制开关

循环启动键:模式选择旋钮在"AUTO"和"MDI"位置时按下有效,其余模式按下无效。

循环停止键:在数控程序运行中,按下此按钮停止程序运行。

(2)机床主轴手动控制开关

手动开机床主轴正转;

手动开机床主轴反转;

手动关机床主轴。

(3)手动移动机床台面按钮

X X 方向手动进给键;

Y Y 方向手动进给键;

Z Z 方向手动进给键;

+ 正方向进给键;

— 负方向进给键;

快速进给键:手动方式下,同时按住此键和一个坐标轴手动方向键,坐标轴以快速进给速度移动。

(4)单步进给量控制旋钮

X 1 X 10 X 100 X1000 选择手动台面时每一步的距离:x1 为 0.001mm,x10 为 0. 01mm,x100 为 0.1mm,x1000 为 1mm。

(5)程序编辑开关:置于"O"位置,可编辑程序。

图 6-8 程序编辑开关、进给速度调节旋钮、主轴速度调节旋钮、急停旋钮

(6)进给速度调节旋钮:调节进给速度,调节范围 0%~120%。

(7)主轴速度调节旋钮:调节主轴转速,调节范围 50%~120%。

(8)急停旋钮:按下此键,可使机床和数控系统紧急停止,逆时针旋转释放。

3. 外置 MPG 手持单元:

MPG 手持单元由手摇脉冲发生器、坐标轴选择开关组成,用于手摇方式增量进给坐标轴。MPG手持单元的结构如图6-9所示。

图6-9　MPG手持单元(电子手轮)

任务6.2　FANUC 0i系统数控铣床编程指令

一、FANUC 0i 数控系统基本编程指令

FANUC 0i系统编程指令按不同功能划分为准备功能G指令、辅助功能M指令和F、S、T指令三大类。

（一）F、S、T指令

（1）F功能

F是控制刀具位移速度的进给速率指令，为模态指令，如图6-10所示。但快速定位G00的速度不受进给指令F的控制。G00的速度由系统参数设定。在铣削加工中，F的单位一般为mm/min（每分钟进给量）。

（2）S功能

S功能用以指定主轴转速，单位是r/min。S是模态指令。S功能只有在主轴速度可调节时才有效。

（3）T功能

T是刀具功能字，后跟两位数字指示更换刀具的编号。在加工中心上执行T指令，则刀库转动来选择所需的刀具，然后等待直到M06指令作用时自动完

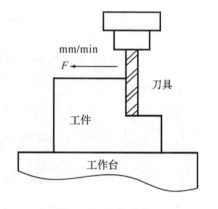

图6-10　进给速率F

成换刀。T指令同时可调入刀补寄存器中的刀补值(刀补长度和刀补半径)。虽然T指令为非模态指令，但被调用的刀补值会一直有效，直到再次换刀调入新的刀补值。如T0101，前一个01指的是选用01号刀，第二个01指的是调入01号刀补值。当刀补号为00时，实际上是取消刀补。如T0100，则是用01号刀，且取消刀补。

（二）辅助功能 M 指令

辅助功能 M 指令，由地址字 M 后跟一至两位数字组成，M00～M99。主要用来设定数控机床电控装置单纯的开/关动作，以及控制加工程序的执行走向。各 M 指令功能如表 6-1 所示：

表 6-1　常用 M 代码及功能表（FANUC 0i 系统）

M 指令	功　能	M 指令	功　能
M00	程序停止	M06	刀具交换
M01	程序选择性停止	M08	切削液开启
M02	程序结束	M09	切削液关闭
M03	主轴正转	M30	程序结束，返回开头
M04	主轴反转	M98	调用子程序
M05	主轴停止	M99	子程序结束

（1）暂停指令 M00

当数控铣床执行到 M00 指令时，将暂停执行当前程序，以方便操作者进行刀具更换、工件的尺寸测量、工件调头或手动变速等操作。暂停时机床的主轴进给及冷却液停止，而全部现存的模态信息保持不变。若欲继续执行后续程序重按操作面板上的"循环启动键"即可。

（2）程序结束指令 M02

M02 用在主程序的最后一个程序段中，表示程序结束。当数控铣床执行到 M02 指令时机床的主轴、进给及冷却液全部停止。使用 M02 的程序结束后，若要重新执行该程序就必须重新调用该程序。

（3）程序结束并返回到零件程序头指令 M30

M30 和 M02 功能基本相同，只是 M30 指令还兼有控制返回到零件程序头的作用。使用 M30 的程序结束后，若要重新执行该程序，只需再次按操作面板上的"循环启动键"即可。

（4）子程序调用及返回指令 M98、M99

M98 用来调用子程序；M99 表示子程序结束，执行 M99 使控制返回到主程序。在子程序开头必须规定子程序号，以作为调用入口地址。在子程序的结尾用 M99，以控制执行完该子程序后返回主程序。

（5）主轴控制指令 M03、M04 和 M05

M03 启动主轴，从 Z 轴正向朝 Z 轴负向看，主轴以顺时针方向旋转；M04 启动主轴，从 Z 轴正向朝 Z 轴负向看，主轴以逆时针方向旋转；M05 主轴停止旋转。

（6）换刀指令 M06

M06 用于具有刀库的数控铣床或加工中心，用以换刀。通常与刀具功能字 T 指令一起使用。如 M06 T0101 是更换调用 01 号刀具，数控系统收到指令后，将原刀具换走，而将 01 号刀具自动地安装在主轴上。

（7）切削液开停指令 M08、M09

M08 指令将打开切削液管道；M09 指令将关闭切削液管道。其中 M09 为缺省功能。

（三）准备功能 G 指令

准备功能 G 代码是建立坐标平面、坐标系偏置、刀具与工件相对运动轨迹（插补功能）以及刀具补偿等多种加工操作方式的指令。范围：G00～G99。G 代码指令的功能如表 6-2

所示。

表 6-2　常用 G 代码及功能表（FANUC 0i 系统）

G 代 码	组　别	功　能
G00		快速定位
G01	01	直线插补
G02		顺（时针）圆弧插补
G03		逆（时针）圆弧插补
G04	00	暂停
G17		X－Y 平面设定
G18	02	X－Z 平面设定
G19		Y－Z 平面设定
G20	06	英制单位输入
G21		公制单位输入
G28	00	经参考点返回机床原点
G29		由参考点返回
G40		刀具半径补偿取消
G41	07	刀具半径左补偿
42		刀具半径右补偿
G43		正向长度补偿
G44	08	负向长度补偿
45		长度补偿取消
G52	00	局部坐标系设定
G54		第一工作坐标系
G55		第二工作坐标系
56		第三工作坐标系
57	14	第四工作坐标系
58		第五工作坐标系
59		第六工作坐标系
G73		分级进给钻削循环
G74		反攻螺纹循环
80	09	固定循环注销
G81～G89		钻、攻螺纹、镗孔固定循环
G90	03	绝对值编程
G91		增量值编程
G92	00	工件坐标系设定
G94	05	每分钟进给（mm/min）
G95		每转进给（mm/r）
G96	13	恒表面切削速度控制
G97		取消恒表面切削速度控制
G99	10	固定循环退回起始点
G99		固定循环退回 R 点

　　注：00 组代码是一次性代码，仅在所在的程序行内有效；其他组别的 G 指令为模态代码，此类指令一经设定一直有效，直到被同组 G 代码取代。

1. 单位设定指令 G20、G21

G20 是英制输入制式;G21 是公制输入制式。两种制式下线性轴和旋转轴的尺寸单位如表 6-3 所示。

表 6-3 尺寸输入制式及单位

指令	线性轴	旋转轴
G20(英制)	英寸	度
G21(公制)	毫米	度

2. 绝对值编程 G90 与相对值编程 G91

G90 是绝对值编程,即每个编程坐标轴上的编程值是相对于程序原点的;G91 是相对值编程,即每个编程坐标轴上的编程值是相对于前一位置而言的,该值等于沿轴移动的距离。G90 和 G91 可以用于同一个程序段中,但要注意其顺序所造成的差异。如图 6-11(a)所示的图形,要求刀具由原点按顺序移动到 1、2、3 点,使用 G90 和 G91 编程如图 6-11(b)、(c)所示。

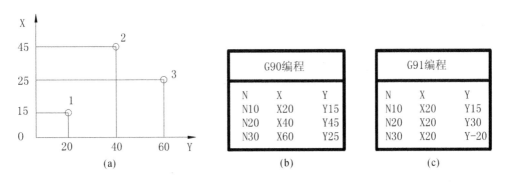

图 6-11 绝对值编程与相对值编程

选择合适的编程方式将使编程可以简化。通常当图纸尺寸由一个固定基准给定时,采用绝对方式编程较为方便,而当图纸尺寸是以轮廓顶点之间的间距给出时,采用相对方式编程较为方便。

3. 加工平面设定指令 G17、G18、G19

G17 选择 XY 平面;G18 选择 ZX 平面;G19 选择 YZ 平面,如图 6-12 所示。一般系统默认为 G17。该组指令用于选择进行圆弧插补和刀具半径补偿的平面。需要注意的是,移动指令与平面选择无关,例如指令"G17 G01 Z10"时,Z 轴照样会移动。

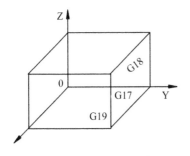

图 6-12 加工平面设定

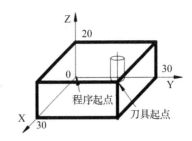

图 6-13 设定工件坐标系指令 G92

4. 坐标系设定指令

（1）工件坐标系设定指令 G92

指令格式为：G92 X_ Y_ Z_；

G92 并不驱使机床刀具或工作台运动，数控系统通过 G92 命令确定刀具当前机床坐标位置相对于加工原点（编程起点）的距离关系，以求建立起工件坐标系。格式中的尺寸字 X、Y、Z 指定起刀点相对于工件原定的位置。要建立如图 6-13 所示工件的坐标系。使用 G92 设定坐标系的程序为 G92 X30 Y30 Z20。G92 指令一般放在一个零件程序的第一段。

（2）工件坐标系选择指令 G54～G59

G54～G59 是系统预定的 6 个工件坐标系，可根据需要任意选用。这 6 个预定工件坐标系的原点在机床坐标系中的值（工件零点偏置值）可用 MDI 方式输入，系统自动记忆。工件坐标系一旦选定，后续程序段中绝对值编程时的指令值均为相对此工件坐标系原点的值。采用 G54～G59 选择工件坐标系方式如图 6-14 所示。

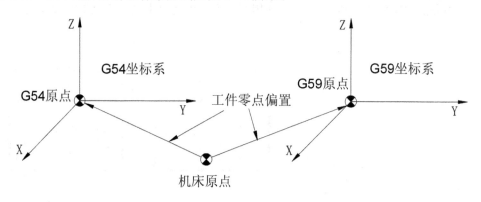

图 6-14　选择坐标系指令 G54～G59

在图 6-15（a）所示坐标系中，要求刀具从当前点移动到 A 点，再从 A 点移动到 B 点。使用工件坐标系 G54 和 G59 的程序如图 6-15（b）所示。

在使用 G54～G59 时应注意，用该组指令前，应先用 MDI 方式输入各坐标系的坐标原点在机床坐标系中的坐标值。

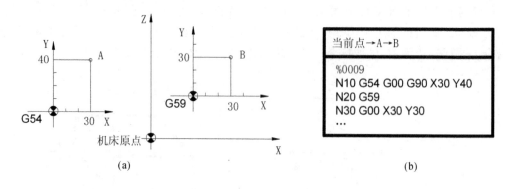

（a）　　　　　　　　　　　　　　　　（b）

图 6-15　G54～G59 的使用

（3）局部坐标系设定指令 G52

指令格式为：G52 X_Y_Z_A_

其中 X、Y、Z、A 是局部坐标系原点在当前工件坐标系中的坐标值。

G52 指令能在所有的工件坐标系（G92、G54～G59）内形成子坐标系，即局部坐标系。含有 G52 指令的程序段中，绝对值编程方式的指令值就是在该局部坐标系中的坐标值。设定局部坐标系后，工件坐标系和机床坐标系保持不变。G52 指令为非模态指令。在缩放及旋转功能下不能使用 G52 指令，但在 G52 下能进行缩放及坐标系旋转。

（4）直接机床坐标系编程指令 G53

指令格式为：G53 X_ Y_ Z_

G53 是机床坐标系编程，该指令使刀具快速定位到机床坐标系中的指定位置上。在含有 G53 的程序段中，应采用绝对值编程。且 X、Y、Z 均为负值。

5. 快速定位指令 G00

指令格式为：G00 X_ Y_ Z_ A_

其中 X、Y、Z、A 是快速定位终点，在 G90 时为终点在工件坐标系中的坐标，在 G91 时为终点相对于起点的位移量。

G00 指令刀具相对于工件以各轴预先设定的速度，从当前位置快速移动到程序段指令的定位目标点。其快移速度由机床参数"快移进给速度"对各轴分别设定，而不能用 F 规定。G00 一般用于加工前的快速定位或加工后的快速退刀。注意在执行 G00 指令时，由于各轴以各自速度移动，不能保证各轴同时到达终点，因而联动直线轴的合成轨迹不一定是直线。所以操作者必须格外小心，以免刀具与工件发生碰撞。常见的做法是将 Z 轴移动到安全高度，再放心地执行 G00 指令。

6. 直线插补指令 G01

数控铣床的刀具（或工作台）沿各坐标轴位移是以脉冲当量为单位的（mm/脉冲）。刀具加工直线或圆弧时，数控系统按程序给定的起点和终点坐标值，在其间进行"数据点的密化"（求出一系列中间点的坐标值），然后依顺序按这些坐标轴的数值向各坐标轴驱动机构输出脉冲。数控装置进行的这种"数据点的密化"叫做插补功能。

G01 是直线插补指令。它指定刀具从当前位置，以两轴或三轴联动方式向给定目标按 F 指定进给速度运动，加工出任意斜率的平面（或空间）直线。

指令格式为：G01 X_ Y_ Z_ F_

其中 X、Y、Z 是线性进给的终点，F 是合成进给速度。

G01 指令是要求刀具以联动的方式，按 F 规定的合成进给速度，从当前位置按线性路线（联动直线轴的合成轨迹为直线）移动到程序段指令的终点。G01 是模态指令，可由 G00、G02、G03 或 G33 功能注销。

7. 圆弧插补指令 G02、G03

G02、G03 按指定进给速度的圆弧切削，G02 顺时针圆弧插补，G03 逆时针圆弧插补。

所谓顺圆、逆圆指的是从第三轴正向朝零点或朝负方向看，如 X-Y 平面内，从 Z 轴正向向原点观察，顺时针转为顺圆，反之逆圆。如图 6-16 所示。

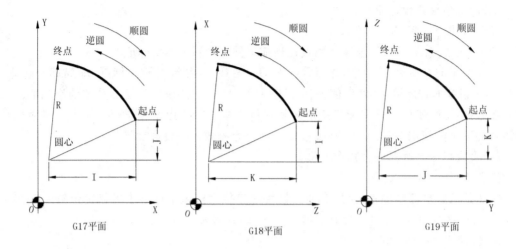

图 6-16　圆弧插补方向

指令格式为：

$$G17 \begin{Bmatrix} G02 \\ G03 \end{Bmatrix} X\_Y\_ \begin{Bmatrix} R \\ I\_J\_ \end{Bmatrix}$$

$$G18 \begin{Bmatrix} G02 \\ G03 \end{Bmatrix} X\_Z\_ \begin{Bmatrix} R\_ \\ I\_K\_ \end{Bmatrix}$$

$$G19 \begin{Bmatrix} G02 \\ G03 \end{Bmatrix} Y\_Z\_ \begin{Bmatrix} R\_ \\ J\_K\_ \end{Bmatrix}$$

其中：X、Y、Z——X 轴、Y 轴、Z 轴的终点坐标；

I、J、K——圆弧起点相对于圆心点在 X、Y、Z 轴向的增量值；

R——圆弧半径；

F——进给速率。

终点坐标可以用绝对坐标 G90 时或增量坐标 G91 表示，但是 I、J、K 的值总是以增量方式表示。

【例 6-1】　使用 G02 对图 6-17 所示劣弧 a 和优弧 b 进行编程。

分析：在图中，a 弧与 b 弧的起点相同、终点相同、方向相同、半径相同，仅仅旋转角度 θ_a <180°，θ_b>180°。所以 a 弧半径以 R30 表示，b 弧半径以 R-30 表示。程序编制如表 6-4。

表 6-4　劣弧 a 和优弧 b 的编程

类别	劣弧（a 弧）	优弧（b 弧）
增量编程	G91 G02 X30 Y30 R30 F300	G91 G02 X30 Y30 R-30 F300
	G91 G02 X30 Y30 I30 J0 F300	G91 G02 X30 Y30 I0 J30 F300
绝对编程	G90 G02 X0 Y30 R30 F300	G90 G02 X0 Y30 R-30 F300
	G90 G02 X0 Y30 I30 J0 F300	G90 G02 X0 Y30 I0 J30 F300

【例 6-2】　使用 G02/G03 对图 6-18 所示的整圆编程。

解：整圆的程序编制见表 6-5。

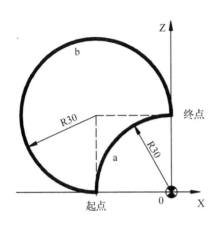

图 6-17　优弧与劣弧的编程

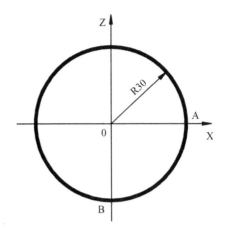

图 6-18　整圆编程

表 6-5　整圆的程序

类别	从 A 点顺时针一周	从 B 点逆时针一周
增量编程	G91 G02 X0 Y0 I-30 J0 F300	G91 G03 X0 Y0 I0 J30 F300
绝对编程	G90 G02 X30 Y0 I-30 J0 F300	G90 G03 X0 Y-30 I0 J30 F300

注意：

①所谓顺时针或逆时针，是从垂直于圆弧所在平面的坐标轴的正方向看到的回转方向；

②整圆编程时不可以使用 R 方式，只能用 I、J、K 方式；

③同时编入 R 与 I、J、K 时，只有 R 有效。

8．刀具补偿指令

(1)刀具半径补偿指令 G40、G41、G42

指令格式为：

$G01 \begin{Bmatrix} G41 \\ G42 \end{Bmatrix} X\_Y\_D\_;$

$G01\ G40\ X\_Y\_;$

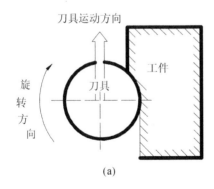

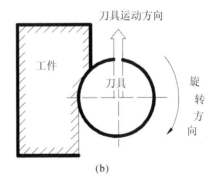

图 6-19　刀具半径补偿

其中：G41——左偏半径补偿，指沿着刀具前进方向，向左侧偏移一个刀具半径，如图 6-19

207

(a)所示；

G42——右偏半径补偿,指沿着刀具前进方向,向右侧补偿一个刀具半径,如图 6-19 (b)所示；

X、Y——建立刀补直线段的终点坐标值；

D——数控系统存放刀具半径值的内存地址,后有两位数字。如:D01 代表了存储在刀补内存表第 1 号中的刀具的半径值。刀具的半径值需预先用手工输入；

G40——刀具半径补偿撤销指令。

注意：

①刀具半径补偿平面的切换,必须在补偿取消方式下进行。

②刀具半径补偿的建立与取消只能用 G00 或 G01 指令,不得是 G02 或 G03。

【例 6-3】 考虑刀具半径补偿,编制图 6-20 所示零件的加工程序。要求建立如图 6-20 所示的工件坐标系,按箭头所指示的路径进行加工。设加工开始时刀具距离工件上表面 50mm,切削深度为 2mm。

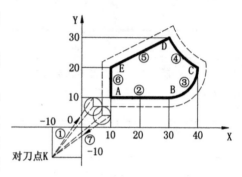

图 6-20 刀补指令的应用

完整的零件程序如表 6-6 所示。

表 6-6 刀具半径补偿指令的应用程序及说明

程 序	说 明
O0915	程序名
N10 G92 X-10 Y-10 Z50	确定对刀点
N20 G90 G17	在 XY 平面,绝对坐标编程
N30 G42 G00 X4 Y10 D01	右刀补,进刀到(4,10)的位置
N40 Z2 M03 S2200	Z轴进到离表面 2mm 的位置,主轴正转
N50 G01 Z-2 F220	进给切削深度
N60 X30	插补直线 A→B
N70 G03 X40 Y20 I0 J10	插补圆弧 B→C
N80 G02 X30 Y30 I0 J10	插补圆弧 C→D
N90 G01 X10 Y20	插补直线 D→E
N100 Y5	插补直线 E→(10,5)
N110 G00 Z50 M05	返回 Z 方向的安全高度,主轴停转
N120 G40 X-10 Y-10	返回到对刀点
N130 M30	程序结束

注意：

①加工前应先用手动方式对刀,将刀具移动到相对于编程原点(-10,-10,50)的对刀点处。

②图中带箭头的实线为编程轮廓,不带箭头的虚线为刀具中心的实际路线。

(2)刀具长度补偿指令 G43、G44、G49

G43 使刀具在终点坐标处向正方向多移动一个偏差量 e；G44 则把刀具在终点坐标值

减去一个偏差量 e(向负方向移动 e);G49(或 D00)撤销刀具长度补偿。其格式与刀具半径补偿指令相类似。

9. 回参考点控制指令

(1)自动返回参考点 G28

指令格式为:G28 X_ Y_ Z_ A_

其中 X、Y、Z、A 是回参考点时经过的中间点(非参考点)。

G28 指令首先使所有的编程轴都快速定位到中间点,然后再从中间点返回到参考点。一般 G28 指令用于刀具自动更换或者消除机械误差,在执行该指令之前,应取消刀具补偿。在 G28 的程序段中不仅产生坐标轴移动指令,而且记忆了中间点坐标值,以供 G29 使用。电源接通后,在没有手动返回参考点的状态下指定 G28 时,从中间点自动返回参考点与手动返回参考点相同。这时从中间点到参考点的方向,就是机床参数"回参考点方向"设定的方向。G28 指令仅在其被规定的程序段中有效。

(2)自动从参考点返回 G29

指令格式为:G29 X_ Y_ Z_ A_

其中 X、Y、Z、A 是返回的定位终点。

G29 可使所有编程轴以快速进给经过由 G28 指令定义的中间点,然后再到达指定点。通常该指令紧跟在 G28 指令之后。G29 指令仅在其被规定的程序段中有效。

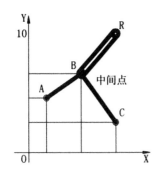

图 6-21　G28 指令的应用

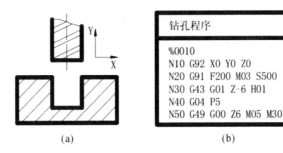

图 6-22　暂停指令的应用

10. 暂停指令 G04

指令格式为:G04 P_

其中:P——暂停时间,单位为 s(秒)。

G04 在前一程序段的进给速度降到零之后才开始暂停动作。在执行含 G04 指令的程序段时,先执行暂停功能。G04 为非模态指令,仅在其被规定的程序段中有效。图 6-22(a)所示零件的钻孔加工程序如图 6-22(b)所示。

在零件的钻孔加工程序中,G04 可使刀具作短暂停留,以获得圆整而光滑的表面。如对不通孔作深度控制时,在刀具进给到规定深度后,用暂停指令使刀具作非进给光整切削,然后退刀,确保孔底平整。

11. 简化编程指令

(1)镜像功能 G24、G25

指令格式为:G24 X __ Y __ Z __ A __

$$M98\ P\_$$

$$G25\ X\_\_\ Y\_\_\ Z\_\_\ A\_\_$$

其中:G24——建立镜像;

G25——取消镜像;

X、Y、Z、A——镜像位置。

当工件相对于某一轴具有对称形状时,可以利用镜像功能和子程序,只对工件的一部分进行编程,而能加工出工件的对称部分,这就是镜像功能。当某一轴的镜像有效时,该轴执行与编程方向相反的运动。

【例6-4】 使用镜像功能编制如图6-23所示轮廓的加工程序。设刀具起点距工件上表面100mm,切削深度5mm。

镜像功能实例程序见表6-7。

(2)缩放功能 G50、G51

指令格式为:G51 X_Y_Z_P_

$$M98\ P\_$$

$$G50$$

其中:G51——建立缩放;

G50——取消缩放;

X、Y、Z——缩放中心的坐标值;

P——缩放倍数。

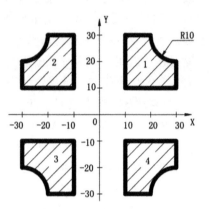

图6-23 镜像功能应用实例

G51既可指定平面缩放也可指定空间缩放。在G51后运动指令的坐标值以X、Y、Z为缩放中心,按P规定的缩放比例进行计算。在有刀具补偿的情况下,先进行缩放,然后才进行刀具半径补偿和刀具长度补偿。

表6-7 镜像功能实例程序及说明

程　　序	说　　明
O2008	主程序
N10 G17 G00 M03	S2200
N20 G98 P1013	加工区域1
N30 G24 X0	Y轴镜像,镜像位置为X=0
N40 G98 P1013	加工区域2
N50 G24 X0 Y0	X轴、Y轴镜像,镜像位置为(0,0)
N60 G98 P1013	加工区域3
N70 G25 X0	取消Y轴镜像
N80 G24 Y0	X轴镜像
N90 G98 P1013	加工区域4
N100 G25 Y0	取消镜像
N110 M05	
N120 M30	
O1013	子程序
N200 G41 G00 X10.0 Y4.0 D01	

程　　　序	说　　明
N210 Y1.0	
N220 Z-98.0	
N230 G01 Z-7.0 F220	
N240 Y25.0	
N250 X10.0	
N260 G03 X10.0 Y-10.0 I10.0	
N270 G01 Y-10.0	
N280 X-25.0	
N290 G00 Z105	
N300 G40 X-5.0 Y-10.0	
N310 M99	

【例 6-5】　用缩放功能编制如图 6-24 所示轮廓的加工程序,已知三角形 ABC 的顶点为 A(10,30),B(90,30),C(50,110),三角 A′B′C′ 是缩放后的图形,其缩放中心为 D(50,50),缩放系数为 0.5 倍,设刀具起点距工件上表面为 50mm。

缩放功能实例程序见表 6-8。

表 6-8　缩放功能实例程序及说明

程　　　序	说　　明
O2008	主程序
N10 G92 X0 Y0 Z50	建立工件坐标系
N20 G91 G17 M03 S2200	
N30 G43 G00 X50 Y50 Z-46 H01 F220	快速定位至工件中心,距表面 4mm,建立长度补偿
N40 ♯51＝14	给局部变量♯51 赋予 14 的值
N50 M98 P0915	调用子程序,加工三角形 ABC
N60 ♯51＝8	重新给局部变量♯51 赋予 8 的值
N70 G51 X50 Y50 P0.5	缩放中心(50,50),缩放系数 0.5
N80 M98 P0915	调用子程序,加工三角形 A′B′C′
N90 G50	取消缩放
N100 G49 Z46	取消长度补偿
N110 M05 M30	
O0915	子程序(三角形 ABC 的加工程序)
N100 G42 G00 X-44 Y-20 D01	快速移动到 XOY 平面的加工起点,建立半径补偿
N120 Z[－♯51]	Z 轴快速向下移动局部变量♯51 的值
N150 G01 X84	加工 A→B 或 A′→B′
N160 X-40 Y80	加工 B→C 或 B′→C′
N170 X.44 Y-88	加工 C→加工始点或 C′→加工始点
N180 Z[♯51]	提刀
N200 G40 G00 X44 Y	返回工件中心,并取消半径补偿
N210 M99	返回主程序

(3)旋转变换 G68、G69

指令格式为:G17 G68 X__ Y__ P__

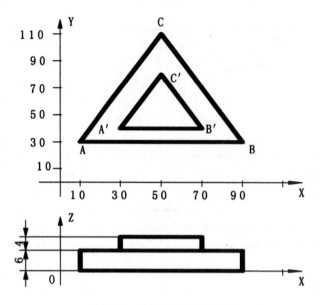

图 6-24　缩放功能应用实例

M98 P_

G69

其中：

G68——建立旋转；

G69——取消旋转；

X、Y、Z——旋转中心的坐标值；

P——旋转角度，单位是(°)，0°≤P≤360°。

在有刀具补偿的情况下，先旋转后刀补（刀具半径补偿、长度补偿），在有缩放功能的情况下，先缩放后旋转。

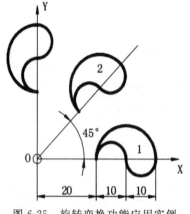

图 6-25　旋转变换功能应用实例

【例 6-6】　使用旋转功能编制如图 6-25 所示轮廓的加工程序，设刀具起点距工件上表面 50mm，切削深度 5mm。

旋转变换功能应用程序见表 6-9。

表 6-9　旋转功能应用实例程序及说明

程　序	说　明
O2008	主程序
N10 G92 X0 Y0 Z50	
N15 G90 G17 M03 S2200	
N20 G43 Z-5 H02	
N25 M98 P1013	加工 1
N30 G68 X0 Y0 P45	旋转 45°
N40 M98 P1013	加工 1
N60 G68 X0 Y0 P90	旋转 90°

续表

程 序	说 明
N70 M98 P1013	加工 3
N20 G49 Z50	
N80 G69 M05 M30	取消旋转
O1013	子程序（1 的加工程序）
N100 G41 G01 X20 Y-5 D02 F220	
N105 Y0	
N110 G02 X40 I10	
N120 X30 I-5	
N130 G03 X20 I.5	
N140 G00 Y-6	
N145 G40 X0 Y0	
N150 M99	

（四）FANUC 0i 系统固定循环指令

数控加工中，某些加工动作循环已经典型化。例如，钻孔、镗孔的动作是孔位平面定位、快速引进、工作进给、快速退回等一系列典型的加工动作，这样就可以预先编好程序，存储在内存中，并可用一个 G 代码程序段调用，称为固定循环。以简化编程工作。FANUC0i 系统孔加工固定循环指令有 G73、G74、G76、G80～G89。

孔加工通常由下述 6 个动作构成，如图 6-26 所示。

（1）X、Y 轴定位；

（2）定位到 R 点（定位方式取决于上次是 G00 还是 G01）；

（3）孔加工；

（4）在孔底的动作；

（5）退回到 R 点（参考点）；

（6）快速返回到初始点。

固定循环的数据表达形式可以采用绝对坐标（G90）和相对坐标（G91）表示，如图 6-27 所示，其中图 6-27(a)是采用 G90 的表示；图 6-27(b)是采用 G91 的表示。

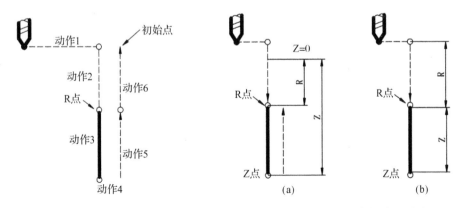

图 6-26 孔加工的 6 个典型动作   图 6-27 固定循环的数据表达形式

固定循环的程序格式包括数据形式、返回点平面、孔加工方式、孔位置数据、孔加工数据和循环次数。数据形式（G90 或 G91）在程序开始时就已指定，因此在固定循环程序格式中可不注出。固定循环的程序格式如下：

$$\begin{Bmatrix} G98 \\ G99 \end{Bmatrix} G\_X\_Z\_R\_Q\_P\_I\_J\_K\_F\_L\_$$

其中：G98——返回初始平面；

G99——返回 R 点平面；

G——固定循环代码 G73、G74、G76 和 G81～G89 之一；

X、Y——加工起点到孔位的距离（G91）或孔位坐标（G90）；

R——初始点到 R 点的距离（G91）或 R 点的坐标（G90）；

Z、R——点到孔底的距离（G91）或孔底坐标（G90）；

Q——每次进给深度（G73/G83）；

I、J——刀具在轴反向位移增量（G76/G87）；

P——刀具在孔底的暂停时间；F——切削进给速度；

L——固定循环的次数。

1. 高速深孔加工循环指令 G73

$$格式：\begin{Bmatrix} G98 \\ G99 \end{Bmatrix} G73\ X\_\ Y\_\ Z\_\ R\_\ Q\_\ P\_\ K\_\ F\_\ L\_\ ;$$

其中：Q——每次进给深度；

K——每次退刀距离。

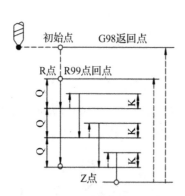

图 6-28　G73 指令动作循环

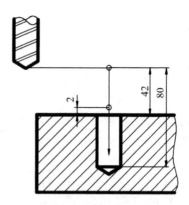

图 6-29　深孔加工实例

G73 用于 Z 轴的间歇进给，使深孔加工时容易排屑，减少退刀量，可以进行高效率的加工。G73 指令动作循环见图 6-28 所示。注意当 Z、K、Q 的移动量为零时，该指令不执行。

【例 6-7】 使用 G73 指令编制如图 6-29 所示深孔加工程序，设刀具起点距工件上表面42mm，距孔底 80mm，在距工件上表面 2mm 处（R 点）由快进转换为工进，每次进给深度10mm，每次退刀距离 5mm。

深孔的加工程序见表 6-10。

表 6-10　深孔的加工程序及说明

程　　序	说　　明
O0022	程序名
N10 G92 X0 Y0 Z80	设置刀具起点
N20 G00 G90 M03 S2200	主轴正转
N30 G98 G73 X100 R40 P2 Q-10 K5 Z0 F220	深孔加工,返回初始平面
N40 G00 X0 Y0 Z80	返回起点
N60 M05	
N70 M30	程序结束

2. 反攻丝循环指令 G74

格式: $\begin{Bmatrix} G98 \\ G99 \end{Bmatrix} G74\ X\_\ Y\_\ Z\_\ R\_\ P\_\ F\_\ L\_$;

利用 G74 攻反螺纹时,主轴反转,到孔底时主轴正转,然后退回。G74 指令动作循环如图 6-30 所示。

注意:① 攻丝时速度倍率、进给保持均不起作用;

② R 应选在距工件表面 7mm 以上的地方;

③ 如果 Z 的移动量为零,则该指令不执行。

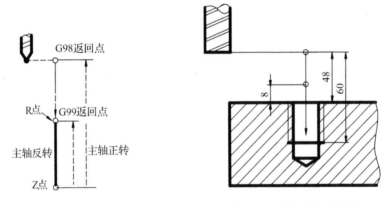

图 6-30　G74 指令动作循环　　　　图 6-31　反攻丝循环实例

【例 6-8】　使用 G74 指令编制如图 6-31 所示的反螺纹攻丝加工程序,设刀具起点距工件上表面 48mm,距孔底 60mm,在距工件上表面 8mm 处(R 点)由快进转换为工进。

利用 G74 反攻丝加工螺纹程序见表 6-11。

表 6-11　螺纹的加工程序及说明

程　　序	说　　明
O2008	程序名
N10 G92 X0 Y0 Z60	设置刀具的起点
N20 G91 G00 M04 S220	主轴反转,转速 220r/min
N30 G98 G74 X100 R-40 P4 F220	攻丝,孔底停留 4 个单位时间,返回初始平面
N35 G90 Z0	
N40 G0 X0 Y0 Z60	返回到起点

续表

程　　序	说　　明
N50 M05	
N60 M30	程序结束

3. 钻孔循环(中心钻)指令 G81

格式：$\begin{Bmatrix} G98 \\ G99 \end{Bmatrix}$ G81 X_ Y_ Z_ R_ F_ L_ ;

G81 钻孔动作循环，包括 X,Y 坐标定位、快进、工进和快速返回等动作。注意的是，如果 Z 方向的移动量为零，则该指令不执行。G81 指令动作循环如图 6-32 所示。

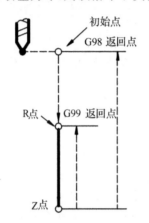

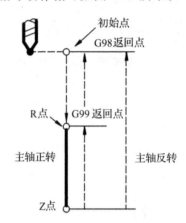

图 6-32　G81 钻孔动作循环　　　　图 6-33　G84 攻丝动作循环

4. 带停顿的钻孔循环指令 G82

格式：$\begin{Bmatrix} G98 \\ G99 \end{Bmatrix}$ G82 X_ Y_ Z_ R_ P_ F_ L_ ;

G82 指令除了要在孔底暂停外，其他动作与 G81 相同。暂停时间由地址 P 给出。G82 指令主要用于加工盲孔，以提高孔深精度。注意的是，如果 Z 方向的移动量为零，则该指令不执行。

5. 攻丝循环指令 G84

格式：$\begin{Bmatrix} G98 \\ G99 \end{Bmatrix}$ G84 X_ Y_ Z_ R_ P_ F_ L_ ;

利用 G84 攻螺纹时，从 R 点到 Z 点主轴正转，在孔底暂停后，主轴反转，然后退回。G84 指令动作循环如图 6-33 所示。

注意：① 攻丝时速度倍率、进给保持均不起作用。

② R 应选在距工件表面 7mm 以上的地方。

③ 如果 Z 方向的移动量为零该指令不执行。

6. 取消固定循环指令 G80

该指令能取消固定循环，同时 R 点和 Z 点也被取消。使用固定循环时应注意以下几点：①在固定循环指令前应使用 M03 或 M04 指令使主轴回转。

②在固定循环程序段中，X、Y、Z、R 数据应至少指令一个才能进行孔加工。

③在使用控制主轴回转的固定循环(G74 G84 G86)中，如果连续加工一些孔间距比较小，或者初始平面到 R 点平面的距离比较短的孔时，会出现在进入孔的切削动作前，主轴还没有达到正常转速的情况。遇到这种情况时，应在各孔的加工动作之间插入 G04 指令，以获得时间。

④当用 G00～G03 指令注销固定循环时，若 G00～G03 指令和固定循环出现在同一程序段，则按后出现的指令运行

⑤在固定循环程序段中，如果指定了 M，则在最初定位时送出 M 信号，等待 M 信号完成后，才能进行孔加工循环。

【例 6-9】　编制如图 6-34 所示的螺纹加工程序，设刀具起点距工作表面 100mm 处，螺纹切削深度为 10mm。

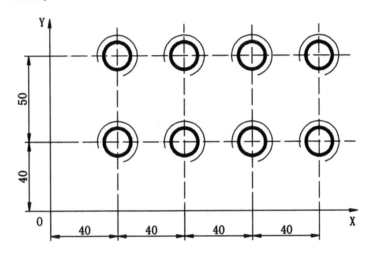

图 6-34　固定循环综合编程

在工件上加工孔螺纹，应先在工件上钻孔，钻孔的深度应大于螺纹深(定为 12mm)，钻孔的直径应略小于内径(定为 φ8mm)。螺纹的加工程序见表 6-11。

表 6-11　螺纹的加工程序及说明

程　序	说　明
O2008	先用 G81 钻孔的主程序
N10 G92 X0 Y0 Z100	
N20 G91 G00 M03 S2200	
N30 G99 G81 X40 Y40 G90 R-98 Z-112 F220	
N50 G91 X40 L3	
N60 Y50	
N70 X-40 L3	
N80 G90 G80 X0 Y0 Z100 M05	
N90 M30	
O1013	用 G84 攻丝的程序
N210 G92 X0 Y0 Z0	

程　　序	说　　明
N220 G91 G00 M03 S220	
N230 G99 G84 X40 Y40 G90 R-93 Z-110 F100	
N240 G91 X40 L3	
N250 Y50	
N260 X-40 L3	
N270 G90 G80 X0 Y0 Z100 M05	
N280 M30	

（五）FANUC 0i 系统用户宏功能

在编程工作中,我们经常把能完成某一功能的一系列指令像子程序那样存入存储器,用一个总指令来代表他们,使用时只需给出这个总指令就能执行其功能。所存入的一系列指令称作用户宏功能主体,这个总指令称作用户宏功能指令。

在编程时,不必记住用户宏功能主体所含的具体指令,只要记住用户宏功能指令即可。用户宏功能的最大特点是在用户宏功能主体中能够使用变量;变量之间还能够进行运算;用户宏功能指令可以把实际值设定为变量,使用用户宏功能更具通用性。可见,用户宏功能是提高数控机床性能的一种特殊功能。宏功能主体既可由机床生产厂提供,也可由机床用户厂自己编制(见编程实例)。使用时,先将用户宏主体像子程序一样存放到内存里,然后用子程序调用指令 M98 调用。

FANUC 0i 系统中的用户宏程序功能可以使用变量进行算术运算、逻辑运算和函数的混合运算,此外还可以使用循环语句、分支语句和子程序调用语句等功能,以利于编制各种复杂的零件加工程序,减少乃至免除手工编程时进行繁琐的数值计算,精简程序量。

1. 宏变量

在常规的主程序和子程序内,总是将一个具体的数值赋给一个地址。为了使程序更具通用性、更加灵活,在宏程序设置了变量。

（1）变量的表示

变量可以用"＃"号和紧跟其后的变量序号来表示:＃i(i＝1,2,3……)

例如:＃5,＃109,＃501

（2）变量的引用

将跟随在一个地址后的数值用一个变量来代替,即引入了变量。

例如:对于 F[＃103],若 ＃103＝50 时,则为 F50;

　　　对于 Z[-＃110],若 ＃110＝100 时,则为 Z-100;

　　　对于 G[＃130],若＃130＝3 时,则为 G03;

（3）变量的类型

FANUC 0i 数控系统的变量分为公共变量和系统变量两类。

①公共变量。公共变量又分为全局变量和局部变量。全局变量是在主程序和主程序调用的各用户宏程序内都有效的变量,也就是说,在一个宏指令中的＃i 与在另一个宏指令中的＃i 是相同的。局部变量仅在主程序和当前用户宏程序内有效,也就是说,在一个宏指令中的＃i 与在另一个宏指令中的＃i 是不一定相同的。

公共变量的序号为：♯0～♯49

当前局部变量有：

♯50～♯199   全局变量

♯200～♯249   0 层局部变量

♯250～♯299   1 层局部变量

♯300～♯349   2 层局部变量

♯350～♯399   3 层局部变量

♯400～♯449   4 层局部变量

♯450～♯499   5 层局部变量

♯500～♯549   6 层局部变量

♯550～♯599   7 层局部变量

FANUC 0i 数控系统可以子程序嵌套调用，调用的深度最多可以有 4 层。每一层子程序都有自己独立的局部变量，变量个数为 50。如当前局部变量为♯0-♯49；第一层局部变量为♯200-♯249；第二层局部变量为♯250-♯299；第三层局部变量♯300-♯349；依此类推。

②系统变量

系统变量定义为：有固定用途的变量。它的值决定系统的状态。系统变量包括刀具偏置变量、接口的输入/输出信号变量、位置信号变量等。

例如：♯600～♯699   刀具长度寄存器 H0～H99

♯700～♯799   刀具半径寄存器 D0～D99

♯800～♯899   刀具寿命寄存器

♯1000～♯1008   机床当前位置

♯1010～♯1018   程编当前位置

♯1020～♯1028   程编工件位置

……

2. 常量

类似于高级编程语言中的常量，在用户宏程序中也具有常量。在 FAUNC 0i 数控系统中的常量主要有三个：

PI：   圆周率

TRUE：条件成立（真）

FALSE：条件不成立（假）

3. 运算符

在宏程序中的各运算符、函数将实现丰富的宏功能。在 FANUC 0i 数控系统中的运算符有：

(1)算术运算符：＋，－，＊，/

(2)条件运算符：EQ(＝)，NE(≠)，GT(＞)，GE(≥)，LT(＝)，LE(≤)

(3)逻辑运算符：AND，OR，NOT

(4)函数：SIN，COS，TAN，ATAN，ATAN2，ABS，INT，SIGN，SQRT，EXP

4. 语句表达式

在 FANUC 0i 数控系统中的语句表达式有三种：

(1)赋值语句。即把常数或表达式的值送给一个宏变量。其格式为:宏变量＝常数或表达式。

例如:♯2＝175/SQRT[2]＊COS[55＊PI/180]

♯3＝124.0

(2)条件判别语句 IF——ELSE——ENDIF。

(3)循环语句 WHILE——ENDW。

5.调用方式

宏程序的调用方式类似于调用子程序,即同样采用 M98 调用,采用 M99 结束。但在宏程序时,应给出所需要的参数值。

【**例 6-10**】 有一个逼近整圆的数控加工程序,在程序中把加工整圆作为宏程序进行调用,在调用时要给出所要求的圆心点和圆半径,见表 6-12 程序实例。

表 6-12　圆的宏程序调用及说明

程　　序	说　　明
O2008	主程序
G92 X0 Y0 Z0	
M98 P0915 X-50 Y0 R50	调用加工整圆的宏程序,并给出圆心点和圆半径。
M30	
O0915	加工整圆的宏程序
……	
M99	宏程序结束,返回主程序

实训 6.1　FANUC 0i 系统数控铣床基本操作

一、数控铣床基本操作过程(FANUC 0i 系统)

(一)开机前准备

(1)检查数控铣床各轴是否处于安全位置。

(2)确认要使用的工量具已经摆放在工具柜工作台上。

(3)观察虎钳或卡盘是否已经固定在铣床工作台上。

(4)确定铣床上的刀具已经锁紧。

(5)检查电气柜、气管及冷却管等是否正常。

(二)开机和关机及注意事项

1.开机步骤

① 总电源:打开电气柜中的铣床总电源开关及空气压缩机电源开关;

② 设备电源:打开铣床上电源开关及空压机上启动开关;

③ 系统电源:打开 FANUC 0i 数控系统;

④ 伺服器电源:旋开急停旋钮,按 RESET 复位键。说明:为解除"急停"工作方式,使数控系统正常运行,需左旋并拔起操作台右上角的"急停"按钮,使系统复位,并接通伺服电源。

系统默认进入"回参考点"方式,软件操作界面的工作方式变为"回零"。

⑤ 回参考点:按下手动操作面板上的 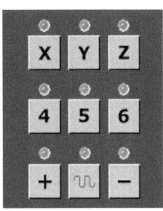（回参考点键）,然后分别按下手动面板上的

X Y Z 三个按键,此时三个方向的坐标将开始回参考点动作,直到 X、Y、Z 三轴回

参考点成功。如图 6-35 所示,机械坐标显示为零,手动面板上 **X Y Z** 三键上方指

示灯亮起。机床开机完成,可以进行正常的加工操作。

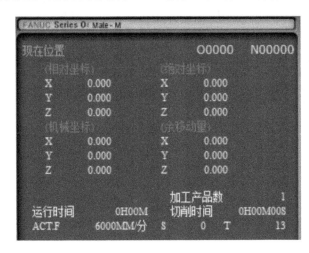

图 6-35　回参考点完成显示器坐标显示及手动面板灯状态

2. 关机步骤

① 将主轴移动到工作台中间安全位置;

② 卸下刀具;

③ 按下手动操作面板上的"急停"按钮,断开伺服电源。

④ 按下手动操作面板上的"系统关闭"按钮,关闭 FANUC 0i 数控系统。

⑤ 旋转铣床电控柜旋钮,关闭铣床电源。按下空压机关闭按钮,关闭空压机。

⑥ 拉下强电柜内数控铣床及空压机对应的总电源开关。

3. 注意事项

(1)回参考点操作时的注意事项:

① 为防止数控锐床主轴或刀具与工件、工装等发生碰撞,回参考点操作时,应选择 Z 轴先回参考点,将主轴或刀具抬起,然后再回其余各轴。

② 在回参考点前,应确保回零轴位于参考点的"回参考点方向"相反侧(如 X 轴的回参考点方向为负,则回参考点前,应保证 X 轴当前位置在参考点正向侧);否则应手动移动该轴直到满足条件为止。这样不易造成各轴团参考点时由于惯性而超程。

③ 每次接通电源后,必须先完成各轴回参考点操作,然后再进入其他方式。以确保各轴坐标的正确性。

④ 若出现超程,就按住控制面板上的"超程解除"按键,用手动方式向相反方向移动该轴,使其退出超程状态。

（2）急停键使用注意事项：

在机床运行过程中，在危险或紧急情况下，按下"急停"按钮，数控系统即进入急停状态，伺服进给及主轴运转立即停止工作（控制柜内的进给驱动电源被切断）；松开"急停"按钮（左旋此按钮，自动跳起），数控系统进入复位状态。在机床上电和关机之前应按下"急停"按钮，以减少设备电冲击。解除紧急停止前，先确认故障原因是否排除，且紧急停止解除后，应重新执行回参考点操作，以确保坐标位置的正确性。

（3）超程解除的注意事项：

在伺服轴行程的两端各有一个极限开关，作用是防止伺服机构碰撞而损坏。每当伺机构碰到行程极限开关时，就会出现超程。当某轴出现超程（"超程解除"按键内指示灯）亮时，系统视其状况为紧急停止，要退出超程状态时，必须按以下步骤操作：

① 松开"急停"按钮，置工作方式为"手动"或"手摇"方式。

② 一直按压着"超程解除"按键（控制装置会暂时忽略超程的紧急情况）。

③ 在手动（手摇）方式下，使该轴向相反方向退出超程状态。

④ 松开"超程解除"按键。

若显示屏上运行状态栏"运行正常"取代了"出错"，表示恢复正常，可以继续操作。在操作机床退出超程状态时，请务必注意移动方向及移动速率，以免发生撞机。

（三）铣床的手动操作

铣床手动操作主要由 MPG 手持单元（见图 6-36）和铣床操作面板共同完成，机床控制面板如图 6-37 所示。

图 6-36　MPG 手持单元

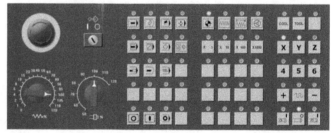

图 6-37　铣床操作面板

1. 手动移动进给轴

手动移动铣床进给轴的操作由 MPG 手持单元和铣床操作面板上的模式选择、轴手动、增量倍率、进给修调、快速修调等按键共同完成。

（1）点动进给

① 按一下 [WWW] 手动键（指示灯亮），系统处于点动运行方式。此时可点动所需机床坐标轴的按键 [X] [Y] [Z]，同时按压多个方向的轴手动按键，每次能手动连续移动多个铣床的坐标轴。下面以点动移动 Z 轴为例说明：

a. 按压 [—] [Z] 或者 [+] [Z] 按键（指示灯亮），X 轴将向正向或者负向连续移动。

b. 松开 [—] [Z] 或者 [+] [Z] 按键（指示灯灭），X 轴即减速停止。用同样的方法

使用 ─ X 或 ＋ X 、─ Y 或 ＋ Y 、"＋4TH"或"-4TH"按键,可以使 X 轴、Y 轴、4TH 轴产生正向或负向连续移动。

c. 在点动进给时,若同时按压 ⌇ 快进键,则产生相应轴的正向或负向快速移动。

d. 点动进给速度选择,在点动进给时,进给速度由系统参数设定。通过旋转修调旋钮 (如图 6-38 所示)可调节点动进给时速度的快慢。

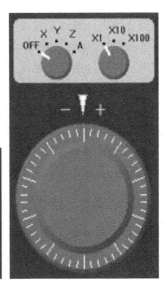

图 6-38　进给修调开关　　　　图 6-39　增量倍率选择　　　　图 6-40　手轮平面图

(2)增量进给

增量进给。当手持单元的坐标轴选择波段开关置于"OFF"档时,按一下操作面板上的 ▦ 增量键(指示灯亮),系统处于增量进给方式,可增量移动机床坐标轴。下面以增量进给 Z 轴为例说明:

① 按一下 ─ Z 或者 ＋ Z 按键(指示灯亮),X 轴将向正向或负向移动一个增量值。

② 再按一下 ─ Z 或者 ＋ Z 按键,X 轴将向正向或负向继续移动一个增量值。用同样的操作方法使用 ─ X 或 ＋ X 、─ Y 或 ＋ Y 、"＋4TH"、"-4TH"按键可以使 Y 轴、Z 轴、4TH 轴向正向或负向移动一个增量值,同时按一下多个方向的轴手动按键,每次能增量进给多个坐标轴。

增量进给的增量值由"x1(增量值为 0.001mm)"、"x10(增量值为 0.01mm)"、"xl00(增量值为 0.1mm)"、"x1000(增量值为 1mm)"四个增量倍率按键控制。增量倍率按键如上图 6-39 所示。注意:这几个按键互锁即按一下其中一个(指示灯亮),其余几个会失效(指示灯灭)。

（3）手摇进给（MPG 手持单元）

手摇脉进给属增量进给方式。当手持单元的坐标轴选择波段开关置于 、 Y 、

Z 、"4TH"档时，按一下操作面板上的 按键（指示灯亮），系统处于手摇进给方式，可手摇进给机床坐标轴。下面以手摇进给 X 轴为例说明。

①手持单元的坐标轴选择波段开关置于 X 档。

②旋转手摇脉冲发生器，可控制 X 轴正、负向运动。

③顺时针/逆时针旋转手轮（如上图 6-40）一格，X 轴将向正向或负向移动一个增量值。

用同样的操作方法使用手持单元，可以使 Y 轴、Z 轴、4TH 轴，正向或负向移动一个增量值。手摇进给方式每次只能增量进给 1 个坐标轴。

手摇进给的增量值（手轮每转一格的移动量）由手持单元的增量倍率波段开关"x1（增量值为 0.001mm）"、"x10（增量值 0.01mm）"、"x100（增量值 0.1mm）"控制。

2．主轴的手动操作

主轴控制由铣床操作面板上的主轴控制按键完成。

（1）主轴制动　在 手动方式下，主轴处于停止状态时，按一下 主轴制动按键指示灯亮，主电动机被锁定在当前位置。

（2）主轴的正反转及停止　在手动方式下当 主轴制动无效时（指示灯灭）。

①按一下 主轴正转按键（指示灯亮），主电动机以机床参数设定的转速正转。

②按一下 主轴反转按键（指示灯亮），主电动机以机床参数设定的转速反转。

③按一下 主轴停止（指示灯亮），主电动机停止运转。

这几个按键互锁，即按一下其中一个（指示灯亮），其余几个会失效（指示灯灭）。

（3）主轴速度修调　主轴正转及反转的速度可通过主轴修调旋钮调节，如图 6-41 所示，速度变化范围从标准值的 50%～120%。

图 6-41　主轴速度调节旋钮

3．机床锁住与 Z 轴锁住

机床锁住与 Z 轴锁住由机床控制面板上的机床锁住与 Z 轴锁住按键完成。

（1）机床锁住　该功能禁止机床所有运动。在手动运行方式下，按一下 机床锁住键（指示灯亮），再进行手动操作，系统继续执行，显示屏上的坐标轴位置信息变化，但不输出伺服轴的移动指令，所以机床停止不动。

（2）Z 轴锁住　该功能禁止进刀。在手动运行开始前，按一下"Z 轴锁住"按键（指示灯亮），再手动移动 Z 轴，Z 轴坐标位置信息变化，但 Z 轴不运动。

4. 其他手动操作

(1)刀具夹紧与松开　在手动方式下通过按压 **TOOL** "允许换刀"按键,使得允许刀具松/紧操作有效(指示灯亮),按一下"刀具松/紧"按键,松开刀具(默认值为夹紧),再按一下又为夹紧刀具,如此循环。

(2)切削液启动与停止　在手动方式下,按一下 **COOL** "冷却开/停"按键,切削液开(默认值为冷却液关),再按一下又为切削液关,如此循环。

(四)手动数据输入(MDI)运行

在 FANUC 0i 系统界面下,按 MDI 键和 **PROG** 页面切换键进入 MDI 模式界面。如图 6-42 所示。

图 6-42　MDI 模式界面

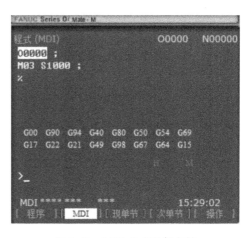

图 6-43　MDI 方式运行主轴

在 MDI 模式下,利用 MDI 键盘输入以下程序段"M03 S1000",并运行。如图 6-43 所示,这时主轴将以每分钟 1000 转的速度正转。

MDI 模式的几点说明:

1. 自动运行过程中,不能进入 MDI 运行方式,可在进给保持后进入。

2. 输入 MDI 指令段　MDI 输入的最小单位是一个有效指令字,因此,输入一个 MDI 运行指令段可以有下述两种方法:

(1)一次输入,即一次输入多个指令字的信息。

(2)多次输入,即每次输入一个指令字信息。

例如,要输入"G00 X22 Y22"MDI 运行指令段,可以进行以下操作:

① 直接输入"G00 X22 Y22"并按 Enter 键。

② 先输入 G00 并按 Enter 键,再输入"X22"并按 Enter 键,然后输入"Y22"并按 Enter 键,显示窗口将依次显示地址符"G00"、"X22"、"Y22"。

(3)运行 MDI 指令段　在输入完一个 MDI 指令段后,按一下操作面板上的 **▯** "循环启动"键,系统即开始运行所输入的 MDI 指令,如果输入的 MDI 指令信息不完整或存在语法错误,系统会提示相应的错误信息,此时不能运行 MDI 指令。

(4)修改某一字段的值 在运行 MDI 指令段之前,如果要修改输入的某一指令字,可直接在命令行上输入相应的指令字符及数值。例如:在输入"X100"并按 INSERT 键后,希望 X 值变为 110,可在命令行上输入"X110"并按 ALTER 键。

(5)清除当前输入的所有尺寸字数据 在输入 MDI 数据后,按 RESET 复位键可清除当前输入的所有尺寸字数据(其他指令字依然有效),显示窗口内 X、Y、Z、I、J、K、R 等字符后面的数据全部消失,此时可重新输入新的数据。

(6)停止当前正在运行的 MDI 指令 在系统正在运行 MDI 指令时,按 RESET 复位键可停止 MDI 运行。

(五)在系统中编辑程序

1. 程序的输入

在 FANUC 0i 系统界面下,按 ◇ EDIT 编辑键和 PROG 页面切换键进入 EDIT 模式界面。如图 6-44 所示。然后按 INSERT 插入键输入程序,如图 6-45 所示。系统中的程序是自动保存的,不需要另外设置一个"保存"键。如果要输入同一软键上的不同字母比如输入 O_P 软键上的字母"P"则需要先按上档键 SHIFT,当输入域内出现"~"符号,则表示下一个输入的字母是软键上较小的字母,也就是字母"P"。

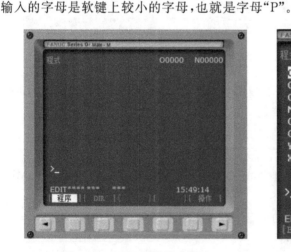

图 6-44 EDIT 编辑模式界面

图 6-45 输入程序的 EDIT 编辑界面

2. 程序段的取消及替代

在程序的输入过程中,难免会输错程序,如果在输入域(如图 6-46 所示)输错程序,直接按 CAN 取消键删除输入域中的程序"9981Z-3",如果程序已经输入到系统中(如图 6-47 所示),则将光标移动到需要替代修改的程序段"M04"的位置,在输入域中输入新的程序段

"M03",按 替代键,光标处的程序段就会替换成输入域中的程序段"M03"。

图 6-46　取消键的使用

图 6-47　替代键的使用

3. 程序的删除

对已经存在于系统中的程序进行删除,主要有两种情况,一种是删除单独一条程序,这种情况下,只需要在输入域中输入对应的程序名称,如在输入域中输入"O0915"(如图 6-48 所示),然后按 DELETE 删除键,程序"O0915"就会被删除。第二种情况是要删除所有保存在系统中的程序,在这种情况下直接在输入域中输入"O-9999"(如图 6-49 所示),然后按 DELETE 删除键,系统中所有的程序(受到保护的程序除外)均会被删除。

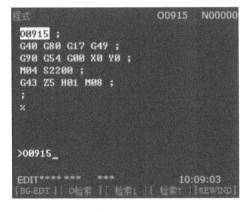

图 6-48　删除一条程序

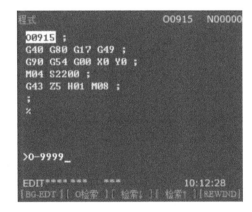

图 6-49　删除所有程序

4. 程序的编辑

在 EDIT 编辑模式下,利用 MDI 键盘输入以下程序段。

%

O1013

G17 G40 G80 G49

G90 G54 G00 X-16 Y12

M03 S1000

G43 Z5 H01 M08

G99 G81 Z-3 R5 F220

Y-12

X0

X16

Y12

X0

G80 G00 Z220

M05 M09

M30

%

（六）空运行

空运行采用特殊的倍率（由系统参数设定），可以通过手动控制面板上的 ▨▨ 空运行键来激活。它只直接作用在倍率上，它的倍率可以比实际切削中使用的高得多。实际上，它意味着程序的执行比使用最大进给率倍率时要快得多。空运行按键有效时，并不进行实际切削。

空运行的目的就是在数控操作人员切削第一个零件前，测试程序的完整性。其好处主要是节省了并不进行加工的程序校对时间。空运行时，零件通常并不安装在机床上。如果工件安装在夹持装置中（比如零件已经装在台虎钳上），同时还使用了空运行，那么留出足够的空间是非常重要的（Z方向设置一个安全高度），通常，这意味着将刀具移离工件。此时程序执行"空"，即没有实际切削，没有冷却液，仅仅是在进行空运行。因为空运行中极大的倍率，所以不能安全地加工件。但在空运行过程中，可以检查出程序所有可能的错误，除了那些跟切削刀具和材料实际接触有关的错误。

空运行是用来检查数控程序总体完整性的非常有效的方法。一旦在空运行中校对程序，数控操作人员就可以关注包含实际加工的程序部分。空运行可以跟手动控制面板上的另外几种功能联合使用。**必须注意的是在加工前要确保让空运行按键处于非空运行状态！**

空运行应用的步骤：

首先将刀具设定在安全的位置，然后将输入在系统中的数控程序调出，在 FANUC 0i 系统界面下，按 ▨ EDIT 编辑键和 PROG 页面切换键进入 EDIT 模式界面。在输入域中输入"O0915"按下光标键，调出程序"O0915"，将手动操作面板上的运行模式切换为自动模式（如图 6-50 所示），必要时将机床锁住 ▨，按 ▨▨ 空运行键，按 ▨ 循环启动键，执行空运行。如图 6-51 所示。

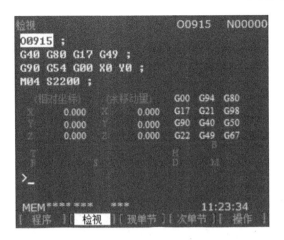

图 6-50　自动模式空运行

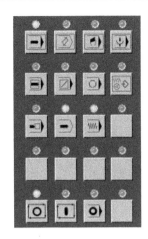

图 6-51　空运行指示灯情况

（七）对刀建立工件坐标系

1. 对刀的重要性

对刀是保证数控加工质量的一个重要环节。这是因为，数控铣床由数控系统按照零件加工程序进行控制，完成自动加工。只有建立了正确合理的坐标系，才能对刀具的运动轨迹作出准确描述，保证加工质量。其中涉及到两个坐标系：机床坐标系和工件坐标系如图 6-52、图 6-53 所示。机床坐标系是以机床参考点（由机床厂家设定的固定点，是数控系统判断刀具位置的依据）设定。而我们在编程和加工时采用的是工件坐标系，工件坐标系是编程时采用的坐标系，工件坐标系原点简称工件原点，位置是由编程人员设定的，程序中出现的绝对坐标值或增量坐标值是指刀具的刀位点在工件坐标系中的坐标。对于数控系统来说，工件原点是一个"动"点。因此，当工件装夹好之后，务必要确定工件原点的机械坐标值，才能将两个坐标系联系起来，这一步工作在数控加工中是通过"对刀"来实现的。

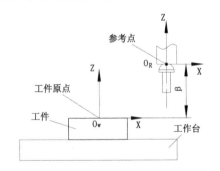

图 6-52　坐标系主视图

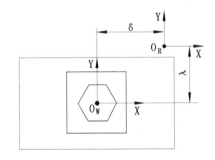

图 6-53　坐标系俯视图

2. 对刀方法

（1）用 G92 指令建立工件坐标系的方法

① G92 法的主要步骤

a. 在"回零"方式下使刀具返回机床参考点；

b. 将工件在工作台上定位并夹紧，在 MDI 方式下输入"M03 S2200"，执行该指令使主轴中速正转；

229

c. 如图 6-54 所示,"手动增量方式"或"手轮方式"下,先将铣刀抬高,离开工件上表面,然后通过改变倍率,使刀具接近工件左侧面,此时先沿-Z 向下刀,再沿＋X 向使侧刃与工件左侧面轻微接触,将相对坐标清零如图 6-55 所示,然后将铣刀沿＋Z 向退离工件;

d. 移动铣刀,使其侧刃轻微接触工件右侧面,记录相对坐标值"X＝__mm";

e. 计算工件坐标系原点的 X 方向相对坐标值,将刀具的 X 坐标移动到该位置,设为 X 零点;

f. 同理,如图 6-56 所示,试切工件的前后侧面,测量并计算出工件坐标系原点的 Y 方向相对坐标值,将刀具的 Y 方向相对坐标移动到该位置,设为 Y 零点;

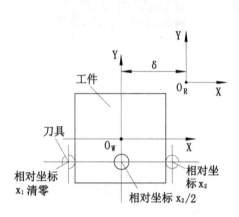

图 6-54　X 方向对刀

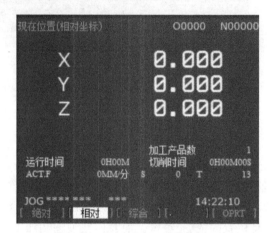

图 6-55　相对坐标清零

g. 如图 6-57 所示,向下移动铣刀,使其端刃轻微接触工件上表面将相对坐标 Z 向清零,沿＋Z 向移动铣刀至相对坐标值 Z2 处,停止主轴。

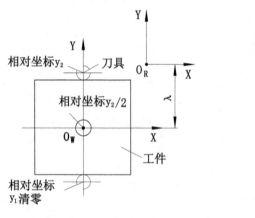

图 6-56　Y 方向对刀

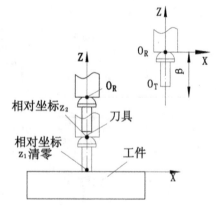

图 6-57　Z 方向对刀

② G92 对刀方法要点小结

a. 对刀前将刀具返回机床参考点是十分必要的。机床参考点是数控机床上的一个固定点,它是在电气坐标原点的基础上偏移一个距离而设置的,一般被设置在刀具运动的 X、Y、Z 正向最大极限位置,是机床补偿功能和行程软限位的基准点。数控系统启动后,所有坐标轴都要回一次参考点,以便校正行程测量系统,使得刀具基准点 O。(一般设在主轴底端中心)在该点的机械坐标值为(0,0,0)。

b. 采用试切法直接对刀,方法简单,但会在工件表面留下痕迹,一般用于零件的粗加工,对于精度要求较高的工件,可以采用芯棒、塞尺、寻边器,原理与试切对刀相同。

(2)用 G54 建立工件坐标系的方法

① G54 法的主要步骤

a. 在"回零"方式下使刀具返回机床参考点。

b. 在主轴上安装偏心轴寻边器,然后使主轴正转,转速为 2200 r/min。

c. 用寻边器先轻微接触工件左侧面,打开 POS 界面,将当前的相对坐标值 X 清零,再接触工件右侧面,记录相对坐标值,然后将寻边器移动到相对坐标一半处。同理,将刀具的 Y 方向相对坐标移动到 Y 的 1/2 处。如图 6-58 所示,打开工件坐标系设定界面,将光标移动到 G54 中 Z 坐标位置,在屏幕左下方输入"X0",按下操作面板上的[测量]键,完成刀具基准点在机床坐标系中的 X 坐标的测量。然后用类似的方法测量出刀具基准点在机床坐标系中的 Y 坐标。

d. 停止主轴,将寻边器卸下,换上标准芯轴,并在芯轴与工件上表面之间加入厚度为 1mm 的塞尺,采用手轮方式移动芯轴轻微接触塞尺上表面。打开工件坐标系设定界面,如图 6-58 所示,将光标移动到 G54 中 Z 坐标位置,在屏幕左下方输入"Z1",按下操作面板上的[测量]键,完成刀具基准点在机床坐标系中的 Z 坐标的测量。这样,数控系统会计算出工件原点的机械坐标值。

e. 如图 6-59 所示,打开刀具补正界面,在第一组补正量的(形状)H 处输入 20(刀具与芯轴的长度差),在(形状)D 处输入 12(刀具的直径)。

图 6-58　G54 工件坐标系设定

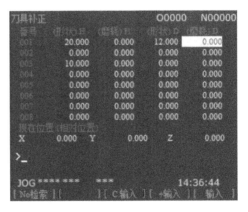

图 6-59　刀具补正量设定

② G54 对刀方法要点小结

a. 这种方法是将寻边器和标准芯轴假设作为基准刀具,然后将实际刀具的直径以及它与标准芯轴的长度差在刀具补正量界面中进行补偿和设定。这样,如果加工中用到多把刀具时,只需要在此界面中分别设定各把刀具的直径以及它与标准芯轴的长度差,避免了对每把刀具都进行烦琐的试切对刀。

b. 采用这种方法对刀后,在程序中建立坐标系并调用刀具的指令为:

O1013

……；

G54；　　　　　　　　　　　（建立 G54 工件坐标系）

……；

T01；　　　　　　　　　　　（换 1 号刀）

G43 H1；　　　　　　　　　（刀具长度补偿，调用 01 组刀具补正量）

……；

G42 G01 X0 Y0 Z3 D01　　　（刀具半径右补偿，调用 01 组刀具补正量）

……；

G49；　　　　　　　　　　　（取消长度补偿）

……；

G40 G00 X50 Y50 Z100；　　（取消半径补偿）

……；

M30；

%

③ G54 对刀方法的扩展

如果在工作台上同时安装了多个工件，如图 6-60 所示，要实现多个相同零件的连续加工，需要对每个工件分别建立一个工件坐标系，这时我们可以充分利用 FANUC-0i 系统所提供的工件坐标系扩展功能，将各坐标系分别设定为 G54-G59 等，按照 G54 法的对刀原理，确定其他工件坐标系的原点，并且将单个零件的加工程序编为子程序。

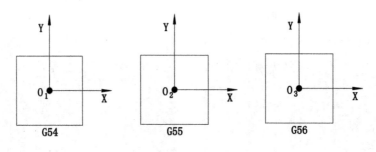

图 6-60　多件加工

编程如下：

O2008

……；

G54；

M98 P0915；　　　　　　　（调用子程序，加工第一件）

G55；

M98 P0915；　　　　　　　（调用子程序，加工第二件）

G56；

M98 P0915；　　　　　　　（调用子程序，加工第三件）

……；

M30；

％

（3）对刀的验证

对刀之后还有一步重要的工作，就是验证对刀结果是否正确，主要是 Z 轴方向，以避免正式加工时发生严重的撞刀事故。以 G54 对刀方法为例，编制如下程序进行验证。

O2008；

G54； （调用 G54 工件坐标系）

T01； （换 1 号刀）

G43 H1； （刀具长度补偿）

M03 S2200 （主轴正转，转速为 2200 r/min）

G90 G01 X0 Y0 Z100 F220；（刀具以 220mm /min）的进给速度工进到工件原点上方100mm 处）

M05； （主轴停止）

M00 （程序暂停，测量）

……

M30；

％

（八）运行程序自动加工

铣床的自动运行加工也称为铣床的自动循环加工。在完成程序的编辑、修改、验证和工件坐标系的建立（对刀），确定程序及加工参数正确无误后，选择 [➡] 自动加工模式，按下 [❚] 循环启动键运行程序，对工件进行自动加工。程序自动运行操作如下：

（1）按下 [PROG] 页面切换键显示程序屏幕，切换到 [✎] 编辑模式（如图 6-61 所示），按下地址键"O"以及用数字键输入要运行的程序号"O1013"，并按下光标键，调出程序；

（2）切换到 [➡] 自动加工模式（如图 6-62 所示）；

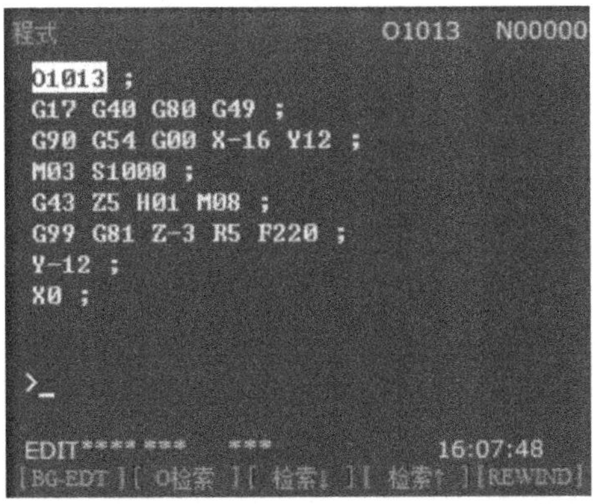

图 6-61　编辑模式调出程序 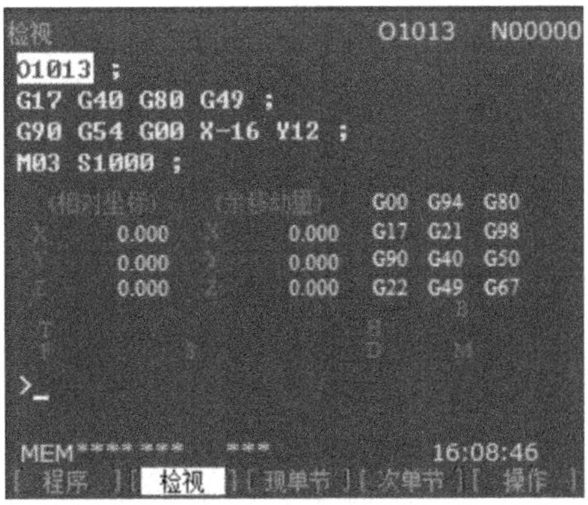　　　　　图 6-62　自动模式应用程序

（3）按下机床操作面板上的 █ 循环启动键（CYCLE START）。所选择的程序会启动自动运行，启动键的灯会亮。当程序运行完毕后，指示灯会熄灭。在中途停止或者暂停自动运行时，可以按下机床控制面板上的 ◎ 暂停键（FEED HOLD），暂停进给指示灯亮，并且循环指示灯熄灭。执行暂停自动运行后，如果要继续自动执行该程序，则按下 █ 循环启动键（CYCLE START），机床会接着之前的程序继续运行。要终止程序的自动运行操作时，可以按下 MDI 面板上的 RESET 复位键（RESET）键，此时自动运行被终止，并进入复位状态。当机床在移动过程中，按下 RESET 复位键（RESET）键时，机床会减速直到停止。

实训 6.2 型腔槽板铣削编程与加工训练

【例 6-11】 加工如图 6-63 所示型腔槽板零件。

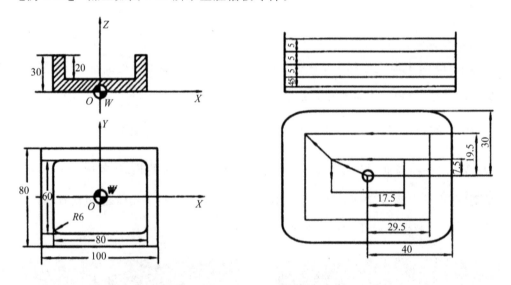

图 6-63 内轮廓型腔槽板零件及加工进刀方式 1

一、加工工艺分析及程序编辑

1. 方案一

（1）刀具选择：粗加工采用 Φ20 的立铣刀，精加工采用直径 <Φ10 的键槽铣刀；

（2）安全面高度设为：40mm；

（3）进刀/退刀方式：粗加工从中心工艺孔垂直进刀，向周边扩展，如图 6-63 所示。为此，首先要求在腔槽中心用 Φ20 的麻花钻钻好工艺孔；

（4）工艺路线：粗加工分四层切削加工，底面和侧面各留 0.5mm 的精加工余量。

方案一数控程序如下（不包括钻工艺孔）

O2008；	第 2008 号程序,铣削型腔
N10 T01 M06；	选 01 号刀具(Φ20mm 立铣刀)
N20 G54 G90 G00 X0 Y0；	建立工件坐标系
N30 Z40 S1000 M03；	刀具运动到安全面高度,启动主轴
N40 M08；	打开冷却液
N50 G01 Z25 F220；	从工艺孔垂直进刀 5mm,至高度 25mm 处
N60 M98 P0915；	调用子程序 0915,进行第一层粗加工
N70 Z20 F220；	从工艺孔垂直进刀 5mm,至高度 20mm 处
N80 M98 P0915；	调用子程序 0915,进行第二层粗加工
N90 Z15 F220；	从工艺孔垂直进刀 4.5mm,至高度 15mm 处
N100 M98 P0915；	调用子程序 0915,进行第三层粗加工
N110 Z10.5 F220；	从工艺孔垂直进刀 4.5mm,至高度 10.5mm 处
N120 M98 P0915；	调用子程序 0100,进行第四层粗加工
N130 G00 Z40；	抬刀至安全面高度
N140 T02 M06；	换 02 号刀具(Φ10 立铣刀),进行精加工
N150 S2200 M03；	
N160 M08；	
N170 G01 Z10 F220；	从中心垂直下刀至图样要求的高度处
N180 X-11 Y1 F100；	开始铣削型腔底面,第一圈加工开始
N190 Y-1；	
N200 X11；	
N210 Y1；	
N220 X-11；	
N230 X-19 Y9；	型腔底面第二圈加工开始
N240 Y-9；	
N250 X19；	
N260 Y9；	
N270 X-19；	
N280 X-27 Y17；	型腔底面第三圈加工开始
N290 Y-17；	
N300 X27；	
N310 Y17；	
N320 X-27；	
N330 X-34 Y25；	型腔底面第四圈加工开始,同时也精铣型腔的周边
N340 G03 X-35 Y24 I0 J-1；	没有刀具半径补偿,刀具中心轨迹圆弧半径为 R1
N350 G01 Y-24；	
N360 G03 X-34 Y-25 I1 J0；	
N370 G01 X34；	
N380 G03 X35 Y-24 I0 J1；	

N390 G01 Y24 ;

N400 G03 X34 Y25 I-1 J0;

N410 G01 X-34;　　　　　　精加工结束

N420 G00 X40 Y10;　　　　　退刀

N430 G0 Z40;　　　　　　　抬刀至安全高度

N440 M30;　　　　　　　　程序结束并返回

O0915;　　　　　　　　　　子程序

N10 X-17.5 Y7.5 F60;　　　进刀至第一圈扩槽的起点(-17.5,7.5),并开始扩槽

N20 Y-7.5;

N30 X17.5;

N40 Y7.5;

N50 X-17.5;　　　　　　　第一圈扩槽加工结束

N60 X-29.5 Y19.5;　　　　进刀至第二圈扩槽的起点(-29.5,19.5),并开始扩槽

N70 Y-19.5;

N80 X29.5;

N90 Y19.5;

N100 X-29.5;　　　　　　第二圈扩槽加工结束

N110 X0 Y0;　　　　　　回中心,第一层粗加工结束

N120 M99;

2. 方案二

先用行切法分层切去中间大部分余量,最后用环切法精铣侧面的方法对该型腔进行粗、精加工。

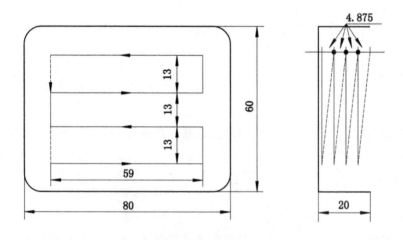

图 6-64　内轮廓型腔槽板零件加工进刀方式 2

(1)刀具选择:粗加工采用 Φ20 的立铣刀,精加工采用直径 Φ10 的键槽铣刀;

(2)安全面高度:40mm;

(3)进刀/退刀方式:粗加工采用倾斜方式进刀,如图 6-64 中倾斜虚线所示;

(4)工艺路线:粗加工分四层切削加工,每层切深 4.875 mm,各层内的走刀路线如图 6-

64 中实线所示,底面和侧面各留 0.5mm 的精加工余量。

方案二数控程序如下(不包括钻工艺孔)

O0022;	第 0022 号程序,铣削型腔
N10 T01 M06;	选 01 号刀具(中 20mm 立铣刀)
N20 G54 G90 G00X-29.5　Y19.5;	调用 G54 工件坐标系,刀具快进至起刀点
N30 Z40 S1000 M03;	刀具运动到安全面高度,启动主轴
N40 M08;	打开冷却液
N50 G01 Z30 F220;	工进至工件上表面
N60 M98 P1013L4;	调用子程序 1013 四次,进行四层粗加工
N70 G90 G00 X0 Y0 Z40 M05;	抬刀至安全高度
N80 T02 M06;	换 02 号刀具(Φ10 立铣刀),进行精加工
N90 S2200 M03;	
N100 M08;	
N110 X-34.5 Y20;	刀具快进至底面精加工起刀点
N120 G01 Z30 F220;	工进至工件上表面
N130 G91 Y-40 Z-20 F100;	倾斜方式进刀至底面深度
N140 X69;	第一次往返
N150 Y8;	
N160 X-69;	
N170 Y8;	
N180 X69;	第二次往返
N190　Y8;	
N200 X-69;	
N210 Y8;	
N220 X69;	第三次往返
N230 Y8;	
N240 X-69;	
N260 G90 X-34 Y25;	精铣型腔的周边'
N270 G03 X-35 Y24 I0 J-1;	没有刀具半径补偿,刀具中心轨迹圆弧半径为 R1
N280 G01 Y-24;	
N290 G03 X-34Y-25 I1 J0;	
N300 G01 X34;	
N310 G03 X35 Y-24 I0 J1;	
N320 G01 Y24;	
N330 G03 X34 Y25 I-1 J0;	
N340 G01 X-34;	精加工结束
N350 G00 X-30 Y10;	退刀
N360 G00 Z40;	抬刀至安全高度
N370 M30;	程序结束并返回

O1013   子程序

N10 G91 Y-39 Z-4.875 F100；   倾斜方式进刀至各层深度

N20 X59；   第一次往返

N30 Y13；

N40 X-59；

N50 Y13；

N60 X59；   第二次往返

N70 Y13；

N80 X-59；

N90 M99；

二、型腔槽板零件的加工步骤

1. 编辑调用程序

（1）选择 [✐] 编辑模式，单击 [PROG] 按钮；

（2）键入地址 O 及要检索的程序号"2008"或者"0022"；

（3）按下 [↓] 光标键，此时在 CRT 显示器的右上方显示已检索的程序号。单击［程序］相对应的下方空白键即可查找已有程序。如图 6-65 所示。如果程序未输入到系统中，则在编辑和 PROG 模式下输入程序，具体步骤见任务 6.1 关于程序编辑的内容。

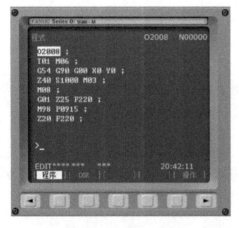

图 6-65 调出程序"O2008"

图 6-66 程序"O2008"自动加工

2. 验证程序、对刀建立坐标系见任务 6.1 关于空运行及对刀建立工件坐标系的内容。

3. 运行程序自动加工型腔槽板

（1）切换 [→] 到自动模式，按［检视］软键如图 6-66 所示。然后按 [①] 循环启动按钮，铣床自动运转，开始加工。

（2）按 [○] 进给保持按钮，使自动运转暂时停止。

（3）按  跳步按钮，程序中有斜杠"/"的程序段将不执行。

（4）按 ⬛ 单段按钮，机床处于单段运行状态，每按一次 ⬛ 循环启动按钮，只执行一段程序段。

（5）按 ⬛ 空运行按钮，此时机床在空运行状态下快速运行。（在对刀前使用此功能！）

（6）按 ➡ 锁定按钮，机床停止移动，但位置坐标的显示与机床移动时相同，M、S 和 T 功能仍有效。该按钮主要用于程序检测。（在对刀前使用此功能！）

（7）按 ⬛ 选择停按钮，执行含有 M01 的程序段后，自动运转停止。（此功能在本例中无效。）

（8）按［急停］按钮，机床移动瞬间停止如图 6-67 所示。（在对刀前使用此功能！）

（9）使用［进给速度修调］开关可选择程序指定的进给速度的百分数，按照刻度可实现 0%～150% 的倍率修调，等倍率旋钮放在 0%，各轴将停止进给。如图 6-68 所示。

图 6-67　急停按钮

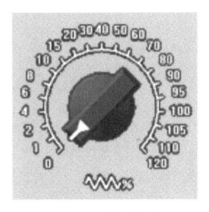

图 6-68　0% 进给倍率

思考练习题

6-1　用立铣刀铣一个 100×100 的平面，深度 3mm，要求使用子程序，铣刀 Φ12mm。用 FANUC 0i 系统指令编程。

6-2　零件如图 6-69 所示，Z 向程序原点位于上表面。刀具选用 Φ16 立铣刀。安全面高度为 20mm。用 FANUC 0i 系统指令编程，并加工实物。

6-3　零件如图 6-70 所示，Z 向程序原点位于上表面，刀具选用 Φ6、Φ18、Φ22 立铣刀，安全高度为 20mm。用 FANUC 0i 系统指令编程，并加工实物。

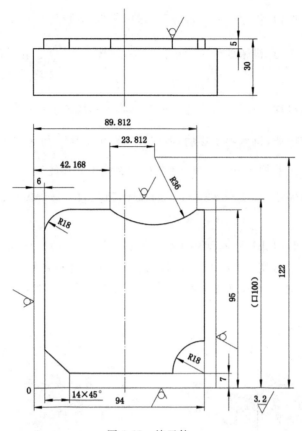

图 6-69　练习件一

Section A-A

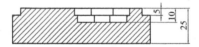

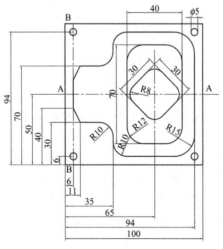

Section B-B

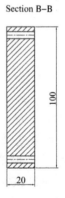

图 6-70　练习件二

6-4　加工如图 6-71 所示工件,粗基准面已加工。要求精加工上表面及轮廓,加工程序启动时刀具在工件原点正上 20mm 处(工件原点位置如图所示),选择 Φ20 立铣刀,并以零件的中心孔作为定位孔,试编写其精加工程序(FANUC 0i 指令)。

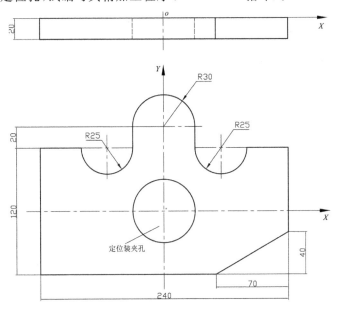

图 6-71　练习件三

6-5　如图 6-72 所示零件,毛坯已经经过粗加工,要求在数控铣床上钻 4-Φ8mm 孔、Φ18mm 孔,用 Φ20 立铣刀加工其他部分。要求制定加工工艺,设定刀具参数,用 FANUC 0i 指令编写加工程序。

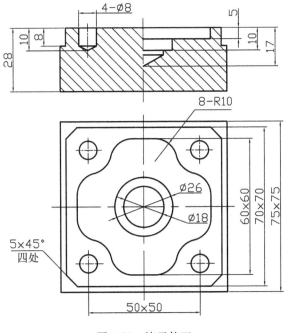

图 6-72　练习件四

6-6 某零件的外形轮廓如图 6-73 所示,厚度为 3mm。按下面要求手工编制精加工程序(FANUC 0i 系统指令)。刀具:直径为 Φ10mm 的立铣刀;进刀、退刀方式:安全平面距离零件上表面 10mm。

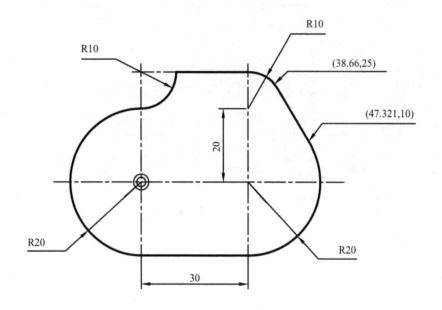

图 6-73 练习件五

项目七　SIEMENS 802D 系统数控铣床实训操作

※ 知识目标

1. 掌握 SIEMENS(西门子)802D 系统数控铣床操作面板功能；
2. 掌握西门子系统基本编程指令的功能；
3. 掌握 SIEMENS(西门子)802D 系统数控铣床基本操作。

※ 能力目标

1. 能够完成机床回参考点操作；
2. 能完成机床手动(JOG)操作；
3. 能进行机床参数设定；
4. 能新建、编辑零件程序并加以图形模拟；
5. 能选择相应程序进行自动加工；
6. 能熟练应用编程指令进行数控程序编辑。

任务 7.1　SIEMENS 802D 系统操作面板介绍

一、SIEMENS 802D 数控系统控制面板

SIEMENS 802D 数控系统控制面板如图 7-1 所示。各按键功能说明见表 7-1。

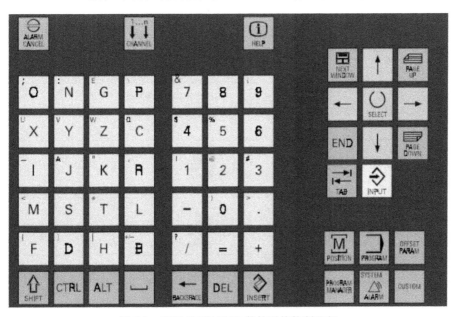

图 7-1　SIEMENS 802D 数控系统控制面板

表 7-1　SIEMENS 802D 数控系统控制面板各按键功能说明

按键	功能说明	按键	功能说明
∧	返回键	INPUT	回车/输入键
>	菜单扩展键	POSITION	加工操作区键
ALARM CANCEL	报警应答键	PROGRAM	程序操作区键
CHANNEL	通道转换键	OFFSET PARAM	参数操作区键
HELP	信息键	PROGRAM MANAGER	程序管理操作区域键
SHIFT	上档键	SYSTEM ALARM	报警/系统操作区域键
CTRL	控制键	CUSTOM	用户键
ALT	ALT 键	NEXT WINDOW	未使用
␣	空格键	PAGE UP / PAGE DOWN	翻页键
BACKSPACE	删除键（退格键）	← → ↑ ↓	光标键
DEL	删除键	SELECT	选择转换键
INSERT	插入键	END	结束键
TAB	制表键	J Z	字母键，上档键转换对应字符

二、SIEMENS 802D 数控系统机床控制面板

SIEMENS 802D 数控系统机床控制面板如图 7-2 所示。各按键功能说明见表 7-2。

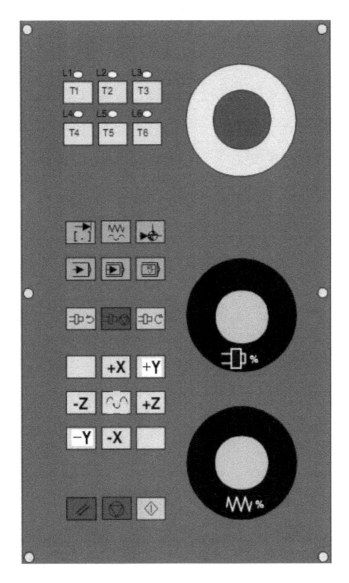

图 7-2 SIEMENS 802D 数控系统机床控制面板

表 7-2 SIEMENS 802D 数控系统机床控制面板各按键功能说明

按键	功能说明	按键	功能说明
○	带发光二极管的用户定义键	主轴停	
	无发光二极管的用户定义键		快速运行

按键	功能说明	按键	功能说明
	增量选择，手轮运行		复位键
	点动		数控停止
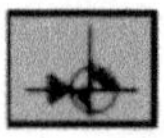	返回参考点		数控启动
	自动运行模式	 +X -X	X轴点动
	单段运行模式	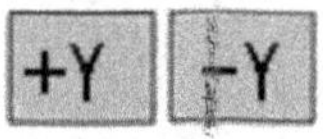 +Y -Y	Y轴点动
	MDA运行模式	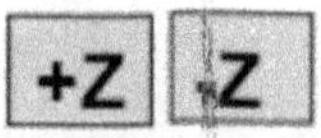 +Z -Z	Z轴点动
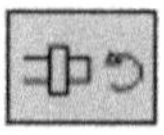	主轴正转		主轴速度倍率修调
	主轴反转	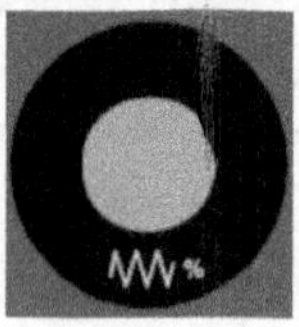	进给速度倍率修调

三、SIEMENS 802D 数控系统显示屏幕及其功能

SIEMENS 802D 屏幕画面如图 7-3 所示。从图中可以看出屏幕划分为以下几个区域：状态区、应用区、说明及软件区

（一）状态区

图 7-4 为状态区详图。状态区显示元素的含义见表 7-3。

状态区

应用区

说明及
软键区

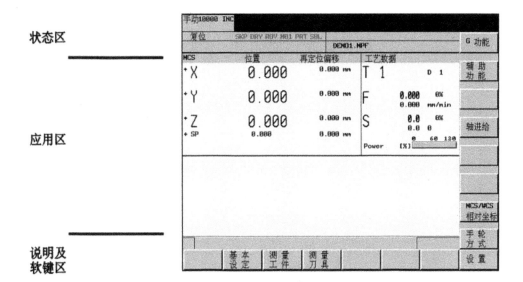

图 7-3 SIEMENS 802D 屏幕画面

图 7-4 状态区

表 7-3 状态区显示元素含义

图中元素	显示及含义	图中元素	显示及含义

①	当前操作区域有效方式加工
	
	    JOG;JOG 方式下增量大小
	    MDA
	    AUTOMATIC
	参数
	程序
	程序管理器
	系统
	报警
	G291 标记的"外部语言"
		②	报警信息行。显示报警内容:1. 报警号
			和报警文本。2. 信息内容

		③	程序状态 STOP:程序停止 RUN:程序运行 RESET:程序复位/基本状态
		④	自动方式下的程序控制
		⑤	保留
		⑥	NC 信息
		⑦	所选择的零件程序(主程序)

(二)说明及软件区

图 7-5 为说明及软件区图。图中所示单元说明见表 7-4。

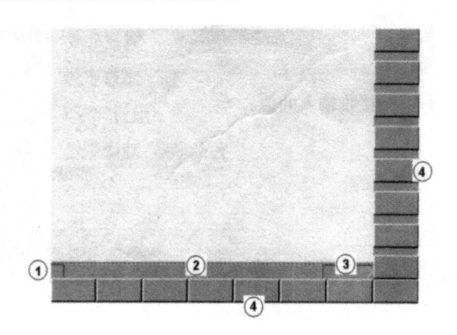

图 7-5　说明及软件区

表 7-4　软件区屏幕显示符号说明

图中元素	显示	含　义
①	∧	返回键,在此区域出现该符号,表明处于子菜单上,按返回键,返回到上一级菜单
②		提示:显示提示信息
③		MMC 状态信息
	>	出现扩展键,表明还有其他软键功能
		大小写字符转换
		执行数据传送
		链接 PLC 编程工具
④		垂直和水平软键栏

除了上述软键符号,西门子系统还设置了一系列标准软键,具体如下:

按键	含义
	关闭该屏幕格式。
	中断输入，退出该窗口。
	完成输入，进行计算。
确认	完成输入，接受输入值。

（三）应用区

应用区上部常显示的是机床实际坐标位置，相对下一个程序段还有没有运动的距离。工艺数据包括当前刀具 T 显示、进给速度 F、主轴转速 S 和主轴功率显示等。中间部分显示零件程序、文件等。不同的屏幕格式显示不同的内容。

（四）操作区域

数控系统中的基本功能可以划分为的操作区域见表 7-5。

西门子系统可以通过设定口令对系统数据的输入和修改进行保护，保护级分为 3 级。用户级是最低级，但它可以对刀具补偿、零点偏置、设定数据、RS232 设定和程序编制/程序修改进行保护。

表 7-5　操作区域按键

按　键	含　义	功　能
POSITION	加工	机床加工
OFFSET PARAM	偏置/参数	输入补偿值和设定参数值
PROGRAM	程序	生成零件程序
PROGRAM MANAGER	程序管理器	零件程序目录
SHIFT　SYSTEM ALARM	系统	诊断和调试
SYSTEM ALARM	报警	报警信息和信息表

另外，西门子系统还对系统的输入操作设置了计算器。按"上档键"和"＝"符号可以启动数值的计算功能。用此功能可以进行数据的四则运算，还可以进行正弦、余弦、平方和开方等运算。

系统还提供一种功能,即在程序编辑器中和 PLC 报警文本中编辑中文文字符。用于打开和关闭中文编辑器的功能键是:ALT+S。

系统使用专门的键指令,用于选择、拷贝、剪切和删除文字。具体为:CTRL+C 拷贝、CTRL+B 选择、CTRL+X 剪切、CTRL+V 粘贴、ALT+L 用于转换大小写字符和 ALT+H 帮助文本。

帮助系统通过帮助键激活。该帮助系统对所有的重要的操作功能提供相应的简要说明。具体有以下功能:简要显示 NC 指令、循环编程和驱动报警说明。

任务 7.2　SIEMENS 802D 系统数控铣床编程指令

一、SIEMENS 802D 系统功能

(一)准备功能代码

准备功能主要用来指令机床或数控系统的工作方式。准备功能指令是用地址字 G 和后面的几位整数字来表示的,见表 7-6。G 指令按其功能的不同分为若干组。G 代码有两种模态:模态 G 代码和非模态 G 代码。标号 N 的 G 代码属于非模态 G 代码,只限定在被指定的程序段中有效;标号 M 的 G 代码属于模态 G 代码,模态代码是指直到同组其他 G 代码未出现之前一直有效的代码,它具有延续性。标号 Def 为默认的(缺省的)。

表 7-6　准备功能 G 代码

序号	G 指令	含　义	M/N	Def
1	G0	快速移动	M	
2	G1	带 F 的直线插补	M	Def
3	G2	顺时针圆弧插补	M	
4	G3	逆时针圆弧插补	M	
5	CIP	通过中间点的圆弧插补	M	
6	CT	带切线过渡的圆弧插补	M	
7	G4	停顿,时间预置	N	
8	G74	自动返回参考点	N	
9	G75	返回固定点	N	
10	G17	平面选择 X/Y	M	Def
11	G18	平面选择 Z/X	M	
12	G19	平面选择 Y/Z	M	
13	G25	工作区极限/主轴速度极限取最小值	N	
14	G26	工作区极限/主轴速度极限取最大值	N	
15	G33	固定导程的螺纹切削	M	
16	G331	螺纹插补	M	
17	G332	不带补偿夹具切削内螺纹——退刀	M	
18	G63	带补偿夹具攻螺纹	N	
19	G40	取消刀具半径补偿	M	Def
20	G41	刀具半径左补偿	M	
21	G42	刀具半径右补偿	M	

续表

序号	G 指令	含　义	M/N	Def
22	G53	按程序段方式取消可设定零点偏置	N	
23	G153	按程序段方式取消可设定零点偏置,包括基本框架	M	
24	G500	取消可设置零点偏置	M	Def
25	G54	第一可设定零点偏置	M	
26	G55	第二可设定零点偏置	M	
27	G56	第三可设定零点偏置	M	
28	G57	第四可设定零点偏置	M	
29	G58	第五可设定零点偏置	M	
30	G59	第六可设定零点偏置	M	
31	G60	减速、准确定位	M	Def
32	G64	连续路径方式	M	
33	G9	减速,准确定位	N	
34	G601	在 G60、G9 方式下精准确定位	M	Def
35	G602	在 G60、G9 方式下粗准确定位	M	
36	G70	英制尺寸	M	
37	G71	米制尺寸	M	Def
38	G700	英制尺寸,也用于进给率 F	M	
39	G710	米制尺寸,也用于进给率 F	M	
40	G90	用绝对坐标编程	M	Def
41	G91	用相对坐标编程	M	
42	G94	直线进给 F(mm/min, in/min, 。/min)	M	
43	G95	每转进给 F(mm/r,in/r)	M	
44	G96	恒线速切削开	M	
45	G97	恒线速切削关	M	
46	G110	与上次设定点有关的极坐标编程	N	
47	G111	与当前 WCS 的零点有关的极坐标编程	N	
48	G112	与最后一次有效的极点有关的极坐标编程	N	
49	G450	转角过渡(圆角)	M	
50	G451	等距交点过渡(尖角)	M	

注意点:

1. 不同组的 G 代码都可编在同一程序段中,例:N20 G95 G17 G91 G54 G41。

2. 如果在同一个程序段中指令了两个或两个以上属于同一组的 G 代码时,则只有最后的一个 G 代码有效。例如:N30 G1 G0 X200 Y100 Z20,则等同于 N30 G0 X200 Y100 Z20。如果在程序中指令了 G 代码指令表中没有列出的 G 指令,则系统会显示报警信息,该指令即被认为非法指令。

（二）固定循环功能代码（见表 7-7）

表 7-7　固定循环功能代码

循环指令	功　能	循环指令	功　能
CYCLE81	钻削、钻中心孔	HOLES22	钻削圆弧排列的孔
CYCLE82	钻削、沉孔加工	CYCLE90	螺纹铣削
CYCLE83	深孔钻削.	LONGHOLE	圆弧槽（径向排列的、槽宽由刀具直径确定）
CYCLE84	刚性攻螺纹	SLOT1	圆弧槽（径向排列的、综合加工、定义槽宽）
CYCLE840	带补偿夹具攻螺纹	SLOT2	铣圆周槽
CYCLE85	铰孔 1（镗孔 1）	POCKET3	矩形槽
CYCLE86	镗孔（镗孔 2）	POCKET4	圆形槽
CYCLE87	带停止镗孔（镗孔 3）	CYCLE71	端面铣削
CYCLE88	带停止钻孔 2（镗孔 4）	CYCLE72	轮廓铣削
CYCLE89	铰孔 2（镗孔 5）	CYCLE76	矩形凸台铣削
HOLES1	钻削直线排列的孔	CYCLE77	圆形凸台铣削

（三）辅助功能指令代码

辅助功能代码是用地址字 M 及二位数字来表示的。它主要用于机床加工操作时的工艺性指令。用来指令操作时各种辅助动作及其状态，如主轴启动与停止、切削液的开关等，具体指令见表 7-8。

表 7-8　辅助功能 M 指令代码

序号	M 指令	含　义	说　明
1	M0	程序停止	用 M0 停止程序的执行，按"启动"键加工继续执行
2	M1	程序有条件停止	与 M0 一样，但仅在出现专门信号后才生效
3	M2	程序结束	在程序的最后一段被写人
4	M3	主轴顺时针旋转	
5	M4	主轴逆时针旋转	
6	M5	主轴停止旋转	
7	M6	更换刀具	机床数据有效用 M6，其余情况直接用 T 指令运行
8	M30	程序结束	
9	M17	—	预定，没用
10	M40	自动变换齿轮级	
11	M41～M45	齿轮级 1—齿轮级 2	
12	M70,M19		预定，没用
13	M__	其他的 M 功能	这些 M 功能没有定义，可由机床生产厂家自由设定

（四）F、S、T、D 指令代码

1. 进给功能代码 F

表示进给速度，用字母 F 及其后面的若干位数字来表示。地址 F 的单位由 G 功能确定：

G94 直线进给率（分进给），单位为 mm/min（或 in/min）。

G95 旋转进给率（转进给），单位为 mm/r（或 in/r）（只有主轴旋转才有意义）。

F 在 G1、G2、G3、CIP、CT 插补方式中生效，并且一直有效，直到被一个新的地址 F 取代为止。G94 和 G95 均为模态指令。

2. 主轴功能代码 S

表示主轴转速,用字母 S 及其后面的若干位数字来表示,单位为 r/min。例如,S1000 表示主轴转速为 1000r/min。

3. 刀具功能代码 T

刀具功能主要用来指令数控系统进行选刀或换刀。在进行多道工序加工时,必须选取合适的刀具。每把刀具应安排一个刀号,刀号在程序中指定。刀具功能用字母 T 及其后面的两位数字来表示,如容量为 16 把刀的刀库,它的刀具号为 T1-T16。如 T16 表示第 16 号刀具。

4. 刀具补偿功能代码 D

表示刀具补偿号。它由字母 D 及其后面的数字来表示。该数字为存放刀具补偿量的寄存器地址字。西门子系统中一把刀具最多给出 9 个刀沿号,所以最多为 D9,补偿号为 1 位数字。例:D1 则为取 1 号刀沿的数据分别作为长度补偿值和半径补偿值。

(五)其他指令

在编程中还可以进行数学运算功能,尤其在宏程序编制过程中,此类指令的使用极其重要。具体指令见表 7-9。

表 7-9　其他功能指令代码

序号	指令	说明	序号	指令	说明
1	SIN()	正弦	6	ABS()	绝对值
2	COS()	余弦	7	TRUNC()	取整
3	TAN()	正切	8	GOTOB	向后跳转指令
4	SQRT()	平方根	9	GOTOF	向前跳转指令
5	POT()	平方值	10	IF	条件跳转指令

二、SIEMENS 802D 系统基本编程指令

(一)绝对/增量尺寸编程指令:G90/G91,AC/IC

1. 含义及指令格式

(1)G90(模态)或 X=AC(__)　　Y=AC(__)　　Z=AC(__)(非模态)

(2)G91(模态)或 X=IC(__)　　Y=IC(__)　　Z=IC(__)(非模态)

G90 是绝对尺寸输入,所有数据对应于实际工件零点。G91 是增量尺寸输入,每一尺对应于上一个轮廓点。当 G91 有效时,AC 可以在某一特殊段内使某些轴是绝对编程。当 G90 有效时,IC 可以在某一特殊段内使某些轴是增量编程。图 7-7 为 G90/G91 示意图。

2. 编程举例

【例 7-1】 以图 7-8 所示轨迹图编制程序,通过本实例说明 G90、G91 编程的方法。具体程序编制如下:

N10 G90 G0 X5 Y5	绝对坐标编程,刀具快速运行到 A 点。
N20 G01 X10 Y=IC(10)F80	X 轴依然是绝对尺寸,通过 IC 指令则使 Y 轴以增量尺寸运行至 B 点。
N30 G91 X30 Y10	以 G91 增量方式编程,运行至 C 点。

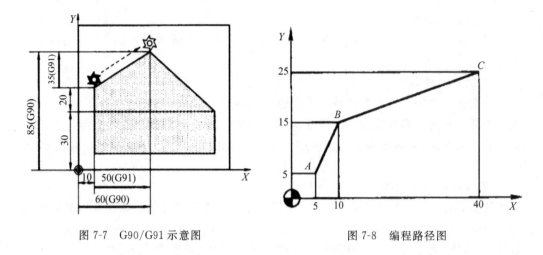

图 7-7 G90/G91 示意图   图 7-8   编程路径图

（二）加工平面选择指令：G17/G18/G19

1．G17：加工平面 XY

2．G18：加工平面 ZX

3．G19：加工平面 YZ

加工平面的划分用来决定要加工的平面，同时也决定了刀具半径补偿的平面、刀具长度补偿的方向和圆弧插补的平面。一般在程序的开始定义加工平面。当使用刀具半径补偿命令 G41/G42 时加工平面必须定义，以便控制系统对刀具长度和对半径进行修正，一般机床默认设置为 G17 为加工平面。G17/G18/G19 三个平面选择的示意图如图 7-9 所示。

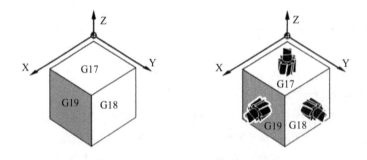

图 7-9   加工平面选择示意图

（三）米制/英制尺寸定义指令：G71/G70/G710/G700

工件所标注尺寸的尺寸系统可能不同于系统设定的尺寸系统（英制或米制），但这些尺寸可以直接输入到程序中，系统会完成尺寸的转换工作。

1．编程格式及含义

G70：英制尺寸

G71：米制尺寸

G700：英制尺寸，也适用于进给率 F

G710：米制尺寸，也适用于进给率 F

根据零件图样的需要，在编制零件加工程序时，可以在英制和米制之间转换。系统根据所设定的状态把所有的几何值转换为米制尺寸或英制尺寸(这里刀具补偿和设定零点偏置值也作为几何尺寸)。同样,进给率 F 的单位分别为 mm/min 或 in/min。基本状态可以通过机床数据设定。G71 米制尺寸为开机默认指令。

用 G70 或 G71 编程,所有与工件的几何数据相关联,比如在 G0、G1、G2、G3、G33、CIP、CT 功能下的位置数据 X、Y、Z,插补参数 I、J、K(也包括螺距),圆弧半径 CR,编程的零点偏置(TRANS,ATRANS),极坐标半径 RP 等。所有其他与工件没有直接关系的几何数值,诸如进给率、刀具补偿、可设定的零点偏置,它们与 G70/G71 的编程无关。

但是 G700/G710 与用于设定进给率 F 的尺寸系统有关。

2. 编程举例

【例 7-2】　G70/G71 的应用。

N10 G70 G1 X30 Y60 F80　　　　　　英制尺寸,X、Y 后单位均为 in,F 为 mm/min

N20 G71 X90 Y90 F100　　　　　　　米制尺寸,X、Y 后单位均为 mm,F 为 mm/min

(四)零点偏置指令:G53/G54~G59/G500/G153

可设定的零点偏置给出工件零点在机床坐标系中的位置(工件零点以机床零点为基准偏移)。当工件装夹到机床上后对刀求出偏移量,并通过操作面板输入到零点偏置数据区。程序可以通过选择相应的 G 功能 G54~G59 调用此值,如图 7-10 所示。

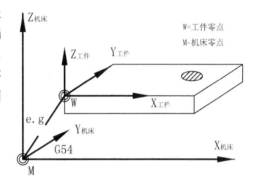

图 7-10　零点偏置设定

1. 指令意义

(1)G54:第一可设定零点偏置

(2)G55:第二可设定零点偏置

(3)G56:第三可设定零点偏置

(4)G57:第四可设定零点偏置

(5)G58:第五可设定零点偏置

(6)G59:第六可设定零点偏置

(7)G500:取消可设定零点偏置,模态有效

(8)G53:取消可设定零点偏置,程序段方式有效,可编程的零点偏置也一起取消

(9)G153:同 G53,取消附加的基本偏置

2. 编程举例

【例 7-3】　对图 7-11 所示案例加以编程,具体程序如下。

N10 G54 G0 X0 Y0 Z10　　　　调用第一个可设定零点偏置,以其为编程零点

N20 L10　　　　　　　　　　调用子程序,加工工件 1

N30 G55 G0 X0 Y0 Z10　　　　调用第二个可设定零点偏置,以其为编程零点

N40 L10　　　　　　　　　　调用子程序,加工工件 2

N50 G56 G0 X0 Y0 Z10　　　　调用第三个可设定零点偏置,以其为编程零点

N60 L10　　　　　　　　　　调用子程序,加工工件 3

N70 G57 G0 X0 Y0 Z10　　　　调用第四个可设定零点偏置,以其为编程零点

N80 L10　　　　　　　　　　调用子程序,加工工件 4

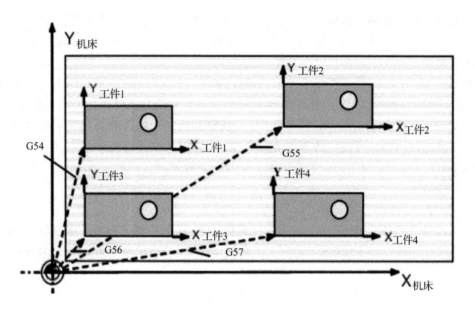

图 7-11   零点偏置加工案例

N90 G500 　　　　　　　　　　取消可设定零点偏置

（五）可编程工作区域限制：G25/G26/WALIMON/WALIMOF

1. 指令格式及含义

G25 X ＿ Y ＿ Z ＿：加工区域下限制（在一个单独的 NC 程序段内编程）

G26 X ＿ Y ＿ Z ＿：加工区域上限制（在一个单独的 NC 程序段内编程）

WALIMON：工作区域限制有效（缺省设置）

WALIMOF：工作区域限制无效

这个功能可以让你在工作区域内为刀具运动设置一个保护区。G25/G26 限制所有的轴，所确定的值立即生效，复位和重新启动功能也不丢失。

2. 编程举例

【例 7-4】 图 7-12 为可编程的工作区域限制案例，具体程序如下：

N10 G25 X25 Y-25 Z-15 　为每个轴定义下限

N20 G26 X170 Y180 Z60 为每个轴定义上限

N30 G0 X80 Y70 Z20 　　快速定位

N40 WALIMON 　　　　工作区域限制有效

N50 L10 　　　　　　　调用子程序加工

N60 WALIMOF 　　　　工作区域限制取消

（六）极坐标指令 G110/G111/G112

一般情况下，我们一般使用直角坐标系（笛卡尔坐标系）进行编程加工，但并非所有工件均采用直角

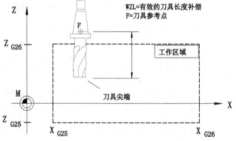

图 7-12   可编程工作区域限制案例

坐标系最为直观方便，相反使用极坐标不但可简化编程，更能准确有效地定位下刀点，保证加工尺寸精度。如果一个工件或一个部件，当其尺寸以到一个固定点（极点）的半径和角度来设定时，一般就使用极坐标系。极坐标同样以所使用的平面 G17 至 G19 为基准平面，也

可以设定平面的第三根轴的坐标值,在此情况下,可以作为柱面坐标系编程三维的坐标尺寸。

1. 编程格式及意义

G110:以当前刀具位置点的相对位置设置极点

G111:以当前工件坐标系的原点的相对位置设置极点

G112:以前一个有效极点的相对位置设置极点。

在直角坐标系中定义极坐标:G110/G111/G112 X _ Y _ Z _

在极坐标系中定义极坐标:G110/G111/G112 AP= _ RP= _

在极坐标系中,G00/G01/G02/G03 均有效。

AP=极角,取值范围±0~360。极角 AP 是指与所在平面的横坐标轴之间的夹角(比如 G17 中 X 轴)。该角度可以是正角,也可以是负角。该值一直保存,只有当极点发生变化或平面更改后才需重新编程。

RP=极半径,定义该点到极点的距离,单位为 m 或 in。该值一直保存,只有当极点发生变化或平面更改后才需重新编程。

2. 编程举例

【例 7-5】 如图 7-13 所示零件用极坐标编程。程序如下:

N10 G111 X87 Y95	在圆心处定义极点
N20 G0 RP=63 AP=18	刀具运行到 A 点
N30 L02	调用钻孔程序
N40 G0 AP=90	刀具运行到 B 点
N50 L02	调用钻孔程序
N60 G0 AP=IC(72)	刀具运行到 C 点
N70 L02	调用钻孔程序
N80 G0 G91 AP=72	刀具运行到 D 点
N80 L02	调用钻孔程序
N90 G0 G90 AP=306	刀具运行到 E 点
N100 L02	调用钻孔程序
N110 G0 Z50	抬刀至安全高度
N120 M30	程序结束

图 7-13 极坐标编程实例

(七)可编程零点偏置指令 TRANS/ATRANS

如果工件上在不同的位置有重复出现的形状或结构,或者选用了一个新的参考点,在这种情况下就需要使用可编程零点偏置。由此就产生了一个当前工作坐标系,新输入的尺寸均是在该坐标系中的数据尺寸。

1. 指令格式及含义

TRANS X _ Y _ Z _	可编程的偏移,清除所有有关偏移、旋转、比例系数、镜像的指令
ATRANS X _ Y _ Z _	可编程的偏移,附加于当前的指令
TRANS	不带数值,取消可编程的零点偏置,可设置的零点偏置仍处于有效状态

TRANS/ATRAN 指令均在单独的程序段内编程,格式中的 X_Y_Z_值是指绝对偏移或相对偏移在各特定轴上偏移的举例。

2. 编程实例

【例7-6】 如图7-14所示,所描述的形状在同一个程序里出现过三次。这个形状的加工程序储存在子程序里。用平移命令来设置这些工件零点,然后去调用子程序加工。

具体程序如下:

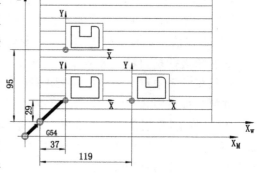

N10 G54 G17 G40　　　程序初始设置

N20 M03 S800　　　　主轴正转

N30 G0 Z2　　　　　　抬刀至安全高度

N40 TRANS X37 Y29　　绝对偏置工件

零点

图 7-14　偏置指令编程实例

N50 L22　　　　　　　调用子程序加工

N60 ATRAN2 X82 Y0　　相对偏置工件零点

N70 L22　　　　　　　调用子程序加工

N80 TRANS X37 Y95　　绝对偏置工件零点

N90 L22　　　　　　　调用子程序加工

N100 TRANS　　　　　取消所有偏置指令,回到原始工件零点

N110 G0 Z50　　　　　抬刀至安全高度

N120 M30　　　　　　程序结束

(八)旋转指令 ROT/AROT

在当前的主平面 G17 或 G18 或 G19 中执行旋转,值为 RPL=__,单位为度。

1. 编程格式

ROT X_ Y _ Z _ 或 ROT RPL= _　　　可编程的旋转,清除所有关于偏移、旋转、比例系数、镜像的指令

AROT X_ Y _ Z _ 或 AROT RPL= _　　可编程的旋转,附加于当前的指令

ROT　　　　　　　　　　　　　　　没有设定值,取消可编程旋转

2. 指令和参数的意义

ROT:相对于目前通过 G54—G59 指令建立的工件坐标系的零点的绝对旋转;

AROT:相对于目前有效的设置或编程零点的相对旋转;

X、Y、Z:在空间的旋转,旋转所绕的几何轴,后面的数值表示旋转角度;

RPL:在平面内的旋转,坐标系统旋转过的角度。

3. 功能

ROT/AROT 可以围绕几何轴(X,Y,Z)中的一个旋转坐标系统,也可以在给定平面内(G17-G19)(或围绕垂直于它们的进给轴)旋转一定的角度得到旋转后的坐标系统。这使得倾斜的表面或几个工件边在一次设置中被加工出来。

绝对指令:ROT X_Y_Z_坐标系统围绕特定轴旋转一个编程的角度,旋转基点是上一次通过 G54—G59 设置的一个可设置零点。命令 ROT 取消前面设置的所有的可编程架。围

绕已经存在的框架,新的旋转用 AROT 编程。

相对指令:AROT X_Y_Z_旋转一个在轴方向参数编程的角度值,旋转基点是目前已经编程过的零点。

ROT 后不带任何参数,运行该命令,所有前面编程框架都取消,当然 TRANS 指令也有相同功效。

旋转方向:沿着坐标轴的正方向看过去,顺时针方向为正,反之为负。见图 7-15 所示在不同的平面内旋转角正方向定义。

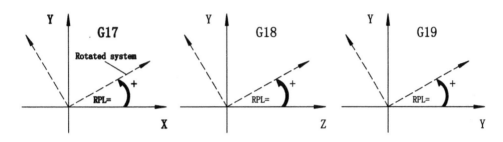

图 7-15　不同的平面内旋转角正方向定义

4. 编程例子

【例 7-7】　可编程偏移及旋转指令应用举例,见图 7-16。

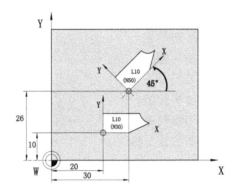

图 7-16　可编程偏移及旋转指令

程序如下:

N10 G17 G54 G90 G40	程序初始化
N20 TRANS X20 Y10	零点可编程偏置
N30 L22	调用子程序
N40 TRANS X30 Y26	新的零点可编程偏置
N50 AROT RPL＝45	旋转坐标系 45 度
N60 L22	调用子程序
N70 TRANS	取消坐标平移及旋转
N80 ROT(作用与 TRANS 重复)	取消坐标平移及旋转
N90 G0 Z100	抬刀至安全高度

N100 M30 　　　　　　　　　　　　　程序停止

（九）比例缩放指令 SCALE/ASCALE

用 SCALE 和 ASCALE 可以为所有坐标轴编程一个比例系数,按此比例使所给定的轴放大或缩小。

1. 编程格式

SCALE X_ Y _ Z _ 　　　　可编程的比例系数,清除所有有关偏移、旋转、比例系数、镜像的指令

ASCALE X_ Y _ Z _ 　　　可编程的比例系数,附加于当前的指令

SCALE 　　　　　　　　　不带数值,取消可编程的比例系数、偏移、旋转等指令

2. 指令格式及参数含义

SCALE:相对目前通过 G54～G59 所设置的有效的坐标系统来绝对缩放。

ASCALE:相对目前有效的设置或编程的坐标系统的相对缩放。

X、Y、Z:在特定轴方向的比例因子。

SCALE/ASCALE 指令要求一个独立的程序段。需要说明的是:

(1)图形为圆形时,两个轴的比例系数必须一致。

(2)如果在 SCALE/ASCALE 有效时编程 ATRANS,则偏移量也同样被比例缩放。

3. 编程例子

【例 7-8】　可编程缩放应用举例,见图 7-17。

程序如下:

N10 G17 G54 G90 G40 　　程序初始化

N20 M03 S800 　　　　　主轴正转

N30 G0 Z10 　　　　　　抬刀安全高度

N40 TRANS X40 Y30 　　偏移坐标系

N50 L66 　　　　　　　调用子程序

N60 ASCALE X2 Y2 　　比例缩放 2 倍

N70 AROT RPL＝15 　　坐标系旋转 15 度

N80 L66 　　　　　　　调用子程序

N90 M30 　　　　　　　程序结束

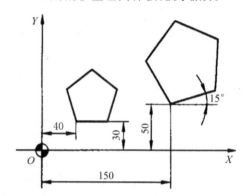

图 7-17 可编程缩放指令实例

（十）可编程镜像指令 MIRROR/AMIRROR

1. 功能及作用

MIRROR/AMIRRO 可以在坐标系内镜像工件的几何尺寸。使用镜像功能之后,会产生一个当前坐标系,新输入的尺寸均是在当前坐标系中的数据尺寸。

2. 指令格式

MIRROR X0 Y0 Z0; 　　为参考 G54～G599 设定的当前有效坐标系的绝对镜像

AMIRROR X0 Y0 Z0; 　　为参考当前有效设定或编程坐标系的补充镜像

X、Y、Z 　　　　　　　分别为指定镜像轴

3. 指令说明

(1)使用镜像功能之后,刀具半径补偿及圆弧均自动反向,即原为 G41/G42 自动变成 G42/G41,原为 G02/G03 自动变成 G03/G02。

(2)用 MIRROR 后面不带任何偏置值可取消所有以前激活的 FRAME 指令。

(3)以上指令在使用时,必须单独占用一个程序段。

4．编程示例

【例 7-9】　图 7-18 所示四个五边形。左上角的正五边形的加工程序存储在子程序 L44 中,现用镜像功能完成四个正五边形的加工,程序如下。

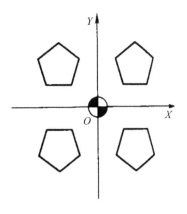

N10 G17 G54 G90 G40	程序初始化
N20 M03 S800	主轴正转
N30 G0 Z10	抬刀安全高度
N40 L44	调用子程序
N50 MIRROR Y0	以 X 轴镜像
N60 L44	调用子程序
N70 AMIRROR X0	以 Y 轴镜像
N80 L44	调用子程序
N90 AMIRROR Y0	以 X 轴镜像
N100 L44	调用子程序
N110 M30	程序结束

图 7-18　可编程镜像实例

(十一)螺旋插补指令 G02/G03,TURN

1．功能及作用

用 G02、G03 及 TURN 指定螺旋插补。螺旋插补与坐标值及速度指令联用,刀具从当前位置起,以圆弧加直线进给方式,运行至坐标值指定的终点位置。螺旋插补可用于加工螺纹和油槽。

2．指令格式

G02/G03 X _ Y _ Z _ I _ J _ K_ TURN = _ F_

G02/G03 X _ Y _ Z _ CR = _ TURN = _ F _

G02/G03 AR = _ I _ J _ K _ TURN = _ F _

G02/G03 AR = _ X _ Y _ Z _ TURN = _ F _

G02/G03 AP = _ RP = _ TURN = _ F_

参数说明:G02 为沿环形路径顺时针方向移动;G03 为沿环形路径逆时针方向移动;X、Y、Z 为螺旋插补终点坐标;I、J、K 为螺旋线圆心坐标;CR＝为圆半径,AR＝为弧角;TURN＝为 0－999 范围内补充圆周个数;AP＝为极角,RP＝为极半径,F 为进给速度。

3．指令说明

螺旋插补是水平圆弧运动与垂直直线运动同步进行的运动。圆弧运动在工作面指定的轴上进行,如果工作面为 G17,那么圆弧插补在 X、Y 轴上执行,此时直线运动在 Z 轴上执行。即在 X、Y 轴上进行圆弧插补的同时,在 Z 轴上进行直线插补。进给速度 F 为 X、Y、Z 三轴合成的速度。

4．程序示例

【例 7-10】　用螺旋插补指令加工如图 7-19 所示螺旋油槽。其程序如下:

N10 G17 G54 G90 G40 程序初始化

N20 M03 S800 　　　　　　　　　　　主轴正转

N30 G0 Z10 　　　　　　　　　　　　抬刀安全高度

N40 X58.83 Y52.61 Z10 　　　　　　刀具移动至起始位置上方

N50 G1 Z-15 F40 　　　　　　　　　刀具运行至初始加工点

N60 G03 X35 Y5 Z-55 I=AC(35)J=AC(35) TURN=2 　螺旋加工

N60 G0 Z40 　　　　　　　　　　　　抬刀安全高度

N70 M30 　　　　　　　　　　　　　程序结束

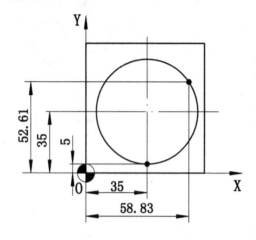
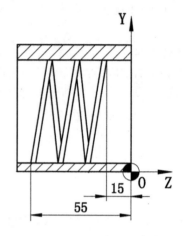

图 7-19 螺旋加工指令实例

（十二）刚性攻丝指令 G331/G332

1. 功能及作用

刚性攻螺纹指令 G331 与坐标值及导程指令联用，刀具从当前位置起，以攻螺纹方式运行至坐标值指定的终点位置。G332 可以使刀具以攻螺纹方式退回起点。

2. 指令格式

G331 X＿Y＿Z＿I＿J＿K＿;（刚性攻螺纹）

G332 X＿Y＿Z＿I＿J＿K＿;（退出）

参数说明：X、Y、Z 为攻螺纹终点坐标；I、J、K 分别对应 X、Y、Z 方向的螺纹导程。

3. 指令说明

G331 与 G332 为模态指令。因此在执行攻螺纹动作之后必须用 G00/G01 来取消其模态作用。G331 可加工左/右旋螺纹。当加工左旋螺纹时，导程为正值，主轴顺时针旋转（同 M3）；当加工右旋螺纹时导程为负值，主轴逆时针旋转（同 M4））。所需主轴转速用地址 S 编程。G332 用于攻螺纹加工中的刀具回退。在螺纹加工前需要用 SPOS/SPOSA 指令将主轴定位在指定的角度位置。

4. 编程实例

【例 7-11】 用 G331 加工一个深 60mm，导程为 4mm 的左旋螺纹。

N10 SPOS＝0 　　　　　　　　　　主轴定位，准备加工螺纹

N20 G00 X0 Y0 Z2 　　　　　　　　快速接近起点

N30 G331 Z-60 K4 S200 　　　　　（加工螺纹，钻削深度 60mm，导程 K 为正数，表

示主轴顺时针方向旋转,加工左旋螺纹)

N40 G332 Z2 K4　　　　　退回,此时主轴自动换向

N50 G00 Z100　　　　　　退回到安全高度

N60 M30　　　　　　　　　程序结束

（十三）柔性攻丝指令 G63

1. 指令格式及含义

G63 X _ Y _ Z _

G63 为柔性攻螺纹孔指令,又称为带有起锥器的攻螺纹。实现这一功能,需要一个起锥器,用来补偿轨迹中功能发生的偏差,主轴不需要脉冲编码器。为了反向退出,要编一个有 G63 和有关主轴转速、转向的程序段。

X、Y、Z 为在直角坐标系里的钻孔深度(终点),编程时需要直角坐标系里的钻孔源和主轴转速及转向与进给速度 F,返回命令仍是 G63,但主轴转向相反。

F 必须与 S 相匹配,即 F(mm/min 进给速度)＝S(r/min 主轴转速)×L(mm/r 导程)。对 G63 来说进给速度修调开关和主轴速度修调开关都旋到 100%。

G63 是模态指令,在 G63 之后,以前的插补指令 G0、G1、G2 等重新有效。

2. 编程实例

【例 7-12】 图 7-20 用 G63 指令加工柔性攻螺纹实例。螺纹 M5 导程 0.8mm,速度 200r/min. ,进给速度即为 F＝200×0.8＝160mm/min。

具体程序如下:

N10 G17 G54 G90 G40　　程序初始化

N20 M03 S200　　　　　　主轴正转

N30 G0 Z10　　　　　　　抬刀安全高度

N40 X50 Y0 Z3　　　　　 运行至初始点

N50 G63 Z-32 F160　　　 螺纹加工

N60 G63 Z5 M4　　　　　 退回,此时主轴换向

N70 G0 Z50　　　　　　　退回到安全高度

N80 M30　　　　　　　　 程序结束

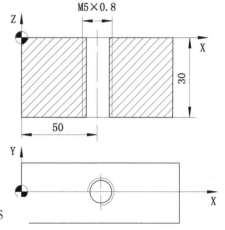

图 7-20　柔性加工螺纹实例

（十四）主轴定位指令 SPOS

对于可以进行位置控制的主轴,利用功能 SPOS 可以把主轴定位到一个确定的转角位置,然后主轴通过位置控制保持在这一位置,这在加工中心机床上,换刀时常用来定向主轴。定位运行的速度在机床数据中规定。

1. 编程格式和意义

SPOS＝ __　　　　　　　　绝对位置:0°～＜360°

SPOS＝ACP(__)　　　　　绝对数据输入,在正方向逼近位置

SPOS＝ACN(__)　　　　　绝对数据输入,在反方向逼近位置

SPOS ＝ IC(__)　　　　　增量数据输入,符号规定运行方向

SPOS＝ DC(__)　　　　　绝对数据输入,直接回到位置(使用最短行程)

2．编程实例

N10 SPOS＝0 主轴定位指令，准停位置点为 0°，一般这类指令用于带主轴准停功能的铣床，加工中心中的定向换刀就是这个功能。可使机床主轴准停在需要的位置。

（十五）主轴速度限制指令 G25/G26

1．指令格式及含义

G25 S＿；主轴转速下限，S＿最小主轴速度

G26 S＿；主轴转速上限，S＿最大主轴速度。

2．功能可以在 NC 程序中用一个命令来改变定义在机床参数和设置参数中的最大主轴转速，可以在一个通道里为所有轴的速度限制编程

轴的速度取值范围为 0.1—99999999r/min，用 G25 或 G26 编写的速度限制覆盖设置数据中的速度限制，而且程序结束后仍然存储在数控系统内。

3．编程实例

N10 G25 S12   主轴转速下限：12r/min

N20 G26 S3000   主轴转速上限：3000r/min

（十六）主轴转速 S，旋转方向 M3/M4/M5 指令

1．指令格式及含义

M3：主轴顺时针旋转

M4：主轴逆时针旋转

M5：主轴停止

S＿：主轴转速，单位为 r/min

2．功能及用途

(1)激活主轴；

(2)指定主轴所要的旋转方向；

(3)定义副主轴或动力刀具的轴为主轴，例如在数控车床上，也可以通过机床参数来定义主轴。下列的编程指令对于主轴是有效的：G95，G96，G97，G33，G331。

3．编程实例

N10 G1 X70 Y20 F200 S200 M3   在 X、Y 轴运行前，主轴以为 200r/min 启动。

N20 S450   改变主轴转速为 450r/min

N30 G0 Z100 M5   Z 轴运行前，主轴先停止

（十七）暂停指令 G04

1．指令格式及含义

G4 F＿ 暂停时间单位为秒

G4 S＿ 暂停主轴的转速

2．编程实例

N10 G1 Z-8 F50 S400 M3。   进给率 F，主轴转速 S

N20 G4 F2   暂停 2 秒

N30 G4 S100   主轴暂停 100 转，相当于主轴停转 0.25 秒

（十八）G94/G95 进给速度控制指令

1．指令格式及含义

G94：确定进给速度的单位为 mm/min、in/min、度/min，为模态指令

G95：确定进给速度的单位为 mm/r、in/r，与主轴转速有关，为模态指令

F ___：确定进给速度值，具体单位由 G94/G95 确定，为模态指令。

2．功能

（1）可以在 NC 程序中用以上命令为加工过程中使用的所有轴设置进给速度。路径速度

是由切削运动中所涉及到的相对于刀具中心的所有几何轴的分速度合成而得。

（2）进给速度 F 的单位可以由 G94/G95 来决定，G94/G95 是模态指令，按照在机床参数里的缺省设置来确定单位是 mm 或 In。进给速度参数不受 G70/G71 影响。

（3）如果要在 G94 和 G95 之间切换，则路径速度 F 后的值必须重新编写，否则后果不堪设想，当机床带有旋转的进给轴时，进给速度也可指定为度/转。进给速度 F 的值对所有后续的路径轴有效，直到新的进给速度值被指定为止。

3．编程实例

N10 G17 G94 G1 Z0 F500　　　　　　　选择 G17 加工平面，并确定进给方式为 mm/min

（十九）轮廓倒角/倒圆

1．指令格式

CHF＝___；倒角，编程数值是倒角长度

RND＝___；倒圆，编程数值是倒圆半径

2．功能

在一个轮廓拐角处可以进行倒角或倒圆，指令 CHF＝___ 或者 RND＝___ 与加工拐角的运动轴指令一起写人程序段中。在当前的平面 G17～G19 中执行倒角/倒圆功能。在程序段中若轮廓长度不够，则会自动地减小倒角和倒圆的编程值。

在下列情况下，不可以倒角/倒圆：1）连续编程的程序段超过 3 段没有运行指令。2）要更换平面。

3．编程实例

（1）直线轮廓之间、圆弧轮廓之间以及直线轮廓和圆弧轮廓之间需要倒去棱角，可选用 CHF＝___ 功能，如图 7-21 所示。

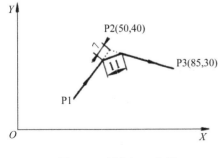

图 7-21　倒角加工实例

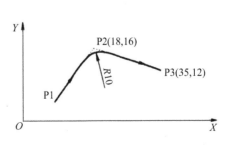

图 7-22　圆角加工实例

N10 G1 X50 Y40 CHF =11 F100；倒角 7mm

N20 X85 Y30；

(2)直线轮廓之间、圆弧轮廓之间以及直线轮廓和圆弧轮廓之间需要倒一圆弧,圆弧与轮廓进行切线过渡,可选用 RND =__倒圆,见图 7-22 所示。

N10 G1 X18 Y16 RND =10 F80；　　倒圆,半径为 10mm

N20 X35 Y 12；

(二十)快速移动指令 G0

1. 指令格式及含义

(1)指令格式

G0 X __ Y __ Z __；

G0 AP=__ RP=__；

(2)指令含义

X __ Y __ Z __:直角坐标系内的终点坐标。

AP=__:极坐标系的终点坐标,这里是极角。

RP=__:极坐标系的终点坐标,这里是极径。

可以用 G0 去快速移动刀具到工件表面或换刀点,但这个指令不适合工件的加工。执行 G0 指令时,刀具以尽可能快的速度(快速)运动,这个快速移动速度是在机床参数内为个轴设置好的,X __ Y __ Z __ 以默认速度移动,但受到进给速度修调开关的倍率调节。

2. 指令实例

【例 7-13】 用 G0 指令编写如图 7-23 所示零件程序。

N10 G54 G17 G40　　　程序初始设置

N20 M03 S800　　　　主轴正转

N30 G0 Z20　　　　　抬刀至安全高度

N40 G0 X91 Y62　　　到达起刀点 A

N50 X156 Y127　　　快速定位至 B 点

N60 M30　　　　　　程序结束

(二十一)直线插补指令 G1

1. 指令格式及含义

G1 X __ Y __ Z __ F __；　　　X __ Y __

Z __直角坐标系内的终点坐标

G1 AP=__ RP=__ F __；　　　AP=__

极坐标系的终点坐标,这里是极角;RP=__极坐

标系的终点坐标,这里是极径;F __进给速度(mm/min)

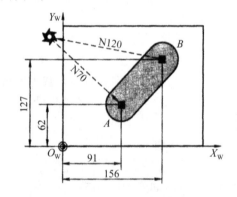

图 7-23　G0 指令编程实例

G1 指令可以沿平行于坐标轴,倾斜于坐标轴或空间的任意直线运动,直线插补可以加工 3D 曲面及槽。可以用直角坐标系或极坐标系输入目标点,刀具以进给速度 F 沿直线从目前的起刀点运动到编程目标点,沿这样的路径工件就被加工出来。G1 是模态指令,主轴转速 S 及主轴转向 M3/M4 必须在加工之前被指定。

2. 编程实例

【例 7-14】 刀具在 X/Y 方向从起点运动到终点,同时沿 Z 方向切人,如图 7-24 所示。加工槽程序见如下所示:

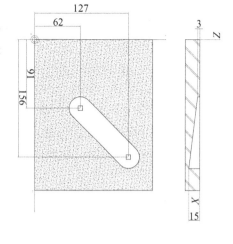

N10 G54 G17 G40	程序初始设置
N20 M03 S800	主轴正转
N30 G0 Z20	抬刀至安全高度
N40 G0 X91 Y62	到达起刀点 A
N50 G01 Z-3 F50	下刀 3mm
N60 X156 Y127 Z-15	加工至 B 点
N70 G0 Z80	抬刀至安全高度
N80 M30	程序结束

图 7-24 G1 指令编程实例

（二十二）圆弧指令 G2/G3

刀具沿圆弧轮廓从起点运行到终点。运行方向由 G 功能定义:G02 为顺时针方向。G3 为逆时针方向。图 7-25 为圆弧插补的方向规定。

1. 编程格式

G2/G3 X _ Y _ Z _ I _ J_	终点和圆心增量坐标
G2/G3 X _ Y _ CR=	终点和半径
G2/G3 X _ Y _ Z _ I＝AC(__)J＝AC(__)	终点和圆心绝对坐标
G2/G3 AR = __ I __ J __	张角和圆心增量坐标
G2/G3 AR= __ X __ Y __	张角和终点
G2/G3 AP= __ RP= _	极坐标和极点圆弧

G2/G3 一直有效直到被同组中其他指令(G0、G1 等)取代为止。只能用圆心和终点定义的程序段编程整圆。

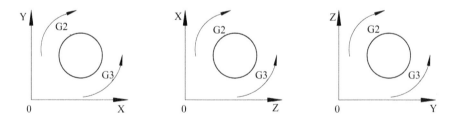

图 7-25 圆弧插补方向

2. 编程实例

【例 7-15】 图 7-26 为圆弧插补编程举例,所要编程的是 A-B 的圆弧轨迹,本系统可以采用六种方法编制,在此强调的第一种方法(终点和圆心增量坐标)是所有的数控系统通用的。而第二种方法(终点和半径)编程简单较容易掌握,所以应用较广。但其他圆弧编程方法是西门子系统特有的,它有时使圆弧编程更简单、更容易。

六种方法:轨迹 A 到 B 的圆弧编程。

(1)圆弧终点、圆心相对于困弧起点的坐标增量 G02 X90 Y50 I0 J40 F100。

（2）圆弧终点、圆弧半径（圆弧所对应的圆心角小于等于 180 度时，CR 值为正。圆弧所对圆心角大于 180 度时，CR 值为负）G02 X90 Y50 CR＝－40 F100。

（3）圆弧终点、圆心绝对坐标 G02 X90 Y50 I＝AC（50）J＝AC（50）。

（4）张角、圆心相对于圆弧起点的坐标增量 G02 AR＝270 I0 J40 F100。

（5）张角、终点坐标 G02 AR＝270 X90 Y50 F100。

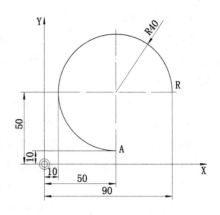

图 7-26　圆弧插补举例

（6）极角、极半径 G111 X50 Y50 、G02 RP＝40 AP＝0 F100

（二十三）刀具和刀具补偿

刀具指令 T。用 T 指令编程可以选择刀具。有两种方法来执行：一种是用 T 指令直接更换刀具，另一种是仅仅进行刀具的预选，换刀还必须由 M6 来执行。具体用哪一种，在机床参数中确定。

1. 刀具编程指令

T ＿；刀具号：1～32000，T0 表示没有刀具。说明：系统中最多同时存储 32 把刀具。

2. 编程举例

（1）不用 M6 更换刀具：

N10 T1　　　　　　1 号刀具

（2）用 M6 换刀：

N10 T14　　　　预选刀具 14

N20 M6　　　　执行刀具更换，然后 T14 有效

3. 刀具补偿 D

一个刀具可以匹配 1 个～9 个不同补偿的数据组（多用于多个切削刃），如图 7-27 所示，用 D 及其相应的序号可以编制一个专门的切削刃。如果没有编写 D 指令，则 D1 值自动生效；如果编程 D0，则刀具补偿值无效。说明：系统中最多可以同时存储 64 个刀具补偿数据组。

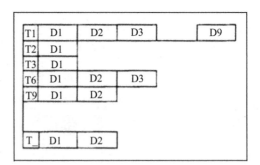

图 7-27　刀具补偿号匹配举例

T1	D1	D2	D3		D9
T2	D1				
T3	D1				
T6	D1	D2	D3		
T9	D1	D2			
T_	D1	D2			

4. 刀具补偿 D 编程指令

D ＿　　　　　刀具补偿号 1～9

D0　　　　　　补偿值无效

说明：刀具更换后，程序中调用的刀具长度补偿、半径补偿立即生效；如果没有编程 D 号则 D1 值自然生效。先编程的长度补偿先执行，对应的坐标轴也先运行。刀具半径功能补偿必须与 G41/G42 一起执行。

5. 刀具补偿 D 编程实例

【例 7-16】　刀具补偿 D 的应用。

（1）不用 M6 更换刀具（只用 T）

N5 G17	确定待补偿的平面
N10 T1	刀具 1，补偿值 D1 值生效
N15 G0 Z ＿	在 G17 平面中，Z 是刀具长度补偿，长度补偿在此覆盖
N20 T4 D2	更换刀具 4，T4 中 D2 值生效
N25 G0 Z ＿ D1	刀具 4 中 D1 值生效，在此仅更换切削刃

（2）用 M6 更换刀具

N5 G17	确定待补偿的平面
N10 T1	预选刀具
N15 M6	更换刀具，T1 中 D1 值生效
Nl6 G0Z	在 Gl7 平面中，Z 是刀具长度补偿，长度补偿在此覆盖
N17 G0 Z ＿ D2	刀具 1 中 D2 值生效，Dl→D2 长度补偿的差值在此覆盖
N18 T4	刀具预选 T4，注意：T1 中 D2 仍然有效
N19 D3 M6	更换刀具，T4 中 D3 值生效

在补偿存储器中有如下内容：

①几何尺寸、长度、半径。几何尺寸由基本尺寸和磨损尺寸组成。控制器处理这些尺寸，计算并得到最后尺寸（比如长度总和、半径总和）。在接通补偿存储器时这些最终尺寸有效。

由刀具类型指令和 G17、G18 和 G19 指令确定如何在坐标轴中计算出这些尺寸值，如图 7-28 所示。

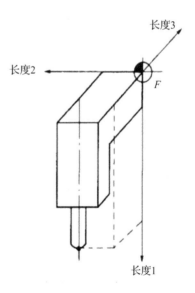

有效性		
G17	长度1, Z 轴方向 长度2, Y 轴方向 长度3, X 轴方向 XY 平面中的半径	Z X O Y
G18	长度1, Y 轴方向 长度 2, X 轴方向 长度 3, Z 轴方向 ZX 平面中的半径	Y Z O X
G19	长度 1, X 轴方向 长度2, Z 轴方向 长度3, Y 轴方向 YZ 平面中的半径	X Y O Z

刀具为钻头时不考虑半径
F—— 刀具参考点。

图 7-28　三维刀具长度补偿有效

②刀具类型。由刀具类型（锐刀或钻头）可以确定需要哪些几何参数以及怎样进行计算，如图 7-29 和图 7-30 所示。

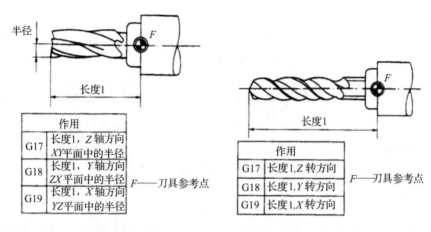

	作用
G17	长度1，Z轴方向 XY平面中的半径
G18	长度1，Y轴方向 ZX平面中的半径
G19	长度1，X轴方向 YZ平面中的半径

F——刀具参考点

	作用
G17	长度1，Z 转方向
G18	长度1，Y 转方向
G19	长度1，X 转方向

F——刀具参考点

图 7-29　铣刀所要求的补偿参数　　　　图 7-30　钻头所需求的补差功能参数

刀具的特殊情况：在铣刀和钻头中，长度 2 和长度 3 的参数仅用于特殊情况，比如，弯头结构的多尺寸长度补偿。

6. 刀具半径补偿 G41/G42

刀具在所选择的 G17-G19 平面中带刀具半径补偿工作，刀具必须有相应的 D 补偿号才能有效。刀具半径补偿通过 G41、G42 生效。控制器自动计算出当前刀具运行所产生的与编程轮廓等距离的刀具轨迹。

7. 刀补编程指令，如图 7-31 所示

G41 G0/G1 X ＿ Y ＿：刀具半径补偿在工件轮廓左边有效

G42 G0/G1 X ＿ Y ＿：刀具半径补偿在工件轮廓右边有效

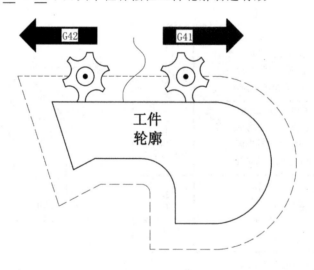

图 7-31　工件轮廓左边/右边补偿

说明：只有在线性插补时（G0，G1）才可以进行 G41/G42 的补偿。编制两个坐标轴（比如 G17 平面，XY 平面），如果只给出一个坐标轴的尺寸，则第二个坐标轴自动以上次编程的尺寸赋值。

刀补时刀具以直线方式走向轮廓,并在轮廓起始点处与轨迹切向垂直。正确地选择起刀点,保证刀具运行不发生碰撞至关重要。说明,在通常情况下,在 G41、G42 程序段之后紧接着工件轮廓的第一个程序段。

8. 编程实例

【**例 7-17**】 用刀补指令编写如图 7-32 所示程序。

N10 T

N20 Gl7 02　　　　　　　　　　　补偿号 2

N30 G1 X __ Y __ F300　　　　　P0 刀具半径补偿前的起始点

N40 G1 G42 X __ Y __　　　　　工件轮廓右边补偿。运行到 P1 点

N50 X __ Y __　　　　　　　　　起始轮廓,圆弧或直线指令

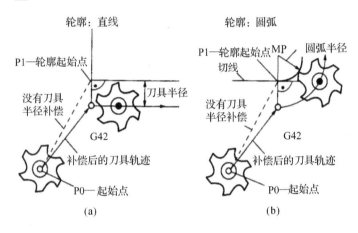

图 7-32　G42 刀具半径补偿举例

9. 取消刀具半径补偿 G40　用 G40 可以取消刀具半径补偿

10. 拐角特性 G450、G451　G41、G42 有效的情况下,一段轮廓到另一段轮廓以不连续的拐角过渡时,可以通过 G450 和 G451 功能调节拐角特性。

控制器自动识别内角和外角 D 对于铣削内角,系统控制刀具走到轨迹等距线交点,然后执行下一程序段。内、外角的拐角特性如图 7-33 和图 7-34 所示。

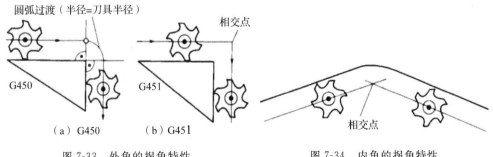

图 7-33　外角的拐角特性　　　　　　　图 7-34　内角的拐角特性

（二十四）固定循环指令概述

1. 固定循环概述

所谓固定循环，是指数控系统的生产厂家为了方便编程人员编程，简化程序而特别设计的，利用一条指令即可由数控系统自动完成一系列固定加工的循环动作的功能。这些固定循环根据数控系统的不同而不同，而且即使是同一系统由于其型号（控制类型）的区别也各不相同。

对于同一生产厂家生产的同一类型的数控系统，虽然其系列号有所不同，然而其固定循环原则上是通用的，或向下兼容的。

固定循环一般以 G 代码指令 G80～G89 来调用（在 FANUC 系统中增加了 G73/G74/G76）而每一个不同的 G 代码都规定了一系列不同的循环动作，如对于 G81 钻孔循环，对于 SIEMENS 802D 系统为 CYCLE81，它包括了以下三个动作：

(1)Z 轴快速靠近工件表面。

(2)Z 轴以进给速度加工至底平面。

(3)Z 轴快速退出。

而像 G83 深孔钻循环，对于 SIEMENS 802D 系统为 CYCLE83，包括的动作就更多，有的动作甚至超过 10 个，而这些动作若利用前面所讲的 Gl/G0 等指令来实现就会使程序显得十分冗长和复杂，因此，熟悉固定循环指令对简化编程，提高程序可靠性十分重要。

2. 使用固定循环时的一般注意事项

(1)注意模态与非模态调用固定循环指令的区别　用 CYCLE 81～CYCLE 89 调用固定循环指令时，为非模态调用，用 MCALL CYCLE 81～89 调用时，为模态指令，用 MCALL 撤销模态调用的固定循环。应当特别注意的是如果用模态方式调用固定循环指令，即一旦被指令则必须要等到用 MCALL 指令予以取消时其作用方可消失，否则 XY 平面作任何一次定位，即会在这一点上自动完成一次固定循环，这样就要在使用时特别注意：切不可在未取消固定循环前作任何非加工所需的工作台的移动。

如对于以下程序：

N10 G0 G90

N20 X-200 Y-150

N30 MCALL CYCLE 81 (30,0,3,-25,25)

N40 G0 X0 Y0

N50 G0 Z0

在上面程序中编程员的主观愿望是在 N30 完成（－200，－150）点的钻孔后将 X、Y、Z 回零。

但是由于 N30 使用了 MCALL CYCLE81 指令，它是模态的，因此它的作用将保持至 N40、N50，这样在执行时，虽然 X、Y 已回到了零点，但由于 MCALL CYCLE81 指令的模态作用，将会使机床错误地在（0，0）点上加工一个孔，这样就会引起工件的报废乃至于损坏机床。

实现以上动作的正确程序应为

NI0 G0 G90

N20 X -200 Y-150

N30 MCALL CYCLE 81 (30,0,3,-25,25)

N40 MCALL G0 X0 Y0

N50 G0 Z0

由于在 N40 中使用了 MCALL 撤销了固定循环,因此在 X、Y 回零点后不会再进行钻孔动作。

(2)在固定循环加工时,操作者无法通过正常的面板操作停止机床通过参数设置,可以使固定循环在加工时实现"操作保护"功能,即使操作控制面板上的"停止"键也可以使循环动作保持在正常执行状态而不进行中断,这样对于诸如攻螺纹循环之类的加工,在实际加工时可以通过此功能防止面板误操作而引起的工件及刀具损坏,这是有利的一面,但必须引起注意的是:在固定循环加工时,操作者无法通过正常的面板操作停止机床。因此对编程员使用固定循环时必须十分慎重,切不可大意,在确实出错时立即紧停。

(3)固定循环各个平面的定义及选择原则

1)固定循环中各平面的定义

①加工开始平面(亦称参考平面)。这一平面为固定循环加工时 Z 向由快进转变为进给的位置,不管刀具在 Z 轴方向的起始位置如何,固定循环执行时的第一个动作总是将刀具沿 Z 向快速移动到这一平面上,因此,必须选择加工开始平面高于加工表面。

②加工底平面。这一平面的选择决定了最终孔深,因此,加工底平面在 Z 向的坐标即可作为加工底平面。在立式铣削中心上是由于规定刀具离开工件为 Z 正向,因此,加工底平面必须低于加工开始平面。

③加工返回平面。这一平面规定了在固定循环中 Z 轴加工至底面后,返回到哪一位置,而在这一位置上工作台 XY 平面应可以做定位运动,因此,加工返回平面必须等于或高于加工开始平面。

2)平面选择原则。按 1)中的①②③三条基本原则,考虑到实际加工的需要,对这三个平面的一般选择如下:

①对于毛坯加工,加工开始平面一般高于加工表面 5mm 左右,对于粗加工完成后的加工,加工开始平面一般高于加工表面 2mm。

②加工返回平面要求高于加工开始平面,并且保证在下次 XY 定位过程中不会碰撞工作台上的任何工件或夹具,同时,即使加工表面为平面也必须遵循以下原则:

对于毛坯,使用刚性攻螺纹循环(CYCLE84)时,返回平面必须高于加工表面 8～10mm。对于柔性攻螺纹(CYCLE 840)返回平面必须高于加工表面 5mm 以上。

③加工底平面选择应考虑到通孔时的加工实际情况,因此,在这种情况下对于加工底平面选择应在加工底面再加上一个钻头的半径为宜,以保证能可靠钻通。

(二十五)CYCLE81/ CYCLE82/ CYCLE83 钻孔循环指令

1. 钻孔,中心钻孔—CYCLE81

1)编程格式:CYCLE81 (RTP,RFP,SDIS,DP,DPR)

2)参数含义:见表 7-10

表 7-10　CYCLE81 参数说明

RTP	后退平面(返回平面)绝对	DP	最后钻孔深度(绝对)
RFP	参考平面(绝对)	DPR	相当于参考平面的最后钻孔深度(无符号输入)
SDIS	安全间隙(无符号输入)		

CYCLE81 钻孔的运动顺序(见图 7-35)：

①Z 轴快速(G0)到达安全间隙之前的平面即安全平面。

②Z 轴以进给速度(G1)进给至最后的钻孔深度。

③Z 轴快速(G0)返回至返回平面 RTP。

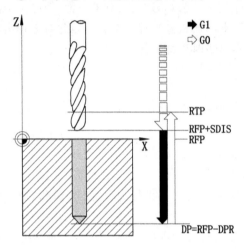

图 7-35　CYCLE81 钻孔的运动顺序

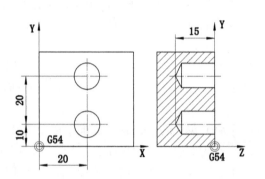

图 7-36　CYCLE81 钻孔举例

3)编程实例

【例 7-18】　图 7-36 为 CYCLE 81 钻孔举例。

N10 G53 G90 G94 G40 G17	机床坐标系,绝对编程,分进给,取消刀补,切削平面指定,安全指令
N20 M3 S600 F50	主轴正转
N30 G0 Z50	抬刀安全高度
N40 G0 X20 Y10 D1	快速定位、工件坐标系建立
N50 CYCLE81(30,,3,-15)	钻 X20 Y10 孔
N60 X20 Y30	移下一个孔
N70 CYCLE81(30,,3,-15)	钻孔
N80 G0 Z80	抬刀安全高度
N90 M30	程序结束

2. 钻中心孔—CYCLE82

1)编程格式:CYCLE82 (RTP,RFP,SDIS,DP,DPR,DTB)

2)参数含义:见表 7-11

表 7-11 CYCLE82 参数说明

RTP	后退平面(返回平面)绝对	DP	最后钻孔深度(绝对)
RFP	参考平面(绝对)	DPR	相当于参考平面的最后钻孔深度(无符号输入)
SDIS	安全间隙(无符号输入)	DTB	最后钻孔深度时的停顿时间,单位秒

CYCLE82 钻孔的运动顺序(见图 7-37):

①Z 轴快速(G0)到达安全间隙之前的平面即安全平面。

②Z 轴以进给速度(G1)进给至最后的钻孔深度。

③在最后钻孔深度处的停顿时间。

④Z 轴快速(G0)返回至返回平面 RTP。

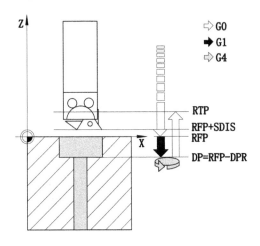

图 7-37 CYCLE82 钻孔的运动顺序

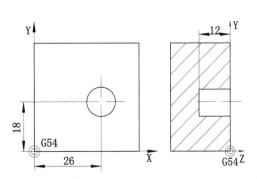

图 7-38 CYCLE82 钻孔举例

3)编程实例

【例 7-19】 图 7-38 为 CYCLE 82 钻孔举例。

N10 G53 G90 G94 G40 G17	机床坐标系,绝对编程,分进给,取消刀补,切削平面指定,安全指令
N20 M3 S600 F50	主轴正转
N30 G0 Z50	抬刀安全高度
N40 G0 X26 Y18 D1	快速定位、工件坐标系建立
N50 CYCLE82(30,,3,-12,,1)	钻 X26 Y18 孔
N60 G0 Z80	抬刀安全高度
N70 M30	程序结束

3. 深孔钻孔—CYCLE83

1)编程格式:CYCLE83(RTP,RFP,SDIS,DP,DPR,FDEP,FDPR,DAM,DTB,DTS,FRF,VARI)

2)参数含义:见表 7-12

表 7-12　CYCLE81 参数说明

RTP	后退平面(返回平面)绝对	DP	最后钻孔深度(绝对)
RFP	参考平面(绝对)	DPR	相当于参考平面的最后钻孔深度(无符号输入)
SDIS	安全间隙(无符号输入)	DTB	最后钻孔深度时的停顿时间,单位秒
FDEP	起始钻孔深度	DTS	起始点处和用于排屑的停顿时间
FPF	起始钻孔深度的进给率系数	FDPR	相当于参考平面的起始钻孔深度(无符号输入)
DAM	递减量(无符号输入)	VARI	加工类型:断屑＝0,排屑＝1

CYCLE83 钻孔的运动顺序(见图 7-39)

钻孔排屑的运动顺序:

①Z 轴快速(G0)到达安全间隙之前的平面即安全平面。

②Z 轴以进给速度(G1)进给至起始钻孔深度,进给来自程序调用中的进给率,它取决于参数 FRF。

③在最后钻孔深度处的停顿时间。

④Z 轴快速(G0)返回至安全间隙之前的平面,用于排屑。

⑤起始点停顿时间。

⑥使用 G0 快速回到上次钻孔深度,并保持 DAM 的预留量。

⑦以 G1 速度加工下一个钻孔深度,以此循环加工至所需深度。

⑧以 G0 速度返回至 RTP 平面。

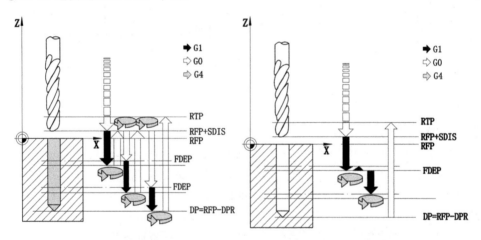

图 7-39　CYCLE83 钻孔排屑(左)及断屑(右)动作顺序

钻孔断屑的运动顺序:

①Z 轴快速(G0)到达安全间隙之前的平面即安全平面。

②Z 轴以进给速度(G1)进给至起始钻孔深度,进给来自程序调用中的进给率,它取决于参数 FRF。

③在最后钻孔深度处的停顿时间。

④使用 G1 后退 DAM 量。

⑤以 G1 速度加工下一个钻孔深度,以此循环加工至所需深度。

⑥以 G0 速度返回至 RTP 平面。

3)编程实例

【例 7-20】 图 7-40 为 CYCLE 83 钻孔举例。

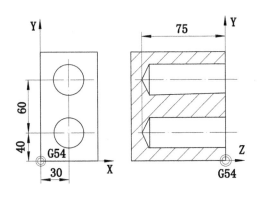

图 7-40 CYCLE83 编程实例

N10 G53 G90 G94 G40 G17	机床坐标系,绝对编程,分进给,取消刀补,切削平面指定,安全指令
N20 M3 S600 F50	主轴正转
N30 G0 Z50	抬刀安全高度
N40 G0 X30 Y40 D1	快速定位、工件坐标系建立
N50 CYCLE83(30,,3,-75,,-10,,3,0,1,0.8,1)	钻孔
N60 G0 X30 Y100	定位下一孔
N70 CYCLE83(30,,3,-75,,-10,,3,0,1,0.8,1)	钻孔
N80 G0 Z80	抬刀安全高度
N90 M30	程序结束

(二十六)CYCLE84 攻丝循环指令

1. 编程格式:CYCLE84 (RTP,RFP,SDIS,DP,DPR,DTB,SDAC,MPIT,PIT,POSS,SST,SST1)

2. 参数含义:见表 7-13

表 7-13 CYCLE84 参数说明

RTP	后退平面(返回平面)绝对	DP	最后钻孔深度(绝对)
RFP	参考平面(绝对)	DPR	相当于参考平面的最后钻孔深度(无符号输入)
SDIS	安全间隙(无符号输入)	DTB	最后钻孔深度时的停顿时间,单位秒
SDAC	循环结束时主轴的旋转方向取值为 3、4、5,分别对应 M3,M4,M5	MPIT	标准螺距,取值范围 3(M3)－48(M48)
PIT	螺距,取值范围为 0.001~2000mm	POSS	主轴准停角度
SST	攻螺纹进给速度(指的是主轴转速)	SST1	返回速度(指的是主轴转速)

CYCLE84 钻孔的运动顺序(见图 7-41):

①Z轴快速(G0)到达安全间隙之前的平面即安全平面。

②主轴定位。

③Z 轴以攻螺纹进给速度 SST 进给到底平面 DP。

④Z 轴暂停 DTB 确定的时间。

⑤Z 轴以返回速度 SST1 到达安全间隙前的安全平面,此时转向与 SDAC 相反。

⑥Z 轴以 G0 速度回到安全高度。

3. 编程实例

【例 7-21】 图 7-42 为 CYCLE 84 攻丝举例。

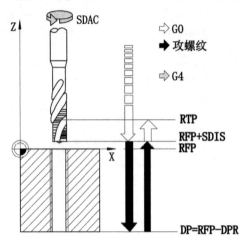

图 7-41 CYCLE84 动作顺序

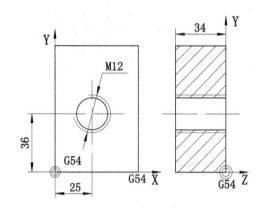

图 7-42 CYCLE84 编程实例

N10 G53 G90 G94 G40 G17	机床坐系系,绝对编程,分进给,取消刀补,切削平面指定,安全指令
N20 M3 S200	主轴正转
N30 G0 Z50	抬刀安全高度
N40 G0 X25 Y36 D1	快速定位、工件坐标系建立
N50 SPOS=0	主轴定位
N50 CYCLE84(30,,3,-34,,,3,,1.75,0,100,300)	攻丝
N60 G0 Z80	抬刀安全高度
N70 M30	程序结束

(二十七)CYCLE85 铰孔(镗孔 1)循环指令

1. 编程格式:CYCLE85(RTP,RFP,SDIS,DP,DTB,DTS,FFR,RFF)

2. 参数含义:见表 7-14

表 7-14 CYCLE81 参数说明

RTP	后退平面(返回平面)绝对	DPR	相当于参考平面的最后钻孔深度(无符号输入)
RFP	参考平面(绝对)	DTB	最后钻孔深度时的停顿时间,单位秒
SDIS	安全间隙(无符号输入)	FFR	进给率
DP	最后钻孔深度(绝对)	RFF	退回经给率

CYCLE85 铰孔的运动顺序(见图 7-43):

①Z 轴快速(G0)到达安全间隙之前的平面即安全平面。

②Z 轴以 G1 插补 FFR 所编程的进给速度进给至最终深度。

③Z 轴暂停 DTB 确定的时间。

④Z 轴以返回速度 RFF 到达安全间隙前的安全平面。

⑤Z 轴以 G0 速度回到安全高度 RTP。

3. 编程实例

【例 7-22】　图 7-44 为 CYCLE 85 铰孔举例。

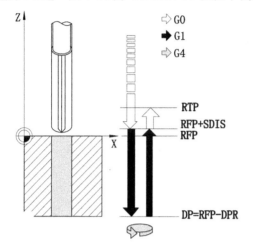

图 7-43　CYCLE85 动作顺序

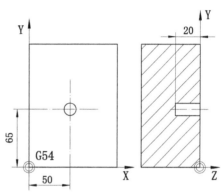

图 7-44　CYCLE85 编程实例

N10 G53 G90 G94 G40 G17	机床坐标系,绝对编程,分进给,取消刀补,切削平面指定,安全指令
N20 M3 S300 F50	主轴正转
N30 G0 Z50	抬刀安全高度
N40 G0 X50 Y65 D1	快速定位、工件坐标系建立
N50 CYCLE85(30,,3,-20,,1,50,200)	铰孔,加工速度 50mm/min,退回速度 200
N60 G0 Z80	抬刀安全高度
N70 M30	程序结束

(二十八)CYCLE86 镗孔 2 循环指令

1. 编程格式:CYCLE86(RTP,RFP,SDIS,DP,DPR,DTB,SDIR,RPA,RPO,RPAP,POSS)

2. 参数含义:见表 7-15

表 7-15　CYCLE86 参数说明

RTP	后退平面(返回平面)绝对	DPR	相当于参考平面的最后钻孔深度(无符号输入)
RFP	参考平面(绝对)	DTB	最后钻孔深度时的停顿时间,单位秒
SDIS	安全间隙(无符号输入)	SDIR	旋转方向,值 3(用于 M3);值 4(用于 M4)
DP	最后钻孔深度(绝对)	RPA	平面中第一轴上(G17 为 X 轴)的偏移量
RPO	平面中第二轴(G17 为 Y 轴)偏移量	RPAP	平面中高度轴上(G17 为 Z 轴)的偏移量
POSS	循环中加工到位后主轴准停位置		

CYCLE86 镗孔的运动顺序(见图 7-45):

①Z 轴快速(G0)到达安全间隙之前的平面即安全平面。

②Z 轴以 G1 插补编程的进给速度进给至最终深度。

③Z 轴暂停 DTB 确定的时间。

④主轴在 POSS 设定位置准停

⑤分别在三轴方向(X Y Z)上偏移一定量,保证刀具退离加工表面,保证加工精度

⑥Z 轴以返回速度 G0 到达安全间隙前的安全平面。

⑦Z 轴以 G0 速度退回刀具初始 X Y 位置,并回到安全高度 RTP。

3. 编程实例

【例 7-23】 图 7-46 为 CYCLE 86 镗孔举例。

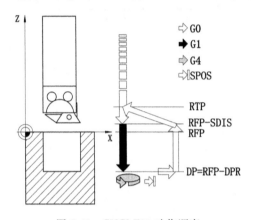

图 7-45　CYCLE86 动作顺序　　　　图 7-46　CYCLE86 编程实例

N10 G54 G90 G94 G40 G17	程序初始化,确定加工坐标系,
对编程,每分钟进给	
N20 M3 S3000 F50	主轴正转
N30 G0 Z50	抬刀安全高度
N40 G0 X45 Y38 D1	快速定位、工件坐标系建立
N50 CYCLE85(30,,3,-32,,,3,-1,-1,,180)	精镗孔,加工至 32mm 处后,刀具 180 准停,刀具分别延 X Y 方向退 1mm,以 G0 速度回到安全高度
N60 G0 Z80	抬刀安全高度
N70 M30	程序结束

(二十九)CYCLE87 镗孔 3 循环指令

1. 编程格式:CYCLE87(RTP,RFP,SDIS,DP,DPR,SDIR)

2. 参数含义:见表 7-16

表 7-16　CYCLE87 参数说明

RTP	后退平面(返回平面)绝对	DPR	相当于参考平面的最后钻孔深度(无符号输入)
RFP	参考平面(绝对)	DP	最后钻孔深度(绝对)
SDIS	安全间隙(无符号输入)	SDIR	旋转方向,值 3(用于 M3);值 4(用于 M4)

CYCLE87 镗孔的运动顺序：

①Z 轴快速(G0)到达安全间隙之前的平面即安全平面。

②Z 轴以 G1 插补编程的进给速度进给至最终深度。

③主轴停止和程序停止(M5 和 M0)，按 NC START 继续

④Z 轴以 G0 速度退回刀具初始 X Y 位置，并回到安全高度 RTP

此类镗孔即为带停止镗孔。

(三十)CYCLE88 镗孔 4 循环指令

1. 编程格式：CYCLE87(RTP,RFP,SDIS,DP,DPR,DTB,SDIR)

2. 参数含义：见表 7-17

表 7-17 CYCLE88 参数说明

RTP	后退平面(返回平面)绝对	DPR	相当于参考平面的最后钻孔深度(无符号输入)
RFP	参考平面(绝对)	DTB	最后钻孔深度时的停顿时间,单位秒
SDIS	安全间隙(无符号输入)	SDIR	旋转方向,值 3(用于 M3);值 4(用于 M4)
DP	最后钻孔深度(绝对)		

CYCLE87 镗孔的运动顺序：

①Z 轴快速(G0)到达安全间隙之前的平面即安全平面。

②Z 轴以 G1 插补编程的进给速度进给至最终深度。

③Z 轴暂停 DTB 确定的时间。

④主轴停止和程序停止(M5 和 M0)，按 NC START 继续

⑤Z 轴以 G0 速度退回刀具初始 X Y 位置，并回到安全高度 RTP

此类镗孔与 87 不同之处为增加了孔底暂停时间。

(三十一)CYCLE89 镗孔 5 循环指令

1. 编程格式：CYCLE89(RTP,RFP,SDIS,DP,DPR,SDIR)

2. 参数含义：见表 7-18

表 7-18 CYCLE89 参数说明

RTP	后退平面(返回平面)绝对	DPR	相当于参考平面的最后钻孔深度(无符号输入)
RFP	参考平面(绝对)	DP	最后钻孔深度(绝对)
SDIS	安全间隙(无符号输入)	DTB	最后钻孔深度时的停顿时间,单位秒

CYCLE87 镗孔的运动顺序：

①Z 轴快速(G0)到达安全间隙之前的平面即安全平面。

②Z 轴以 G1 插补编程的进给速度进给至最终深度。

③Z 轴暂停 DTB 确定的时间。

④Z 轴以 G1 速度退回安全平面

⑤Z 轴以 G0 速度回到初始平面

(三十二)HOLES1/2/LONGHOLE 均布孔指令

数控系统的程序编辑器提供了对产生循环调用的编程支持功能。因此，不必知道在循环参数清单中参数间的时序关系，此处将不介绍相关指令的动作过程。

1. HOLES1 排孔循环指令

(1)指令格式:HOLES1(SPCA,SPCO,STA1,FDIS,DBH,NUM)

(2)参数意义

SPCA:排孔的起始位置 X 轴坐标。

SPCO:排孔的起始位置 Y 轴坐标。

STA1:排孔中心所在直线与 X 轴夹角。

FDIS:排孔上第一个孔中心到起始位置的距离。

DBH:排孔上孔之间的距离。

NUM:排孔上孔的数目。

①HOLES1 排孔循环指令参数(见图7-47)

② 功能用 HOLES2 排孔循环指令,可以加工一条直线上的一排孔。

2. HOLES2 圆周孔循环指令

(1)指令格式:HOLES2(CPA,CPO,RAD,STA1,INDA,NUM)

(2)参数意义

CPA:圆周孔中心位置 X 轴坐标。

CPO:圆周孔中心位置 Y 轴坐标。

RAD:圆周孔的半径。

STA1:圆周上第一个孔中心与圆周中心连线与 X 轴夹角。

INDA:孔与孔之间的夹角增量。

NUM:圆周孔上孔的数目。

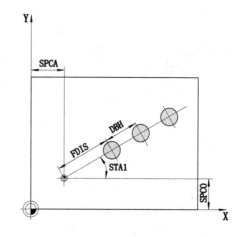

图 7-47 HOLES1 排孔循环指令参数

(3)HOLES2 圆周孔循环指令参数(见图7-48)

(4)功能用 HOLES2 圆周上孔循环指令,能加工沿圆弧上排列的孔。

(三十三)SLOT1、2 槽加工循环指令

1. SLOT1 圆周上的槽循环指令

(1)指令格式:SLOT1(RTP,SDIS,DP,DPR,NUM,LENG,WID,CPA,CPO,RAD,STA1,INDA,FFD,FFP1,MID,CDIR,FAL,VARI,MIDF,FFP2,SSF)

(2)参数意义

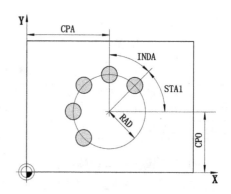

图 7-48 HOLES2 圆周孔循环参数

RTP,RFP,SDIS,DP,DPR,NUM,LENG,CPA,CPO,RAD,STA1,INDA,FFD,FFP1,MID:意义同 CYCLE81、HOLES2、LONGHOLE 一致。

WID:实数,环状槽孔宽度(不输入正负号)。

CDIR:实数,加工环状槽孔的最大方向,值:2(对于 G2);3(对于 G3)。

FAL:实数,槽孔边缘的最终切削裕度(不输入正负号)。

VARI:整数,加工类型;值:0=完全加工;1=粗加工;2=精加工。

MIDF:实数,精加工的最大进刀深度。

FFP2:实数,精加工进刀速率。

SSF:实数,精加工速度。

(3)SLOT1 圆周上的槽循环指令参数(见图 7-49)

(4)功能:用 SLOT1 圆周上的槽循环指令,能够加工排列在圆周上的槽。与长孔相比

槽宽大小要说明。该循环指令是粗加工/精加工的组合。

2. SLOT2 圆周上的腔循环指令

(1)指令格式:SLOT1 (RTP,RFP,SDIS,DP,DPR,NUM,LENG,AFSL,WID,CPA,CPO,RAD,STA1,INDA,FFD,FFP1,MID,CDIR,FAL,VARI,MIDF,FFP2,SSF)

(2)参数意义

RTP,RFP,SDIS,DP,DPR,NUM,LENG,CPA,CPO,RAD,STA1,INDA,FFD,FFP1,MID:意义同 SLOT1。

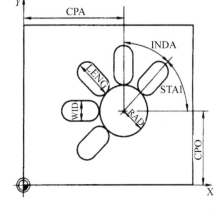

图 7-49　SLOT1 圆周上的槽循环指令参数

AFSL:实数,槽孔长度的角度(不输入正负号)。

(3)圆周上的腔循环指令参数(见图 7-50)

(4)功能:用这个循环,能够加工排列在圆周上的弧形孔腔。SLOT2 循环指令是粗加工/精加工的组合。

(三十四)R 参数

1. 指令格式及功能

(1)指令格式

R0=__～R249=__。

(2)命令的解释 250 个算术参数被分为两类。

① R0～R99:未指定,用户可以使用。

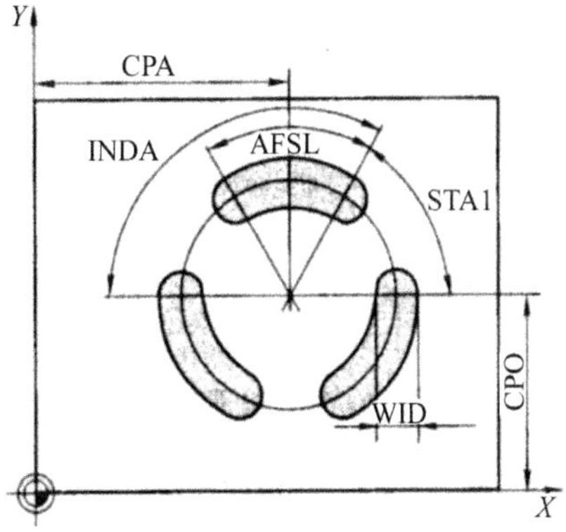

图 7-50　SLOT2 圆周上的腔循环指令参数

② R100～R249:加工循环的传输参数,用户不可以使用。如果用户不用加工循环,那么可以给这些算术参数指定其他功能。

(3)功能程序中的参数代表一个可变数值;通过给这些参数赋值使一个程序能适用于多种类似的用途(如不同材料和不同工作循环中的进给速度用 R 参数进行改变等)。

如果一个 NC 程序不仅对一次赋值有效或需要计算坐标值,那么算术参数就有用了。在程序执行过程中数控系统可以设置或计算所需的值,另外一种可以通过操作来设定算术参数。如果数值已经被赋给算术参数,那么它们就可以被赋给程序中其他的地址字,这些地址字的数值将是可变的。

2. 赋值

(1)赋值用户可以在以下数值范围内给算术参数赋值：士（0.0000001～9999 9999）（8个十进制数位、符号和小数点），当然具体赋值范围因机床大小而异。整数值的小数点可以省略，正号也可以省略，例如：

R0＝3.5678，R1＝－37.3，R2＝2，R3＝－7，R4＝－478.1234；

通过指数符号可以以扩展的数值范围来赋值，例如：士（10^{-300}～10^{+300}）。

指数的值书写在 EX 字符后面；最大的总的字符个数为 10（包括符号和小数点）。EX的取值范围为－300～＋300。在一个程序段内可以有多个赋值或多个用表达式赋值；必须在一单独的程序段内赋值。

(2)给地址字赋值 NC 程序的柔性是依靠用算术参数或带算术参数的表达式给其他地址字赋值来实现的；数值、表达式和算术参数可以给除 N、G 和 L 的所有地址字赋值。当赋值时，在地址字后面书写字符"＝"，也可以赋一个带负号的值，给轴地址字（移动指令）赋值时必须在一个单独的程序段内，例如：

N10 G0 X＝R2   给 X 轴赋 R2 值

3. 算术运算规律

当使用算术参数功能时，就要用到一些常用的算术符号，如加减乘除以及括号等，数控系统运行时，是按先括号，后乘除然后再加减的顺序计算的。对于三角函数来说，数值即为度数。

实训 7.1   SIEMENS 802D 系统数控铣床基本操作

一、开机/回参考点

配有 SIEMENS 802D 数控系统的数控铣床通电以后，必须首先回参考点，否则，机床将无法自动运行。此处是以标准机床控制面板 802D MCP 来描述操作过程的。读者如果使用了其他的机床控制面板，则操作有可能与本书的描述不完全一样。SIEMENS 802D 数控系统的数控铣床操作步骤如下：

1)接通 CNC 和机床驱动电源后，系统启动以后进入"Position"（加工）操作区的 JOG 运行方式，出现"回参考点"窗口，如图 7-51 所示。

2)用机床控制面板上回参考点键启动"回参考点"。

在"回参考点"窗口中（见图 7-51），显示该坐标轴是否已经回参考点。

○表示坐标轴未回参考点。

◑表示坐标轴已经到达参考点。

3)分别按＋Z，＋Y，＋X 键使机床回零，如果选择了错误的回参考点方向，则不会产生运动。必须给每个坐标轴逐一回参考点。某轴到达零点后，显示◑。

4)选择另一种运行方式（如 MDA，AUTO 或 JOG）可以结束"回参考点"功能。

注意"回参考点"只能在 JOG 方式下才可以进行。

二、输入刀具参数及刀具补偿

在 CNC 进行工作之前，必须在 NC 上进行参数设置，修改某些机床、刀具的调整数据，

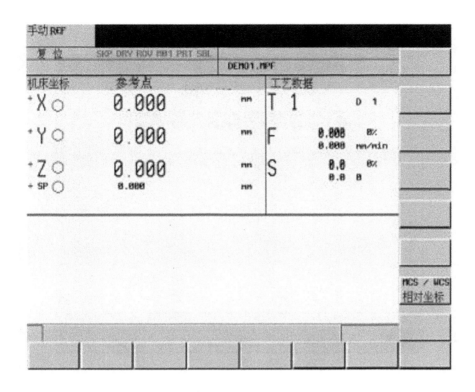

图 7-51　JOG(手动)方式回参考点

如:1)输入刀具参数及刀具补偿参数。

2)输入/修改零点偏置。

3)输入设定数据。

1. 输入刀具参数

输入刀具参数刀具参数包括刀具几何参数、磨损量参数和刀具型号参数。

不同类型的刀具均有一个确定的参数数值,每把刀具有一个刀具号(T),如图 7-52、7-53所示。

操作步骤如下：

用 OFFSET PARAM 刀具表 打开刀具补偿参数窗口,显示所使用的刀具清单,可以通过光标键和"Page Up"、"Page Down"键选出所要求的刀具。将光标移至输入区定位,输入需要的数值。

按输入键 INPUT 确认或者移动光标。对于一些特殊的刀具可以使用扩展键 扩展 ,填入全套参数。

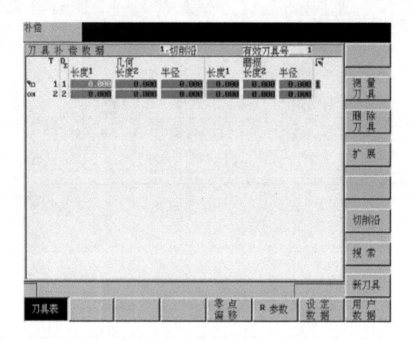

图 7-52　刀具补偿参数设置

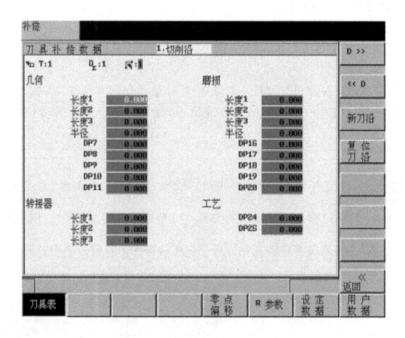

图 7-53　特殊刀具的输入屏幕格式

表 7-19　相关软件含义

测量刀具	用软件确定刀具补偿参数	改变有效	刀沿的补偿值生效
删除刀具	用软件清除刀具所有切削沿参数	切削沿	提供所有功能,用于建立和显示其他刀沿
扩展	安全间隙(无符号输入)	D >>	选择下一个较高的刀沿号
<< D	选择下一个较低的刀沿号	新刀沿	新建一个刀沿
复位刀沿	复位刀沿所有补偿参数	搜索	输入待查找的刀具号
新刀具	建立一个新刀具的补偿参数		

2. 新建一把刀具

按软件 新刀具 ,该功能提供另外两个用于选择刀具类型的软件。在选择所要的刀具类型后,在输入框内输入刀具号,如图 7-54 和 7-55 所示。按确认软件,缺省数值为 0 的数据记录被装入刀具列表。

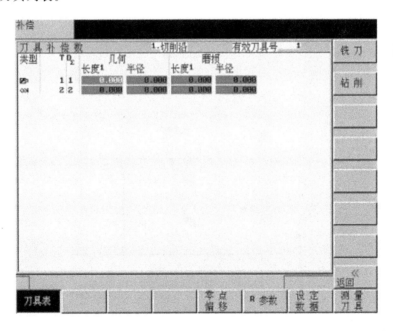

图 7-54　新建刀具窗口

3. 确定刀具补偿值

利用此功能可以计算刀具 T 未知的几何长度。

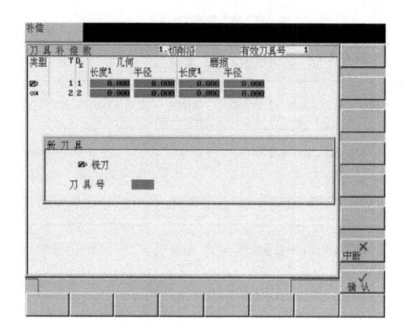

图 7-55　输入刀具号

　　1)前提条件　更换相应刀具。在 JOG 方式下移动该刀具,使刀尖到达一个已知坐标值的机床位置,这可能是一个已知位置的工件。

　　输入参考点坐标 X0、Y0 或者 Z0。注意:对于铣刀要计算长度(Length)和半径(Radius)。对于钻头只要计算长度(Length)。

　　如图 7-56 所示,利用 F 点的实际位置(机床坐标)和参考点,系统可以在所预选的坐标轴方向计算出刀具补偿值长度或刀具半径。可以使用一个已经计算出的零点偏置 G54～G59 作为已知的机床坐标。使刀具运行到工件零点。如果刀具直接位于工件零点,则偏移值为零。

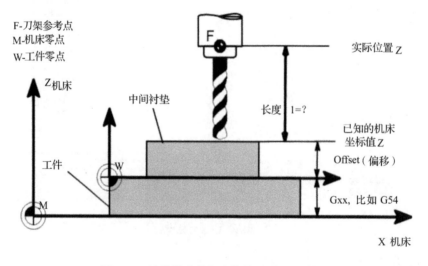

图 7-56　计算钻头的长度补偿:长度 1/Z 轴

2）操作步骤

① 用软件 ┃测量刀具┃ 打开刀具补偿值窗口，自动进入未知操作区，见图 7-57、7-58。

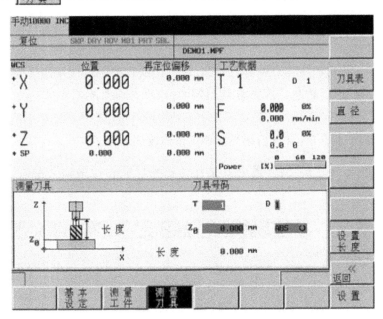

图 7-57　长度测量

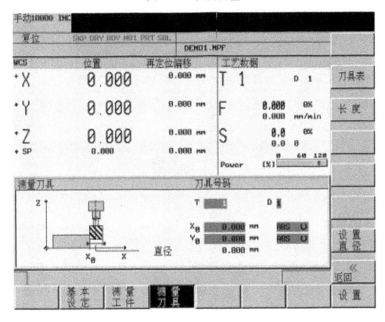

图 7-58　刀具直径测量

② 在 X0、Y0 或者 Z0 处登记一个刀具当前所在位置的数值，该值可以是当前的机床坐标值，也可以是一个零点偏置值。如果使用了其他数值，则补偿值以此位置为准。

③ 按软件"设置长度"（Set length）或者"设置直径"（Set diameter），系统根据所选的坐标轴计算出它们相应的几何长度或者直径。所计算出的补偿值被存储。

三、输入/修改零点偏置值

在回参考点之后，机床的所有坐标均以机床零点为基准，而工件的加工程序则以工件零点为基准。这之间的差值就可作为设定的零点偏移量输入。操作步骤如下：

1）通过按"参数操作区域"键"OFFSET PARAM"和"零点偏移"软件"ZERO OFFSET"可以选择零点偏置。

2）屏幕上显示出可设定零点偏置的情况，包括已编程的零点偏置值（G54～G59）、有效的比例系数（Scale）状态显示、"镜像有效"（Mirror）以及所有零点偏置（Total），如图 7-59 所示。

3）按方向键 ← ↑ ↓ → ，把光标移到待修改的地方。

4）按数字键 ⓪ ⑨ 输入数值。通过移动光标或者使用输入键输入零点偏置的数值。

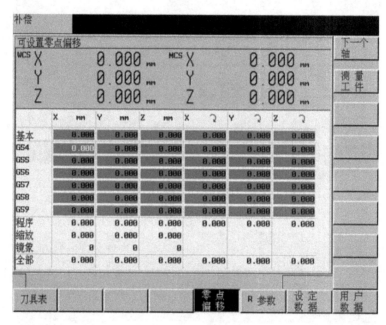

图 7-59　零点偏置窗口

1. 计算零点偏置值

选择零点偏置（比如 G54～59）窗口，确定待求零点偏置的坐标轴，如图 7-60 所示。操作步骤如下：

1）按"测量工件"软件 [测量工件] 。数控系统转换到"加工"（Position）操作区，出现对话框用于测量零点偏置。所对应的坐标轴以黑色为背景软键显示。

2）移动刀具，使其与工件相接触。在工件坐标系"设定 Z 位置"区域，输入所要接触的工件边沿的位置值。

3）在确定 X 和 Y 方向的偏置时，必须考虑刀具

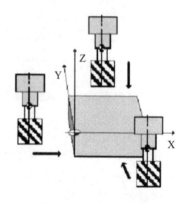

图 7-60　计算零点偏置

正、负移动的方向。如图 7-61、62 所示。

4)按计算软件 计算 进行零点偏置计算,结果显示在零点偏置栏。

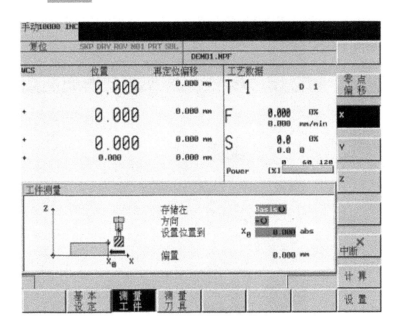

图 7-61　确定 X 方向零点偏置

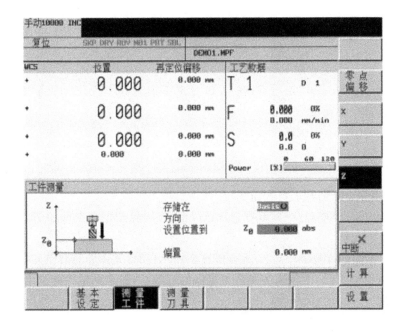

图 7-62　确定 Z 方向零点偏置

2. 编程数据设定

利用设定数据键可以设定运行状态并在需要时进行修改。操作步骤如下:

1) 通过按"参数操作区域"键 OFFSET 和"设定数据"软键"SET DATA"选择设定数据。

2) 在按下"设定数据"软件 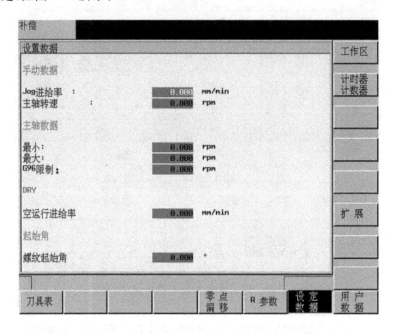 后进入下一级菜单,在此菜单中可以对系统各个选件进行设定,如图 7-63 所示。

图 7-63　"设定数据"状态图

3) JOG data——手动数据

①JOG federate——JOG 进给率,在 JOG 状态下的进给率设定。如果该进给率为零,系统使用机床参数中存储的数值。

②Spindle speed——主轴转速设定。

4) Spindle data——主轴数据。

①Minimum——主轴转速最小值设定。

②Maximum——主轴转速最大值设定。

③Limitation with G96——可编程主轴极限值,在恒定切削速度(G96)时可编程的最大速度。

5) DRY：Dry run federate——空运行进给率,在自动方式中若选择空运行进给功能,程序不按编程的进给率执行,而是执行参数设定值的进给率,即在此输入的进给率。

6) Start angle：Start angle for thread——对于螺纹切削,主轴的一个开始位置作为起始角,可以通过修改该起始角度来切削多线螺纹。

四、手动控制操作

1. JOG 运行方式

JOG 运行方式操作步骤如下:

1)通过按机床控制面板上的 JOG 键 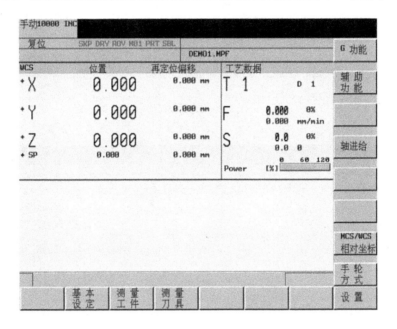，选择 JOG 手动运行方式。

2)按下相应的 X、Y 或 Z 轴方向键,可以使坐标轴运行。只要相应的键一直按着,坐标轴就一直连续不断地以设定的进给速度运行。如果设定数据中此值为"零",则按照机床参数数据中存储的数值运行。松开按键,坐标轴就停止运行。

3)需要时可以通过倍率开关 调节运行速度。

4)如果同时按下相应的坐标轴键和"快进"键, 则坐标轴以快进速度的。

5)选择"增量选择"键 以步进增量方式运行时,坐标轴以选择的步进增量行驶,步进量的大小在屏幕上显示。再按一次点动键就可以去除步进增量方式。

6)在"JOG"状态图上显示位置、进给值、主轴值和刀具值,如图 7-64 所示。

图 7-64 "JOG"状态图

7) 测量工件 ,确定零点偏置。

8) 测量刀具 ,测量刀具偏置。

9) 设置 ,该屏幕格式下,可以设置带有安全举例的退回平面,以及在 MDA 方式下自动执行零件程序时主轴的旋转方向。此外,还可以在此屏幕下设定 JOG 进给率和增量值,如图 7-65 所示。

10) 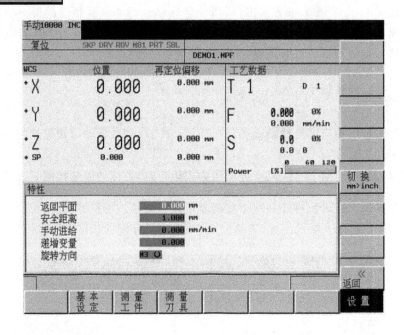 ,用此功能可以在米制和英制尺寸之间进行切换。

图 7-65　设置状态

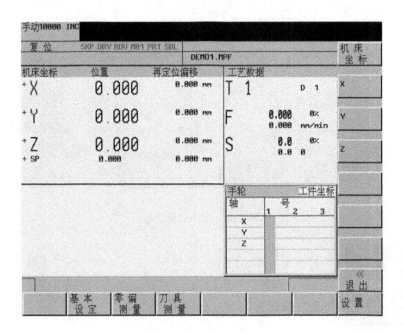

图 7-66　"手轮"方式窗口

2. 手轮运行方式

1)按手动和手轮方式键 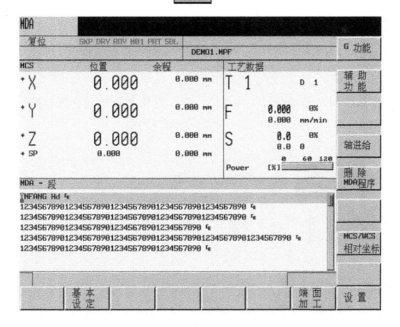、，在 JOG 模式下出现"手轮"窗口,如图 7-66 所示。

2)选择手轮运行方式,在"坐标轴"一栏显示所有的坐标轴名称,它们在软键菜单中也同时显示机床坐标 X、Y、Z。根据所连接的坐标轴数,可以通过光标移动,在设置状态坐标轴之间进行转换。选中某坐标轴在其后出现符号　　。

3)用方向键 　移动光标到所选的坐标轴,然后按动相应坐标轴的软件。

4)在所选的坐标轴后出现符号 　,该轴即被接通。

5)手轮的速度可以通过增量按键选择进行,分别为 1 微米,10 微米,100 微米。

6)用"机床坐标系"或"工件坐标系"软键,可以从机床坐标系或工件坐标系中选择坐标轴,用来选通手轮。所设定的状态显示在"手轮"窗口中。

3. MDA 运行模式

1)功能　在 MDA 运行方式下可以编制一个零件程序段来执行。注意:此运行方式下所有安全锁定功能与自动运行方式一样,其他相应的前提条件与自动方式一样。

2)操作步骤

① 通过机床控制面板上的 MDA 键 　选择 MDA 模式,见图 7-67。

图 7-67　MDA 状态图

② 通过操作面板输入程序段。

③ 按数控启动按钮执行输入程序段。在程序执行时不可以再对程序段进行编辑、执行

完毕后,输入区的内容仍然保留,这样该程序段可以通过按数控启动键再次重新运行。

3)软键意义

① 基本设定 :设定基本零点偏置。

② 端面加工 :铣削端面加工。

③ 设置 :设置主轴转速、旋转方向。

④ G功能 :G功能窗口显示所有有效G功能指令。

⑤ 辅助功能 :辅助功能窗口显示所有有效M功能指令。

⑥ 轴进给 :轴经给窗口。

⑦ 删除MDA程序 :此功能可删除MDA中所有程序。

五、零件程序

1. 概述

1)操作步骤

① 选择"程序"操作区。

② 按键 PROGRAM MANAGER ,打开"程序管理器",以列表形式显示零件程序及目录。程序管理窗口如图7-68所示。

③ 在程序目录中用光标键选择零件程序。为了更快地查找到程序,输入程序名的第一个字母。控制系统自动把光标定位到含有该字母的程序前。

2)软件含义

① 按程序键 程序 ,显示零件程序目录。

② 按下键 执行 ,可以选择待执行的零件程序,按数控启动键时启动执行该程序。

③ 按下操作键 复制 可以把所选择的程序复制到另一个程序中去。

④ 按下操作键 新程序 可以输入新程序。

⑤ 按下 打开 可以打开待执行的程序。

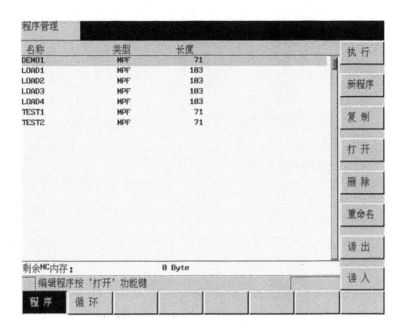

图 7-68　程序管理窗口

⑥ 用键 ┃ 删 除 ┃ 可以删除光标定位的程序,并提示对该选择进行确认。按下确认键执行删除功能,按返回键取消并返回。

⑦ 按操作键 ┃ 重命名 ┃ 出现一窗口,在此窗口中可以更改光标所定位的程序名称。输入新的程序名后按确认键,完成名称更改,用返回键取消此功能。

⑧ 按 ┃ 读 出 ┃,通过 RS232 接口,把零件程序送到计算机保存。

⑨ 按 ┃ 读 入 ┃,通过 RS232 接口装载零件程序。

⑩ 按 ┃ 循 环 ┃ 显示标准循环目录。只有当用户具有确定的权限时才可以使用此键。

2. 新建零件程序

新建零件程序操作步骤如下:

1)按键 ┃PROGRAM MANAGER┃,选择"程序"操作区,显示 NC 中已经存在的程序目录。

2)按"新程序"键,选择"程序"操作区,出现一对话框,在此输入新的主程序名称或子程序名称,见图 7-69。

3)用字母或者数字键输入程序名。

4)按"确认"键接受输入信息,生成新程序文件,现在可以对新程序进行编辑。

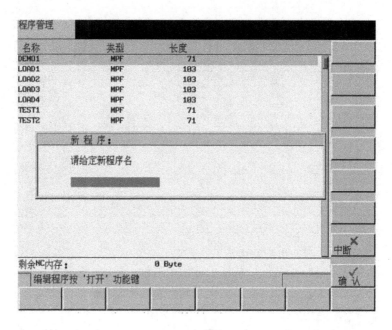

图 7-69　新程序输入屏幕格式

3. 零件程序编辑

在编辑功能下,零件程序不在执行状态时,都可以进行编辑。对零件程序的任何修改,可立即被存储,如图 7-70 所示。

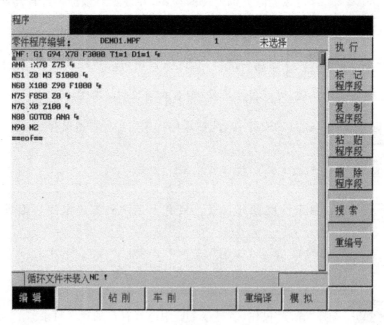

图 7-70　程序编辑器窗口

零件程序编辑的软件如下:

1) 　**编　辑**　为程序编辑器。

2)按下键 **执 行** ，可以执行选择零件程序。

3) **标 记 程序段** 按此键可以选择一个文本程序段，直至当前光标位置。

4) **复 制 程序段** 按此键可以复制一程序段到剪贴板。

5) **粘 贴 程序段** 按此键可以把剪贴板上的文本粘贴到当前光标位置。

6) **删 除 程序段** 按此键可以删除所选择的文本呢程序段。

7) **搜 索** 用搜索键和搜索下一个键在所显示的程序中查找一字符串。在输入窗口搜索字符，按确认键启动搜索过程。按返回键则不进行搜索，退出窗口。

8) **重编号** 使用该功能，替换当前光标位置到程序结束处之间的程序段号。

4. 图形模拟

1)图形模拟功能　编程的刀具轨迹可以通过图形轨迹来表示，可查看走刀路线的正确与否。

2)操作步骤

① 当前为自动运行方式，并且已选择了待加工的程序。

② 按模拟键 **模 拟** ，屏幕显示初始状态，见图 7-71。

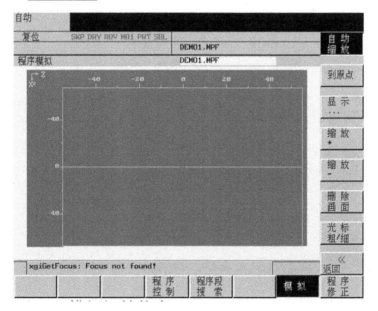

图 7-71　模拟状态界面

③ 按数控启动键,模拟所选择的零件程序的加工轨迹。

3)软件含义

① 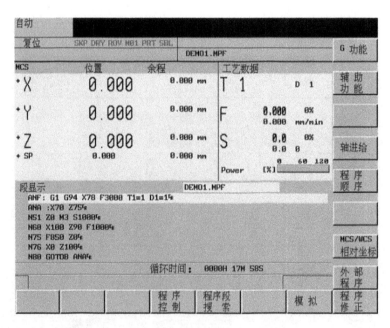 操作此键可自动缩放所记录的刀具轨迹。

② **到原点** 按此键可恢复到图形的基本设定。

③ **显 示** 按此键可以显示整个工件。

④ **缩 放** 按此键可以放大显示图形。缩放减与该按键意义相反。

⑤ **删 除 画 面** 按此键可以擦除显示的图形。

⑥ **光 标 粗/细** 按此键可调整光标的步距大小。

六、自动加工

1. 概述

(1)进入自动加工操作步骤。

1)按自动方式按钮 ➡ 选择自动运行模式。

2)屏幕上显示"自动方式"状态图,显示位置、主轴值、刀具值以及当前的程序段,见图7-72。

图 7-72 自动方式界面

2. 选择并开始加工一个零件程序

在启动程序之前必须调整好系统数据和机床,安装校正、夹紧好零件毛坯,同时还必须注意安全操作机床。

操作步骤如下:

1)按自动方式键 ⊡ ,选择自动加工模式。

2)按 **程序** 键,显示出系统中所有已存的程序。

3)用方向键 ← → ↑ ↓ 把光标移动到要执行的程序上。

4)用执行键 **执行** 选择待加工的程序,被选择的程序名显示在屏幕区的"程序名"下。

5)如果有必要,可用程序控制键确定程序的运行状态,见图 7-73。

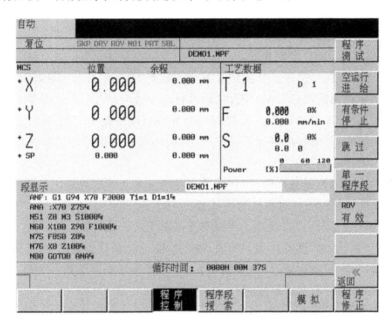

图 7-73 程序控制界面

6)按下数控启动键执行零件程序。

3. 停止/中断零件程序至再加工

停止/中断零件程序至再加工的具体操作步骤如下:

1)用数控停止键 ⊘ 停止加工的零件程序,按数控启动键 ◇ 可恢复被中断的程序运行。

2)用复位键 ∥ 中断加工的零件程序,按数控启动键重新启动,程序只能从头开始运行。

4. "中断"之后的再定位—从断点开始加工

程序中断后(用"数控停止"键),可以用手动方式从加工轮廓退出刀具。数控系统将中断点坐标保存,并能显示离开轮廓的坐标值。

"中断"之后的再定位—从断点开始加工操作步骤如下:

1)选择自动加工模式 。

2)按 程序段 搜索 键,打开搜索窗口,准备装载中断点坐标。

3)按 搜索 断点 键,装载中断点坐标。

4)按 计算 轮廓 键,启动中断点搜索,使机床回中断点。执行一个到中断程序段起始点的补偿。

5)按数控启动键 ⬦ 继续加工。

5. 执行外部程序,DNC 自动加工。

在铣三维立体工件时,由于工件曲面计算难度繁复,手工编程已无法满足对该类工件的加工需求。此类零件都是通过 CAD/CAM 软件自动生成的,程序很长,系统的内存也有限,无法装载程序用 CNC 来自动加工。这样的一个外部程序可由 RS232 接口输入数控系统,当按下 NC 启动键后,立即开始执行该程序,且一边传送一边执行加工程序,这种方法被称为 DNC 直接数控加工。

当缓冲存储器中的内容被处理后,程序被自动再装入。程序可以由外部计算机,如一台装有 PCIN 数据传送软件的计算机执行该任务。

执行外部程序进行 DNC 自动加工的操作步骤如下:

1)前提:数控系统处于复位状态。有关 RS232 接口的参数设定要正确,而且此时该接口不可用于其他工作(如数据输入、数据输出)。外部程序开头必须改成系统能接受的如下格式(输入以下两行内容不允许有空格):

％_N _程序名_MPF

$ PATH = / _ N _ MPF _ DIR

2)按外部程序键 外 部 程序 ,进行 DNC 自动加工。

在外部计算机上使用 PCIN,并在数据输出栏接通程序输出。此时程序被传送到缓冲存储器,并被自动选择且显示在程序选择栏中。为有助于程序执行,最好等到缓冲存储器装满为止。

3)用"NC 启动"键开始执行该程序,该程序被一段一段装入系统进行加工,直至全部结束。

在 DNC 运行方式下,无论是程序运行结束还是按"复位"键,程序都自动从控制系统退出。

实训 7.2 凹凸模板铣削编程与加工训练

【7-24】 加工如图 7-74 所示凹凸模板零件。

一、加工工艺分析

1. 工,量,刃具选择

（1）工具选择 工件装夹在平口钳上,平口钳用百分表校正。X、Y 方向用寻边器对刀。Z 方向用 Z 轴定向器进行对刀。其工具见表 7-20。

（2）量具选择 内、外轮廓尺寸用游标卡尺测量;深度尺寸用深度游标卡尺测量;孔径用内径千分尺测量,其规格、参数见表 7-20。

（3）刃具选择 上表面铣削用端铣刀;内、外轮廓铣削用键槽铣刀铣削;孔加工用中心钻、麻花钻、铰刀,其规格、参数见表 7-20。

2. 加工工艺方案

（1）加工工艺路线本课题为内、外轮廓及孔加工。首先粗、精铣坯料上表面,以便深度测量;然后粗、精铣削内、外轮廓,最后钻、铰孔。

① 粗、精铣坯料上表面,粗铣余量根据毛坯情况由程序控制,留精铣余量 0.5mm。

② 用 $\phi16$mm 键槽铣刀粗、精铣内、外轮廓和 $\phi20$mm 内圆孔。

③ 用中心钻钻 $4\times\phi10$mm 中心孔。

④ 用 $\phi9.7$mm 麻花钻钻 $4\times\phi10$mm 孔。

⑤ 用 $\phi10$H8 机用绞刀铰 $4\times\phi10$mm 孔。

（2）合理切削用量选择 加工钢件,粗加工深度除留精加工余量,应进行分层切削。切削速度不可太高,垂直下刀进给量应小。参考切削用量见表 7-21。

表 7-20 工、量、刃具清单

种类	序号	名称	规格	数量
工具	1	平口钳	QH160	1 个
	2	平行垫铁		若干
	3	塑胶锤子		1 个
	4	扳手		若干
	5	偏心寻边器	$\phi10$mm	1 只
	6	Z 轴定向器		1 只
量具	1	游标卡尺	0—150mm	1 把
	2	百分表及表座	0—10mm	1 个
	3	深度游标卡尺	0—150mm	1 把
	4	内径千分尺	5—25mm	1 把
刃具	1	面铣刀	$\phi80$mm	1 把
	2	中心钻	A2	1 个
	3	麻花钻	$\phi9.7$mm	1 个
	4	机用铰刀	$\phi10$H8mm	1 个
	5	键槽铣刀	$\phi16$mm	1 个

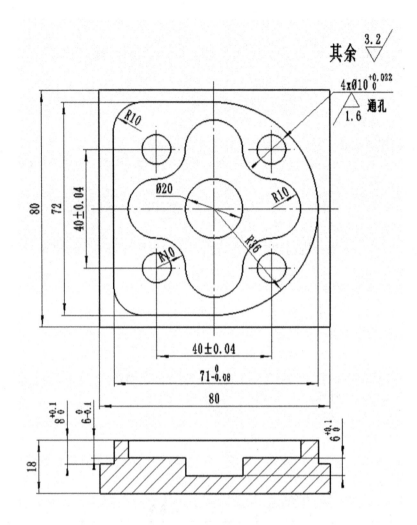

图 7-74　凹凸模板零件

表 7-21　切削用量选择

刀具号	刀具规格	工序内容	切削速度(mm/min)	转速(r/min)
T1	φ80mm 面铣刀	粗、精铣坯料上表面	100/80	500/800
T2	φ16mm 键槽刀	粗精铣外轮廓、内轮廓	100～200	800/1200
T3	A2 中心钻	钻中心孔	100	1200
T4	φ9.7mm 麻花钻	钻 4×φ10mm 的底孔	100	650
T5	φ10H8mm 机用铰刀	铰 4×φ10mm 的底孔	50	300

二、参考程序

　　选择工件中心为工件坐标系 X、Y 坐标的原点,选择工件的上表面为工件坐标系 Z＝0 平面。内、外轮廓的铣削通过修改刀具半径补偿进行粗、精加工,同时本例需采用分层铣削。

　　(1) 粗、精铣毛坯上表面

N10 G54 G17 G40 G90　　　　　　设定初始加工程序,建立工件坐标系,XY 平面,绝对坐标编程,取消半径补偿,加工前装直径 80 的面铣刀

N20 M03 S800	主轴正转,转速 800r/min
N30 G0 Z10	抬刀到安全高度 10mm
N40 X-35 Y-100	运行至下刀点
N50 G01 Z-2 F50	下刀至 2mm 深度,进给速度 50mm/min
N60 G01 Y100 F100	直线切削至 Y 轴 100mm 处
N70 G00 X35	快速定位至 X35 处
N80 G01 Y-100	直线切削至 Y 轴-100mm 处
N90 G0 Z10	快速抬刀至安全高度 10mm 处
N100 M30	程序停止,返回程序

（2）粗、精铣外轮廓

N10 G54 G17 G40 G90	设定初始加工程序,建立工件坐标系,XY 平面,绝对坐标编程,取消半径补偿,加工前装直径 16 的键槽刀
N20 M03 S800	主轴正转,转速 800r/min
N30 G0 Z10	抬刀到安全高度 10mm
N40 X-65 Y-65	运行至下刀点
N50 G01 Z-20 F50	分层下刀至-20mm 深度,速度 50mm/min
N60 G01 G41 X-40 Y-50 D1 F200	建左刀补,进给速度 200mm/min
N70 Y40	直线切削轮廓
N80 X40	直线切削轮廓
N90 Y-40	直线切削轮廓
N100 X50	直线切削轮廓
N110 G00 Z10	抬刀安全高度 10mm
N120 G40 G0 X0 Y0	取消刀具半径补偿
N130 G0 X-65 Y-65	运行至下刀点
N140 G01 Z-8 F50	分层下刀至－8mm 深度,进给速度 50mm/min
N150 G41 G01 X-35 Y-55 D1 F200	建左刀补,进给速度 200mm/min
N160 G01 Y36 RND＝10 F100	直线切削并加工出 R10 圆角
N170 X0	直线切削轮廓
N180 G02 Y-36 CR＝36	加工 36 半圆
N190 G01 X-35 Y-36 RND＝10	直线切削并加工出 R10 圆角
N200 G01 Y0	直线切削轮廓
N210 G0 Z10	抬刀安全高度 10mm
N220 G40 G0 X0 Y0	取消刀具半径补偿
N230 M30	程序结束并返回

（3）粗、精铣内轮廓

N10 G54 G17 G40 G90	设定初始加工程序,建立工件坐标系,XY 平面,绝对坐标编程,取消半径补偿,加工前装直径 16 的键槽刀
N20 M03 S800	主轴正转,转速 800r/min
N30 G0 Z10	抬刀到安全高度 10mm

N40 X0 Y0	定位到初始下刀点
N50 G01 Z-6 F50	分层下刀至−6mm 深度,速度 50mm/min
N60 G41 G01 X-30 Y0 D1 F150	建左刀补,进给速度 150mm/min
N70 G03 X-20 Y-10 CR=10	圆弧插补
N80 G02 X-10 Y-20 CR=10	圆弧插补
N90 G03 X10 Y-20 CR=10	圆弧插补
N100 G02 X20 Y-10 CR=10	圆弧插补
N110 G03 X20 Y10 CR=10	圆弧插补
N120 G02 X10 Y20 CR=10	圆弧插补
N130 G03 X-10 Y20 CR=10	圆弧插补
N140 G02 X-20 Y10 CR=10	圆弧插补
N150 G03 X-30 Y0 CR=10	圆弧插补
N160 G0 Z10	抬刀到安全高度 10mm
N170 G40 G0 X0 Y0	取消半径补偿
N180 M30	程序结束并返回

(4)粗、精铣内圆孔

N10 G54 G17 G40 G90	设定初始加工程序,建立工件坐标系,XY 平面,绝对坐标编程,取消半径补偿,加工前装直径 16 的键槽刀
N20 M03 S800	主轴正转,转速 800r/min
N30 G0 Z10	抬刀到安全高度 10mm
N40 X0 Y0	定位到初始下刀点
N50 G01 Z-12 F50	分层下刀至−12mm 深度,速度 50mm/min
N60 G41 G01 X-10 Y0 D1 F150	建左刀补,进给速度 150mm/min
N70 G03 I10	整圆插补
N80 G0 Z10	抬刀到安全高度 10mm
N90 G40 G0 X0 Y0	取消半径补偿
N100 M30	程序结束并返回

(5)中心钻钻中心孔

N10 G54 G17 G40 G90	设定初始加工程序,建立工件坐标系,XY 平面,绝对坐标编程,取消半径补偿,加工前装直径 A2 中心钻
N20 M03 S1200	主轴正转,转速 1200r/min
N30 G0 Z10	抬刀到安全高度 10mm
N40 F100	定义下刀速度
N50 MCALL CYCLE81 (10,5,2,−3,,)	钻中心孔参数定义
N60 X20 Y20	第一孔加工
N70 X-20	第二孔加工
N80 Y-20	第三孔加工
N90 X20	第四孔加工
N100 G0 Z50	回安全高度

N110 M30　　　　　　　　　　　程序结束并返回

（6）麻花钻钻孔

N10 G54 G17 G40 G90　　　　　设定初始加工程序,建立工件坐标系,XY 平面,绝对
　　　　　　　　　　　　　　　坐标编程,取消半径补偿,加工前装直径 9.7 的麻
　　　　　　　　　　　　　　　花钻

N20 M03 S650　　　　　　　　　主轴正转,转速 650r/min

N30 G0 Z10　　　　　　　　　　抬刀到安全高度 10mm

N40 F100　　　　　　　　　　　定义下刀速度

N50 MCALL CYCLE81（10,5,2,-30,,）钻孔参数定义

N60 X20 Y20　　　　　　　　　　第一孔加工

N70 X-20　　　　　　　　　　　第二孔加工

N80 Y-20　　　　　　　　　　　第三孔加工

N90 X20　　　　　　　　　　　　第四孔加工

N100 G0 Z50　　　　　　　　　　回安全高度

N110 M30　　　　　　　　　　　程序结束并返回

（6）铰刀铰孔

N10 G54 G17 G40 G90　　　　　设定初始加工程序,建立工件坐标系,XY 平面,绝对
　　　　　　　　　　　　　　　坐标编程,取消半径补偿,加工前装直径 10 的机用
　　　　　　　　　　　　　　　铰刀

N20 M03 S650　　　　　　　　　主轴正转,转速 300r/min

N30 G0 Z10　　　　　　　　　　抬刀到安全高度 10mm

N40 F50　　　　　　　　　　　　定义下刀速度

N50 MCALL CYCLE82（10,5,2,-26,5）钻孔参数定义

N60 X20 Y20　　　　　　　　　　第一孔加工

N70 X-20　　　　　　　　　　　第二孔加工

N80 Y-20　　　　　　　　　　　第三孔加工

N90 X20　　　　　　　　　　　　第四孔加工

N100 G0 Z50　　　　　　　　　　回安全高度

N110 M30　　　　　　　　　　　程序结束并返回

思考练习题

7-1　西门子钻孔循环程序与发那科系统的区别?

7-2　西门子 802D 系统如何进行机床回零点操作?

7-3　西门子 802D 系统的控制面板组成?

7-4　西门子 802D 系统主轴定位指令是什么? 它用于什么场合?

7-5　西门子 802D 系统刀具长度补偿和半径补偿值是如何加入的? 它与其他系统有什么不同?

7-6　R 参数编程有什么优点？它常用于什么场合？

7-7　西门子 802D 钻削循环指令有哪些？它有什么优点？与其他系统比有什么不同？

7-8　西门子 802D 数控系统基本模块有哪些？

7-9　如何进行零件的空运行测试和线图模拟？

7-10　西门子系统中如何新建程序？

7-11　西门子系统中如何撤除循环指令？

7-12　西门子 802D 系统如何进行工件坐标系设定？

7-13　加工图 7-75～7-78，编制合理切削工艺。

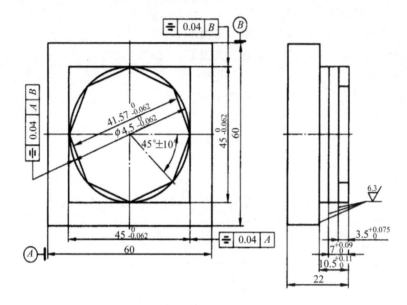

图 7-75

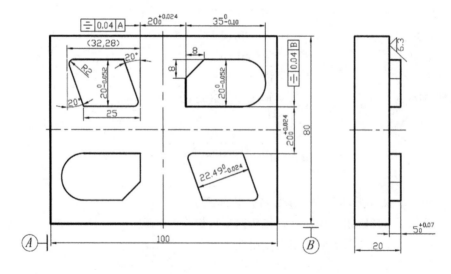

图 7-76

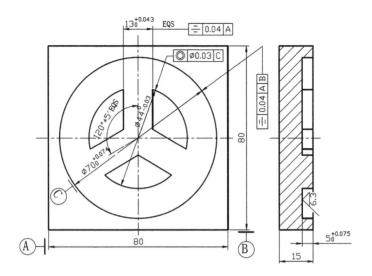

图 7-77

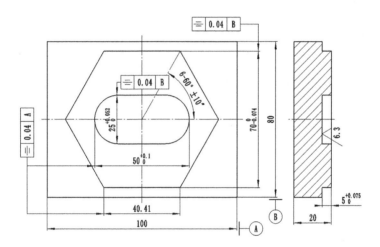

图 7-78

项目八　数控铣床中、高级工训练

※ **知识目标**

1. 了解数控铣工国家职业技能鉴定标准；

※ **能力目标**

1. 熟练掌握数控铣床中级工加工工艺及编程方法；

2. 熟练掌握数控铣床高级工加工工艺及编程方法。

任务 8.1　数控铣工国家职业技能鉴定标准

一、职业概况

1. 职业名称

数控铣工。

2. 职业定义

从事编制数控加工程序并操作数控铣床进行零件铣削加工的人员。

3. 职业等级

本职业共设四个等级，分别为：中级（国家职业资格四级）、高级（国家职业资格三级）、技师（国家职业资格二级）、高级技师（国家职业资格一级）。

4. 职业环境

室内、常温。

5. 职业能力特征

具有较强的计算能力和空间感，形体知觉及色觉正常，手指、手臂灵活，动作协调。

6. 基本文化程度

高中毕业（或同等学力）。

7. 培训要求

（1）培训期限

全日制职业学校教育，根据其培养目标和教学计划确定。晋级培训期限：中级不少于400 标准学时；高级不少于 300 标准学时；技师不少于 300 标准学时；高级技师不少于 300标准学时。

（2）培训教师

培训中、高级人员的教师应取得本职业技师及以上职业资格证书或相关专业中级及以上专业技术职称任职资格；培训技师的教师应取得本职业高级技师职业资格证书或相关专业高级专业技术职称任职资格；培训高级技师的教师应取得本职业高级技师职业资格证书2 年以上或取得相关专业高级专业技术职称任职资格 2 年以上。

（3）培训场地设备

满足教学要求的标准教室、计算机机房及配套的软件、数控铣床及必要的刀具、夹具、量具和辅助设备等。

8．鉴定要求

（1）适用对象

从事或准备从事本职业的人员。

（2）申报条件

——中级：（具备以下条件之一者）

① 经本职业中级正规培训达规定标准学时数，并取得结业证书。

② 连续从事本职业工作 5 年以上。

③ 取得经劳动保障行政部门审核认定的，以中级技能为培养目标的中等以上职业学校本职业（或相关专业）毕业证书。

④ 取得相关职业中级《职业资格证书》后，连续从事本职业 2 年以上。

——高级：（具备以下条件之一者）

① 取得本职业中级职业资格证书后，连续从事本职业工作 2 年以上，经本职业高级正规培训，达到规定标准学时数，并取得结业证书。

② 取得本职业中级职业资格证书后，连续从事本职业工作 4 年以上。

③ 取得劳动保障行政部门审核认定的，以高级技能为培养目标的职业学校本职业（或相关专业）毕业证书。

④ 大专以上本专业或相关专业毕业生，经本职业高级正规培训，达到规定标准学时数，并取得结业证书。

——技师：（具备以下条件之一者）

① 取得本职业高级职业资格证书后，连续从事本职业工作 4 年以上，经本职业技师正规培训达规定标准学时数，并取得结业证书。

② 取得本职业高级职业资格证书的职业学校本职业（专业）毕业生，连续从事本职业工作 2 年以上，经本职业技师正规培训达规定标准学时数，并取得结业证书。

③ 取得本职业高级职业资格证书的本科（含本科）以上本专业或相关专业的毕业生，连续从事本职业工作 2 年以上，经本职业技师正规培训达规定标准学时数，并取得结业证书。

——高级技师：

取得本职业技师职业资格证书后，连续从事本职业工作 4 年以上，经本职业高级技师正规培训达规定标准学时数，并取得结业证书。

（3）鉴定方式

分为理论知识考试和技能操作考核。理论知识考试采用闭卷方式，技能操作（含软件应用）考核采用现场实际操作和计算机软件操作方式。理论知识考试和技能操作（含软件应用）考核均实行百分制，成绩皆达 60 分及以上者为合格。技师和高级技师还需进行综合评审。

（4）考评人员与考生配比

理论知识考试考评人员与考生配比为 1∶15，每个标准教室不少于 2 名相应级别的考评员；技能操作（含软件应用）考核考评员与考生配比为 1∶2，且不少于 3 名相应级别的考评员;综合评审委员不少于 5 人。

(5)鉴定时间

理论知识考试为 120 分钟,技能操作考核中实操时间为:中级、高级不少于 240 分钟,技师和高级技师不少于 300 分钟,技能操作考核中软件应用考试时间为不超过 120 分钟,技师和高级技师的综合评审时间不少于 45 分钟。

(6)鉴定场所设备

理论知识考试在标准教室里进行,软件应用考试在计算机机房进行,技能操作考核在配备必要的数控铣床及必要的刀具、夹具、量具和辅助设备的场所进行。

二、基本要求

1.职业道德

(1)职业道德基本知识

(2)职业守则

(1)遵守国家法律、法规和有关规定;

(2)具有高度的责任心、爱岗敬业、团结合作;

(3)严格执行相关标准、工作程序与规范、工艺文件和安全操作规程;

(4)学习新知识新技能、勇于开拓和创新;

(5)爱护设备、系统及工具、夹具、量具;

(6)着装整洁,符合规定;保持工作环境清洁有序,文明生产。

2.基础知识

(1)基础理论知识

① 机械制图

② 工程材料及金属热处理知识

③ 机电控制知识

④ 计算机基础知识

⑤ 专业英语基础

(2)机械加工基础知识

① 机械原理

② 常用设备知识(分类、用途、基本结构及维护保养方法)

③ 常用金属切削刀具知识

④ 典型零件加工工艺

⑤ 设备润滑和冷却液的使用方法

⑥ 工具、夹具、量具的使用与维护知识

⑦ 铣工、镗工基本操作知识

(3)安全文明生产与环境保护知识

① 安全操作与劳动保护知识

② 文明生产知识

③ 环境保护知识

(4)质量管理知识

① 企业的质量方针

② 岗位质量要求

③ 岗位质量保证措施与责任

（5）相关法律、法规知识

① 劳动法的相关知识

② 环境保护法的相关知识

③ 知识产权保护法的相关知识

三、工作要求

本标准对中级、高级、技师和高级技师的技能要求依次递进，高级别涵盖低级别的要求。

1. 中级

职业功能	工作内容	技能要求	相关知识
一、加工准备	（一）读图与绘图	1. 能读懂中等复杂程度（如：凸轮、壳体、板状、支架）的零件图 2. 能绘制有沟槽、台阶、斜面、曲面的简单零件图 3. 能读懂分度头尾架、弹簧夹头套筒、可转位铣刀结构等简单机构装配图	1. 复杂零件的表达方法 2. 简单零件图的画法 3. 零件三视图、局部视图和剖视图的画法
	（二）制定加工工艺	1. 能读懂复杂零件的铣削加工工艺文件 2. 能编制由直线、圆弧等构成的二维轮廓零件的铣削加工工艺文件	1. 数控加工工艺知识 2. 数控加工工艺文件的制定方法
	（三）零件定位与装夹	1. 能使用铣削加工常用夹具（如压板、虎钳、平口钳等）装夹零件 2. 能够选择定位基准，并找正零件	1. 常用夹具的使用方法 2. 定位与夹紧的原理和方法 3. 零件找正的方法
	（四）刀具准备	1. 能够根据数控加工工艺文件选择、安装和调整数控铣床常用刀具 2. 能根据数控铣床特性、零件材料、加工精度、工作效率等选择刀具和刀具几何参数，并确定数控加工需要的切削参数和切削用量 3. 能够利用数控铣床的功能，借助通用量具或对刀仪测量刀具的半径及长度 4. 能选择、安装和使用刀柄 5. 能够刃磨常用刀具	1. 金属切削与刀具磨损知识 2. 数控铣床常用刀具的种类、结构、材料和特点 3. 数控铣床、零件材料、加工精度和工作效率对刀具的要求 4. 刀具长度补偿、半径补偿等刀具参数的设置知识 5. 刀柄的分类和使用方法 6. 刀具刃磨的方法
二、数控编程	（一）手工编程	1. 能编制由直线、圆弧组成的二维轮廓数控加工程序 2. 能够运用固定循环、子程序进行零件的加工程序编制	1. 数控编程知识 2. 直线插补和圆弧插补的原理 3. 节点的计算方法
	（二）计算机辅助编程	1. 能够使用 CAD/CAM 软件绘制简单零件图 2. 能够利用 CAD/CAM 软件完成简单平面轮廓的铣削程序	1. CAD/CAM 软件的使用方法 2. 平面轮廓的绘图与加工代码生成方法

职业功能	工作内容	技能要求	相关知识
三、数控铣床操作	（一）操作面板	1. 能够按照操作规程启动及停止机床 2. 能使用操作面板上的常用功能键（如回零、手动、MDI、修调等）	1. 数控铣床操作说明书 2. 数控铣床操作面板的使用方法
	（二）程序输入与编辑	1. 能够通过各种途径（如 DNC、网络）输入加工程序 2. 能够通过操作面板输入和编辑加工程序	1. 数控加工程序的输入方法 2. 数控加工程序的编辑方法
	（三）对刀	1. 能进行对刀并确定相关坐标系 2. 能设置刀具参数	1. 对刀的方法 2. 坐标系的知识 3. 建立刀具参数表或文件的方法
	（四）程序调试与运行	能够进行程序检验、单步执行、空运行并完成零件试切	程序调试的方法
	（五）参数设置	能够通过操作面板输入有关参数	数控系统中相关参数的输入方法
四、零件加工	（一）平面加工	能够运用数控加工程序进行平面、垂直面、斜面、阶梯面等的铣削加工，并达到如下要求： (1)尺寸公差等级达 IT7 级 (2)形位公差等级达 IT8 级 (3)表面粗糙度达 Ra3.2μm	1. 平面铣削的基本知识 2. 刀具端刃的切削特点
	（二）轮廓加工	能够运用数控加工程序进行由直线、圆弧组成的平面轮廓铣削加工，并达到如下要求： (1)尺寸公差等级达 IT8 (2)形位公差等级达 IT8 级 (3)表面粗糙度达 Ra3.2μm	1. 平面轮廓铣削的基本知识 2. 刀具侧刃的切削特点
	（三）曲面加工	能够运用数控加工程序进行圆锥面、圆柱面等简单曲面的铣削加工，并达到如下要求： (1)尺寸公差等级达 IT8 (2)形位公差等级达 IT8 级 (3)表面粗糙度达 Ra3.2μm	1.曲面铣削的基本知识 2.球头刀具的切削特点
	（四）孔类加工	能够运用数控加工程序进行孔加工，并达到如下要求： (1)尺寸公差等级达 IT7 (2)形位公差等级达 IT8 级 (3)表面粗糙度达 Ra3.2μm	麻花钻、扩孔钻、丝锥、镗刀及铰刀的加工方法
	（五）槽类加工	能够运用数控加工程序进行槽、键槽的加工，并达到如下要求： (1)尺寸公差等级达 IT8 (2)形位公差等级达 IT8 级 (3)表面粗糙度达 Ra3.2μm	槽、键槽的加工方法
	（六）精度检验	能够使用常用量具进行零件的精度检验	1. 常用量具的使用方法 2. 零件精度检验及测量方法
五、维护与故障诊断	（一）机床日常维护	能够根据说明书完成数控铣床的定期及不定期维护保养，包括：机械、电、气、液压、数控系统检查和日常保养等	1. 数控铣床说明书 2. 数控铣床日常保养方法 3. 数控铣床操作规程 4. 数控系统（进口、国产数控系统）说明书
	（二）机床故障诊断	1. 能读懂数控系统的报警信息 2. 能发现数控铣床的一般故障	1. 数控系统的报警信息 2. 机床的故障诊断方法
	（三）机床精度检查	能进行机床水平的检查	1. 水平仪的使用方法 2. 机床垫铁的调整方法

2. 高级

职业功能	工作内容	技能要求	相关知识
一、加工准备	(一)读图与绘图	1. 能读懂装配图并拆画零件图 2. 能够测绘零件 3. 能够读懂数控铣床主轴系统、进给系统的机构装配图	1. 根据装配图拆画零件图的方法 2. 零件的测绘方法 3. 数控铣床主轴与进给系统基本构造知识。
	(二)制定加工工艺	能编制二维、简单三维曲面零件的铣削加工工艺文件	复杂零件数控加工工艺的制定
	(三)零件定位与装夹	1. 能选择和使用组合夹具和专用夹具 2. 能选择和使用专用夹具装夹异型零件 3. 能分析并计算夹具的定位误差 4. 能够设计与自制装夹辅具(如轴套、定位件等)	1. 数控铣床组合夹具和专用夹具的使用、调整方法 2. 专用夹具的使用方法 3. 夹具定位误差的分析与计算方法 4. 装夹辅具的设计与制造方法
	(四)刀具准备	1. 能够选用专用工具(刀具和其他) 2. 能够根据难加工材料的特点,选择刀具的材料、结构和几何参数	1. 专用刀具的种类、用途、特点和刃磨方法 2. 切削难加工材料时的刀具材料和几何参数的确定方法
二、数控编程	(一)手工编程	1. 能够编制较复杂的二维轮廓铣削程序 2. 能够根据加工要求编制二次曲面的铣削程序 3. 能够运用固定循环、子程序进行零件的加工程序编制 4. 能够进行变量编程	1. 较复杂二维节点的计算方法 2. 二次曲面几何体外轮廓节点计算 3. 固定循环和子程序的编程方法 4. 变量编程的规则和方法
	(二)计算机辅助编程	1. 能够利用 CAD/CAM 软件进行中等复杂程度的实体造型(含曲面造型) 2. 能够生成平面轮廓、平面区域、三维曲面、曲面轮廓、曲面区域、曲线的刀具轨迹 3. 能进行刀具参数的设定 4. 能进行加工参数的设置 5. 能确定刀具的切入切出位置与轨迹 6. 能够编辑刀具轨迹 7. 能够根据不同的数控系统生成 G 代码	1.实体造型的方法 2.曲面造型的方法 3.刀具参数的设置方法 4.刀具轨迹生成的方法 5.各种材料切削用量的数据 6.有关刀具切入切出的方法对加工质量影响的知识 7.轨迹编辑的方法 8.后置处理程序的设置和使用方法
	(三)数控加工仿真	能利用数控加工仿真软件实施加工过程仿真、加工代码检查与干涉检查	数控加工仿真软件的使用方法
三、数控铣床操作	(一)程序调试与运行	能够在机床中断加工后正确恢复加工	程序的中断与恢复加工的方法
	(二)参数设置	能够依据零件特点设置相关参数进行加工	数控系统参数设置方法

职业功能	工作内容	技能要求	相关知识
四、零件加工	（一）平面铣削	能够编制数控加工程序铣削平面、垂直面、斜面、阶梯面等，并达到如下要求： (1)尺寸公差等级达 IT7 (2)形位公差等级达 IT8 级 (3)表面粗糙度达 Ra3.2μm	1.平面铣削精度控制方法 2.刀具端刃几何形状的选择方法
	（二）轮廓加工	能够编制数控加工程序铣削较复杂的（如凸轮等）平面轮廓，并达到如下要求： (1)尺寸公差等级达 IT8 (2)形位公差等级达 IT8 级 (3)表面粗糙度达 Ra3.2μm	1.平面轮廓铣削的精度控制方法 2.刀具侧刃几何形状的选择方法
	（三）曲面加工	能够编制数控加工程序铣削二次曲面，并达到如下要求： (1)尺寸公差等级达 IT8 (2)形位公差等级达 IT8 级 (3)表面粗糙度达 Ra3.2μm	1.二次曲面的计算方法 2.刀具影响曲面加工精度的因素以及控制方法
	（四）孔系加工	能够编制数控加工程序对孔系进行切削加工，并达到如下要求： (1)尺寸公差等级达 IT7 (2)形位公差等级达 IT8 级 (3)表面粗糙度达 Ra3.2μm	麻花钻、扩孔钻、丝锥、镗刀及铰刀的加工方法
	（五）深槽加工	能够编制数控加工程序进行深槽、三维槽的加工，并达到如下要求： (1)尺寸公差等级达 IT8 (2)形位公差等级达 IT8 级 (3)表面粗糙度达 Ra3.2μm	深槽、三维槽的加工方法
	（六）配合件加工	能够编制数控加工程序进行配合件加工，尺寸配合公差等级达 IT8	1.配合件的加工方法 2.尺寸链换算的方法
	（七）精度检验	1.能够利用数控系统的功能使用百（千）分表测量零件的精度 2.能对复杂、异形零件进行精度检验 3.能够根据测量结果分析产生误差的原因 4.能够通过修正刀具补偿值和修正程序来减少加工误差	1.复杂、异形零件的精度检验方法 2.产生加工误差的主要原因及其消除方法
五、维护与故障诊断	（一）日常维护	能完成数控铣床的定期维护	数控铣床定期维护手册
	（二）故障诊断	能排除数控铣床的常见机械故障	机床的常见机械故障诊断方法
	（三）机床精度检验	能协助检验机床的各种出厂精度	机床精度的基本知识

3. 技师

职业功能	工作内容	技能要求	相关知识
一、加工准备	(一)读图与绘图	1. 能绘制工装装配图 2. 能读懂常用数控铣床的机械原理图及装配图	1. 工装装配图的画法 2. 常用数控铣床的机械原理图及装配图的画法
	(二)制定加工工艺	1. 能编制高难度、精密、薄壁零件的数控加工工艺规程 2. 能对零件的多工种数控加工工艺进行合理性分析,并提出改进建议 3. 能够确定高速加工的工艺文件	1. 精密零件的工艺分析方法 2. 数控加工多工种工艺方案合理性的分析方法及改进措施 3. 高速加工的原理
	(三)零件定位与装夹	1. 能设计与制作高精度箱体类、叶片、螺旋桨等复杂零件的专用夹具 2. 能对现有的数控铣床夹具进行误差分析并提出改进建议	1. 专用夹具的设计与制造方法 2. 数控铣床夹具的误差分析及消减方法
	(四)刀具准备	1. 能够依据切削条件和刀具条件估算刀具的使用寿命,并设置相关参数 2. 能根据难加工材料合理选择刀具材料和切削参数 3. 能推广使用新知识、新技术、新工艺、新材料、新型刀具 4. 能进行刀具刀柄的优化使用,提高生产效率,降低成本 5. 能选择和使用适合高速切削的工具系统	1. 切削刀具的选用原则 2. 延长刀具寿命的方法 3. 刀具新材料、新技术知识 4. 刀具使用寿命的参数设定方法 5. 难切削材料的加工方法 6. 高速加工的工具系统知识
二、数控编程	(一)手工编程	能够根据零件与加工要求编制具有指导性的变量编程程序	变量编程的概念及其编制方法
	(二)计算机辅助编程	1. 能够利用计算机高级语言编制特殊曲线轮廓的铣削程序 2. 能够利用计算机 CAD/CAM 软件对复杂零件进行实体或曲线曲面造型 3. 能够编制复杂零件的三轴联动铣削程序	1. 计算机高级语言知识 2. CAD/CAM 软件的使用方法 3. 三轴联动的加工方法
	(三)数控加工仿真	能够利用数控加工仿真软件分析和优化数控加工工艺	数控加工工艺的优化方法
三、数控铣床操作	(一)程序调试与运行	能够操作立式、卧式以及高速铣床	立式、卧式以及高速铣床的操作方法
	(二)参数设置	能够针对机床现状调整数控系统相关参数	数控系统参数的调整方法

职业功能	工作内容	技能要求	相关知识
四、零件加工	（一）特殊材料加工	能够进行特殊材料零件的铣削加工，并达到如下要求： (1)尺寸公差等级达 IT8 (2)形位公差等级达 IT8 级 (3)表面粗糙度达 Ra3.2μm	特殊材料的材料学知识 特殊材料零件的铣削加工方法
	（二）薄壁加工	能够进行带有薄壁的零件加工，并达到如下要求： (1)尺寸公差等级达 IT8 (2)形位公差等级达 IT8 级 (3)表面粗糙度达 Ra3.2μm	薄壁零件的铣削方法
	（三）曲面加工	1. 能进行三轴联动曲面的加工，并达到如下要求： (1)尺寸公差等级达 IT8 (2)形位公差等级达 IT8 级 (3)表面粗糙度达 Ra3.2μm 2. 能够使用四轴以上铣床与加工中心进行对叶片、螺旋桨等复杂零件进行多轴铣削加工，并达到如下要求： (1)尺寸公差等级达 IT8 (2)形位公差等级达 IT8 级 (3)表面粗糙度达 Ra3.2μm	三轴联动曲面的加工方法 四轴以上铣床/加工中心的使用方法
	（四）易变形件加工	能进行易变形零件的加工，并达到如下要求： (1)尺寸公差等级达 IT8 (2)形位公差等级达 IT8 级 (3)表面粗糙度达 Ra3.2μm	易变形零件的加工方法
	（五）精度检验	能够进行大型、精密零件的精度检验	精密量具的使用方法 精密零件的精度检验方法
五、维护与故障诊断	（一）机床日常维护	能借助字典阅读数控设备的主要外文信息	数控铣床专业外文知识
	（二）机床故障诊断	能够分析和排除液压和机械故障	数控铣床常见故障诊断及排除方法
	（三）机床精度检验	能够进行机床定位精度、重复定位精度的检验	机床定位精度检验、重复定位精度检验的内容及方法
六、培训与管理	（一）操作指导	能指导本职业中级、高级进行实际操作	操作指导书的编制方法
	（二）理论培训	能对本职业中级、高级进行理论培训	培训教材的编写方法
	（三）质量管理	能在本职工作中认真贯彻各项质量标准	相关质量标准
	（四）生产管理	能协助部门领导进行生产计划、调度及人员的管理	生产管理基本知识
	（五）技术改造与创新	能够进行加工工艺、夹具、刀具的改进	数控加工工艺综合知识

4．高级技师

职业功能	工作内容	技能要求	相关知识
一、工艺分析与设计	（一）读图与绘图	1．能绘制复杂工装装配图 2．能读懂常用数控铣床的电气、液压原理图 3．能够组织中级、高级、技师进行工装协同设计	1．复杂工装设计方法 2．常用数控铣床电气、液压原理图的画法 3．协同设计知识
	（二）制定加工工艺	1．能对高难度、高精密零件的数控加工工艺方案进行合理性分析，提出改进意见并参与实施 2．能够确定高速加工的工艺方案。 3．能够确定细微加工的工艺方案	1．复杂、精密零件机械加工工艺的系统知识 2．高速加工机床的知识 3．高速加工的工艺知识 4．细微加工的工艺知识
	（三）工艺装备	1．能独立设计复杂夹具 2．能在四轴和五轴数控加工中对由夹具精度引起的零件加工误差进行分析，提出改进方案，并组织实施	1．复杂夹具的设计及使用知识 2．复杂夹具的误差分析及消减方法 3．多轴数控加工的方法
	（四）刀具准备	1．能根据零件要求设计专用刀具，并提出制造方法 2．能系统地讲授各种切削刀具的特点和使用方法	1．专用刀具的设计与制造知识 2．切削刀具的特点和使用方法
二、零件加工	（一）异形零件加工	能解决高难度、异形零件加工的技术问题，并制定工艺措施	高难度零件的加工方法
	（二）精度检验	能够设计专用检具，检验高难度、异形零件	检具设计知识
三、机床维护与精度检验	（一）数控铣床维护	1．能借助字典看懂数控设备的主要外文技术资料 2．能够针对机床运行现状合理调整数控系统相关参数	数控铣床专业外文知识
	（二）机床精度检验	能够进行机床定位精度、重复定位精度的检验	机床定位精度、重复定位精度的检验和补偿方法
	（三）数控设备网络化	能够借助网络设备和软件系统实现数控设备的网络化管理	数控设备网络接口及相关技术
四、培训与管理	（一）操作指导	能指导本职业中级、高级和技师进行实际操作	操作理论教学指导书的编写方法
	（二）理论培训	1．能对本职业中级、高级和技师进行理论培训 2．能系统地讲授各种切削刀具的特点和使用方法	1．教学计划与大纲的编制方法 2．切削刀具的特点和使用方法
	（三）质量管理	能应用全面质量管理知识，实现操作过程的质量分析与控制	质量分析与控制方法
	（四）技术改造与创新	能够组织实施技术改造和创新，并撰写相应的论文。	科技论文的撰写方法

四、比重表

1. 理论知识

项 目		中级(%)	高级(%)	技师(%)	高级技师(%)
基本要求	职业道德	5	5	5	5
	基础知识	20	20	15	15
相关知识	加工准备	15	15	25	—
	数控编程	20	20	10	—
	数控铣床操作	5	5	5	—
	零件加工	30	30	20	15
	数控铣床维护与精度检验	5	5	10	10
	培训与管理	—	—	10	15
	工艺分析与设计	—	—	—	40
合 计		100	100	100	100

2. 技能操作

项 目		中级(%)	高级(%)	技师(%)	高级技师(%)
技能要求	加工准备	10	10	10	—
	数控编程	30	30	30	—
	数控铣床操作	5	5	5	—
	零件加工	50	50	45	45
	数控铣床维护与精度检验	5	5	5	10
	培训与管理	—	—	5	10
	工艺分析与设计	—	—	—	35
合 计		100	100	100	100

实训 8.1　数控铣床中级工考核训练

一、训练任务:矩形型腔零件的加工

矩形型腔零件如图 8-1 所示,毛坯外形各基准面已加工完毕,已经形成精毛坯。要求完成零件上型腔的粗、精加工,零件材料为 45 钢。

二、任务决策和实施

1. 工艺分析

本工序加工内容为型腔底面和内壁。型腔的 4 个角都为圆角,圆角的半径限定刀具的半径选择,圆角的半径大于或等于精加工刀具的半径。图中圆角半径 R 为 10mm,粗加工刀具选用 $\phi20$ 的键槽铣刀,精加工选用 $\phi16$ 的立铣刀。

粗加工为 Z 字形走刀,从槽的左下角下刀,沿 X 方向切削。设置精加工余量 S＝0.2mm,半精加工余量 C＝0.4mm,根据前面公式确定粗加工刀间距个数 N＝8(来回走刀 9 次),刀间距为 16.1mm。

半精加工从粗加工的最后刀具位置开始,沿轮廓逆时针加工矩形槽侧壁。

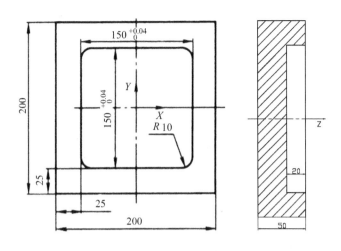

图 8-1　矩形型腔零件图

精加工采用圆弧切入,逆时针加工(顺铣)。

由于槽比较深,粗、精加工采用分层铣削,每次铣削深度为 10mm。精加工一次直接铣削到深度。

2. 刀具与工艺参数

表 8-1　数控加工刀具卡

单　位	数控加工刀具卡片	产品名称		零件图号	
		零件名称		程序编号	
序号	刀具号	刀具名称	刀具		补偿值		刀补号	
			直径	长度	半径	长度	半径	长度
1	T01	键槽铣刀	φ20mm					
2	T02	立铣刀	φ16mm		8		D02	

表 8-2　数控加工工序卡

单位	数控加工工序卡片	产品名称	零件名称	材　料	零件图号
工序号	程序编号	夹具名称	夹具编号	设备名称	编制	审核
工步号	工步内容	刀具号	刀具规格	主轴转速 (r/min)	进给速度 (mm/min)	背吃刀量 mm
1	粗加工型腔内壁	T01	φ20mm 键槽铣刀	400	200	
2	半精加工型腔内壁			500	160	
3	精加工型腔内壁	T02	φ16mm 立铣刀	600	120	

3. 装夹方案

本工序采用平口钳装夹,由于加工内腔,所以不存在刀具干涉问题,只要保证对刀面高于钳口即可。

三、程序编制

在零件中心建立工件坐标系,Z 轴原点设在零件上表面上。

粗加工程序（φ20mm 键槽刀）：

O0010；	主程序名
N10 G17 G21 G40 G54 G80 G90 G94 ；	程序初始化
N20 G00 Z80.0；	刀具定位到安全平面
N30 M03 S400；	启动主轴
N40 X-64.4 Y-64.4；	移动到下刀点
N50 Z5.0；	
N60 G01 Z-10.0 F50；	下刀至-10mm 深
N70 M98 P0011；	调用子程序
N80 G90 X-64.4 Y-64.4 S400；	移动到下刀点
N90 Z-20 F50；	下刀至-20mm 深
N100 M98 P0011；	调用子程序
N110 G90 G00 Z200.0；	快速抬刀
N120 X200.0 Y200.0；	
N130 M05；	主轴停止
N140 M30；	程序结束

分层铣削子程序：

O0011；	子程序名
N10 G91 ；	增量坐标
N20 G01 X128.8 F200；	第 1 次切削
N30 Y16.1；	间距 1
N40 X-128.8；	第 2 次切削
N50 Y16.1；	间距 2
N60 X128.8；	第 3 次切削
N70 Y16.1；	间距 3
N80 X-128.8；	第 4 次切削
N90 Y16.1；	间距 4
N100 X128.8；	第 5 次切削
N110 Y16.1；	间距 5
N120 X-128.8；	第 6 次切削
N130 Y16.1；	间距 6
N140 X128.8；	第 7 次切削
N150 Y16.1；	间距 7
N160 X-128.8；	第 8 次切削
N170 Y16.1；	间距 8
N160 X128.8；	第 9 次切削
N170 M03 S500；	改变半精加工转速
N180 X0.4 F160；	半精加工起点 X 坐标
N190 Y0.4；	半精加工起点 Y 坐标

N200 X-129.6；	－X 方向运动
N210 Y-129.6；	－Y 方向运动
N220 X129.6；	＋X 方向运动
N230 Y129.6；	＋Y 方向运动
N240 M99；	子程序结束

精加工程序(ϕ16mm 立铣刀)：

O0020；	程序名
N10 G17 G21 G40 G54 G80 G90 G94 ；	程序初始化
N20 G00 Z80.0；	刀具定位到安全平面
N30 M03 S600；	启动主轴
N40 X0 Y-59.0；	移动到下刀点
N50 Z5.0；	
N60 G01 Z-20.0 F80；	下刀至－20mm 深
N70 G41 X-16 D02 F120；	建立刀补
N80 G03 X0 Y-75.0 R16.0；	切向切入
N90 G01 X65.0；	开始精加工
N100 G03 X75.0 Y-65 R10.0；	
N110 G01 Y65.0；	
N120 G03 X65.0Y75.0 R10.0；	
N130 G01 X-65.0；	
N140 G03 X-75.0 Y65.0 R10.0；	
N150 G01 Y-65.0；	
N160 G03 X-65.0 Y-75.0 R10.0；	
N170 G01 X0；	
N180 G03 X16.0 Y-59.0 R16.0；	切向切出
N190 G01 G40 X0；	取消刀补
N200 G00 Z200.0；	快速抬刀
N210 X200.0 Y200.0；	
N220 M05；	主轴停止
N230 M30；	程序结束

实训 8.2　数控铣床高级工考核训练

一、训练任务：腰形槽底板的加工

腰形槽底板如图 8-2 所示,按单件生产安排其数控铣削工艺,编写出加工程序。毛坯尺寸为(100 ± 0.027)mm×(80 ± 0.023)mm×20 mm；长度方向侧面对宽度侧面及底面的垂直度公差为 0.03；零件材料为 45 钢,表面粗糙度为 Ra3.2。

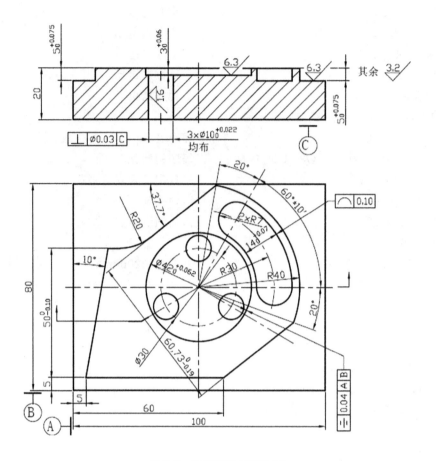

图 8-2　腰形槽底板零件图

二、任务决策和实施

1. 工艺分析

该零件包含了外形轮廓、圆形槽、腰形槽和孔的加工,有较高的尺寸精度和垂直度、对称度等形位精度要求。编程前必须详细分析图纸中各部分的加工方法及走刀路线,选择合理的装夹方案和加工刀具,保证零件的加工精度要求。

外形轮廓中的 50 和 60.73 两尺寸的上偏差都为零,可不必将其转变为对称公差,直接通过调整刀补来达到公差要求;3×φ10 孔尺寸精度和表面质量要求较高,并对 C 面有较高的垂直度要求,需要铰孔加工,并注意以 C 面为定位基准;φ42 圆形槽有较高的对称度要求,对刀时 X、Y 方向应采用寻边器碰双边,准确找到工件中心。加工过程如下:

① 外轮廓的粗、精铣削,批量生产时,粗精加工刀具要分开,本例采用同一把刀具进行。粗加工单边留 0.2mm 余量。

② 加工 3×φ10 孔和垂直进刀工艺孔。

③ 圆形槽粗、精铣削,采用同一把刀具进行。

④ 腰形槽粗、精铣削,采用同一把刀具进行。

2. 刀具与工艺参数选择

表 8-3　数控加工刀具卡

单　位		数控加工刀具卡片	产品名称				零件图号	
			零件名称				程序编号	
序号	刀具号	刀具名称	刀具		补偿值		刀补号	
			直径	长度	半径	长度	半径	长度
1	T01	立铣刀	φ20mm		10.2(粗)/9.96(精)		D01	
2	T02	中心钻	φ3mm					
3	T03	麻花钻	φ9.7mm					
4	T04	铰刀	φ10mm					
5	T05	立铣刀	φ16mm		8.2(半精)/7.98(精)		D05	
6	T06	立铣刀	φ12mm		6.1(半精)/5.98(精)		D06	

表 8-4　数控加工工序卡

单位	数控加工工序卡片		产品名称	零件名称	材料	零件图号
工序号	程序编号	夹具名称	夹具编号	设备名称	编制	审核
工步号	工步内容	刀具号	刀具规格	主轴转速 r/min	进给速度 mm/min	背吃刀量 mm
1	去除轮廓边角料	T01	φ20mm 立铣刀	400	80	
2	粗铣外轮廓	T01	φ20mm 立铣刀	500	100	
3	精铣外轮廓	T01	φ20mm 立铣刀	700	80	
4	钻中心孔	T02	φ3mm 中心钻	2000	80	
5	钻 3×φ10 底孔和垂直进刀工艺孔	T03	φ9.7mm 麻花钻	600	80	
6	铰 2×φ10H7 孔	T04	φ10mm 铰刀	200	50	
7	粗铣圆形槽	T05	φ16mm 立铣刀	500	80	
8	半精铣圆形槽	T05	φ16mm 立铣刀	500	80	
9	精铣圆形槽	T05	φ16mm 立铣刀	750	60	
10	粗铣腰形槽	T06	φ12mm 立铣刀	600	80	
11	半精铣腰形槽	T06	φ12mm 立铣刀	600	80	
12	精铣腰形槽	T06	φ12mm 立铣刀	800	60	

3. 装夹方案

用平口虎钳装夹工件,工件上表面高出钳口 8mm 左右。校正固定钳口的平行度以及工件上表面的平行度,确保精度要求。

三、程序编制

在工件中心建立工件坐标系,Z 轴原点设在工件上表面。

1. 外形轮廓铣削

① 去除轮廓边角料

安装 φ20 立铣刀(T01)并对刀,去除轮廓边角料程序如下:

O0001;

N10 G17 G21 G40 G54 G80 G90 G94 ;　　程序初始化

N20 G00 Z50.0 M07；　　　　　　　　刀具定位到安全平面，启动主轴

N30 M03 S400；

N40 X-65.0 Y32.0；　　　　　　　　去除轮廓边角料

N50 Z-5.0；

N60 G01 X-24.0 F80；

N70 Y55.0；

N80 G00 Z50.0；

N90 X40.0 Y55.0；

N100 Z-5.0；

N110 G01 Y35.0；

N120 X52.0；

N130 Y-32.0；

N140 X40.0；

N150 Y-55.0

N160 G00 Z50.0 M09；

N170 M05；

N180 M30；　　　　　　　　　　　　程序结束

② 粗、精加工外形轮廓

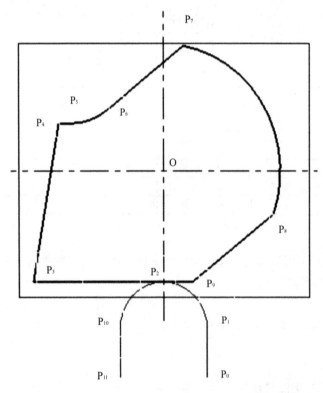

P0(15,-65)

P1(15,-50)

P2(0,-35)

P3(-45,-35)

P4(-36.184,15)

P5(-31.444,15)

P6(-19.214,19.176)

P7(6.944,39.393)

P8(37.589,-13.677)

P9(10,-35)

P10(-15,-50)

P11(-15,-65)

图 8-3　外形轮廓各点坐标及切入切出路线

刀具由 P0 点下刀，通过 P0 P1 直线建立左刀补，沿圆弧 P1 P2 切向切入，走完轮廓后由

圆弧 P2 P10 切向切出，通过直线 P10 P11 取消刀补。粗、精加工采用同一程序，通过设置刀补值控制加工余量和达到尺寸要求。外形轮廓粗、精加工程序如下（程序中切削参数为粗加工参数）：

O0002；

N10 G17 G21 G40 G54 G80 G90 G94 ；	程序初始化
N20 G00 Z50.0 M07；	刀具定位到安全平面，启动主轴
N30 M03 S500；	精加工时设为 700r/min
N40 G00 X15.0 Y-65.0；	达到 P0 点
N50 Z-5.0；	下刀
N60 G01 G41 Y-50.0 D01 F100；	建立刀补，粗加工时刀补设为 10.2mm，精加工时刀补设为 9.95mm（根据实测尺寸调整）；精加工时 F 设 80mm/min
N70 G03 X0.0 Y-35.0 R15.0；	切向切入
N80 G01 X-45.0 Y-35.0；	铣削外形轮廓
N90 X36.184 Y15.0；	
N100 X-31.444 ；	
N110 G03 X-19.214 Y19.176 R20.0；	
N120 G01 X6.944 Y39.393；	
N130 G02 X37.589 Y-13.677 R40.0；	
N140 G01 X10.0 Y-35；	
N150 X0；	
N160 G03 X-15.0 Y-50.0 R15；	切向切出
N170 G01 G40 Y-65.0；	取消刀补
N180 G00 Z50.0 M09	
N190 M05；	
N230 M30；	程序结束

2. 加工 3×φ10 孔和垂直进刀工艺孔

首先安装中心钻（T02）并对刀，孔加工程序如下：

O0003；

N10 G17 G21 G40 G54 G80 G90 G94 ；	程序初始化
N20 G00 Z50.0 M07；	刀具定位到安全平面，启动主轴
N30 M03 S2000；	
N40 G99 G81 X12.99 Y-7.5 R5.0 Z-5.0 F80；	钻中心孔，深度以钻出锥面为好
N50 X-12.99；	
N60 X0.0 Y15.0；	
N70 Y0.0；	
N80 X30.0；	
N100 G00 Z180.0 M09；	刀具抬到手工换刀高度
N105 X150 Y150；	移到手工换刀位置

N110 M05；

N120 M00；　　　　　　　　　　　　　程序暂停，手工换 T03 刀，换转速

N130 M03 S600；

N140 G00 Z50.0 M07；　　　　　　　　刀具定位到安全平面

N150 G99 G83 X12.99 Y-7.5 R5.0 Z-24.0 Q-4.0 F80；钻 3×φ10 底孔和垂直进刀工
　　　　　　　　　　　　　　　　　　　　　　　　　艺孔

N160 X-12.99；

N170 X0.0 Y15.0；

N180 G81 Y0.0 R5.0 Z-2.9；

N190 X30.0 Z-4.9；

N200 G00 Z180.0 M09；　　　　　　　　刀具抬到手工换刀高度

N210 X150 Y150；　　　　　　　　　　　移到手工换刀位置

N220 M05；

N230 M00；　　　　　　　　　　　　　程序暂停，手工换 T04 刀，换转速

N240 M03 S200；

N250 G00 Z50.0 M07；　　　　　　　　刀具定位到安全平面

N260 G99 G85 X12.99 Y-7.5 R5.0 Z-24.0 Q-4.0 F80；铰 3×φ10 孔

N270 X-12.99；

N280 G98 X0.0 Y15.0；

N290 M05；

N300 M30；　　　　　　　　　　　　　程序结束

3. 圆形槽铣削

安装 φ16 立铣刀（T05）并对刀，圆形槽铣削程序如下：

① 粗铣圆形槽

O0004；

N10 G17 G21 G40 G54 G80 G90 G94 ；　　程序初始化

N20 G00 Z50.0 M07；　　　　　　　　　刀具定位到安全平面，启动主轴

N30 M03 S500；

N40 X0.0 Y0.0；

N50 Z10.0；

N60 G01 Z-3.0 F40；　　　　　　　　　下刀

N70 X5.0 F80；　　　　　　　　　　　去除圆形槽中材料

N80 G03 I-5.0；

N90 G01 X12.0；

N100 G03 I-12.0；

N110 G00 Z50 M09；

N120 M05；

N130 M30；　　　　　　　　　　　　　程序结束

② 半精、精铣圆形槽边界

半精、精加工采用同一程序,通过设置刀补值控制加工余量和达到尺寸要求。程序如下(程序中切削参数为半精加工参数):

O0005;

N10 G17 G21 G40 G54 G80 G90 G94;	程序初始化
N20 G00 Z50.0 M07;	刀具定位到安全平面,启动主轴
N30 M03 S600;	精加工时设为 750r/min
N40 X0.0 Y0.0;	
N50 Z10.0;	
N60 G01 Z-3.0 F40;	下刀
N70 G41 X-15.0 Y-6.0 D05 F80;	建立刀补,半精加工时刀补设为 8.2mm,精加工时刀补设为 7.98mm(根据实测尺寸调整);精加工时 F 设 60mm/min
N80 G03 X0.0 Y-21.0 R15.0;	切向切入
N90 G03 J21.0;	铣削圆形槽边界
N100 G03 X15.0 Y-6.0 R15.0;	切向切出
N110 G01 G40 X0.0 Y0.0;	取消刀补
N120 G00 Z50 M09;	
N130 M05;	
N140 M30;	程序结束

4. 铣削腰形槽

① 粗铣腰形槽

安装 φ12 立铣刀(T06)并对刀,粗铣腰形槽程序如下:

O0006;

N10 G17 G21 G40 G54 G80 G90 G94;	程序初始化
N20 G00 Z50.0 M07;	刀具定位到安全平面,启动主轴
N30 M03 S600;	
N40 X30.0 Y0.0;	到达预钻孔上方
N50 Z10.0;	
N60 G01 Z-5.0 F40;	下刀
N70 G03 X15.0 Y25.981 R30.0 F80;	粗铣腰形槽
N80 G00 Z50 M09;	
N90 M05;	
N100 M30;	程序结束

② 半精、精铣腰形槽

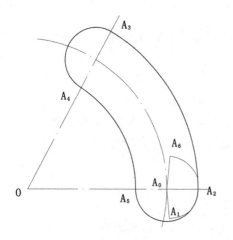

A0(30,0)
A1(30.5,-6.5)
A2(37,0)
A3(18.5,32.043)
A4(11.5,19.919)
A5(23,0)
A6(30.5,6.5)

图 8-4　腰形槽各点坐标及切入切出路线

半精、精加工采用同一程序,通过设置刀补值控制加工余量和达到尺寸要求。程序如下(程序中切削参数为半精加工参数):

O0007;
N10 G17 G21 G40 G54 G80 G90 G94 ;　　　　程序初始化
N20 G00 Z50.0 M07;　　　　　　　　　　刀具定位到安全平面,启动主轴
N30 M03 S600;　　　　　　　　　　　　精加工时设为 800r/min
N40 X30.0 Y0.0;
N50 Z10.0;
N60 G01 Z-3.0 F40;　　　　　　　　　　下刀
N70 G41 X30.5 Y-6.5 D06 F80;　　　　　　建立刀补,半精加工时刀补设为 6.1mm,
　　　　　　　　　　　　　　　　　　　精加工时刀补设为 5.98mm(根据实测尺
　　　　　　　　　　　　　　　　　　　寸调整);精加工时 F 设 60mm/min
N80 G03 X37.0 Y0.0 R6.5;　　　　　　　切向切入
N90 G03 X18.5 Y32.043 R37.0;　　　　　铣削腰形槽边界
N100 X11.5 Y19.919 R7.0 ;
N110 G02 X23.0 Y0 R23.0;
N120 G03 X37.0 R7.0;
N130 X30.5 Y6.5 R6.5;
N140 G01 G40 X30.0 Y0.0;　　　　　　　取消刀补
N150 G00 Z50 M09;
N160 M05;
N170 M30;　　　　　　　　　　　　　　程序结束

四、注意事项：

（1）铣削外形轮廓时，刀具应在工件外面下刀，注意避免刀具快速下刀时与工件发生碰撞；

（2）使用立铣刀粗铣圆形槽和腰形槽时，应先在工件上钻工艺孔，避免立铣刀中心垂直切削工件；

（3）精铣时刀具应切向切入和切出工件。在进行刀具半径补偿时，切入和切出圆弧半径应大于刀具半径补偿设定值；

（4）精铣时应采用顺铣方式，以提高尺寸精度和表面质量；

（5）铣削腰形槽的 R7 内圆弧时，注意调低刀具进给率。

思考练习题

1. 编写下图所示零件加工工艺及程序。

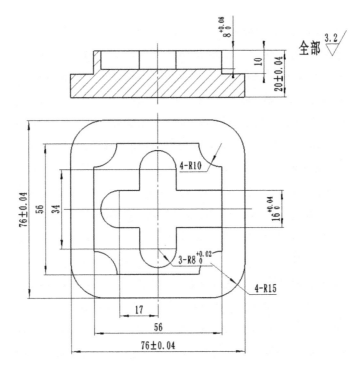

图 8-5

2. 编写下图所示零件加工工艺及程序，毛坯为 $80\text{mm} \times 80\text{mm} \times 19\text{mm}$ 长方块（$80\text{mm} \times 80\text{mm}$ 四面及底面已加工），材料为 45 钢。

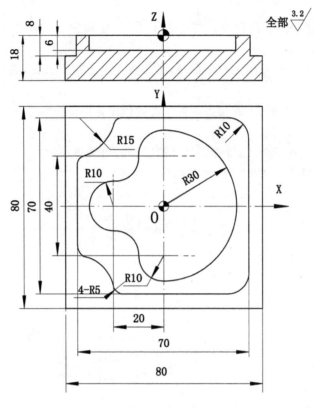

图 8-6

附　　录

附录 A　数控铣床操作工职业技能鉴定(中级)应会考核试题

一、中级数控铣工技能考试评分记录表

（一）中级数控铣工技能考试总成绩表

项 目 名 称	配分	考场表现	得 分
工件质量	80		
工具、设备的使用与维护	10		
安全及文明生产	10		
合 计	100		

总分统计人：＿＿＿＿＿＿＿＿　　２０＿＿年＿＿月＿＿日

（二）工具、设备的使用与维护评分记录表

序号	鉴定范围	鉴定项目	配分	考场表现	得 分
1	工具使用 与维护	合理使用常用工具	2		
2		合理使用常用刀具			
3		合理使用及正确保养常用夹具	1		
4		合理使用及正确保养组合夹具	2		
5	设备使用 与维护	正确操作自用设备	1		
6		爱护电器设备	1		
7		能及时发现设备故障并爱护电器设施	1		
8		按要求润滑设备	1		
9		按规定维护保养设备	1		
		合 　计	10		

（三）安全及其他评分记录表

序号	鉴定范围	鉴定项目	配分	考场表现	得 分
1	安全	严格执行铣工安全操作规程	2		
2		严格执行砂轮机安全操作规程	1		
3		严格执行有关安全生产的各项制度、规定	2		
4	其他	严格执行有关文明生产的各项制度、规定	2		
5		按定置管理规定及要求,整齐摆放工件	1		
6		按定置管理规定及要求,整齐摆放工、刀、量具	1		
7		按文明生产规定,工作完毕,打扫干净工作场地	1		
		合 　计	10		

监考评分：＿＿＿＿＿＿＿＿

２０＿＿＿＿＿年 ＿月＿＿日

二、中级工题目　铣削太极形工件

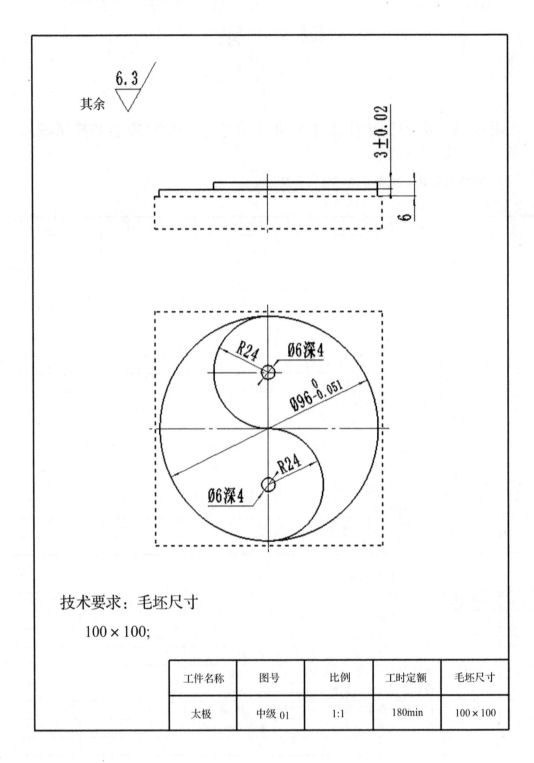

技术要求：毛坯尺寸

100×100;

工件名称	图号	比例	工时定额	毛坯尺寸
太极	中级 01	1:1	180min	100×100

三、《数控铣床中级操作工》操作技能考核准备通知单

（一）材料准备

材质:铝材　　尺寸:100×100×40mm　　数量:1件

（二）设备、工具、刀具、量具

分类	名称	尺寸规格	数量	备注
设备	数控铣床		1台	
	计算机一台		1台	无编程软件
刀具	Φ20立铣刀		1把	
	Φ16立铣刀		1把	
	Φ10键槽铣刀		1把	
	Φ8键槽铣刀		1把	
	Φ3中心钻		1把	
	Φ6钻头		1把	
工具系统	强力铣刀刀柄		1~2个	相配的弹性套
	弹簧夹头刀柄		1~2个	相配的弹性套
	钻夹头及刀柄		1~2套	0~13mm
	面铣刀及刀柄		1套	
工具	锉刀		1套	修理工件
	铜片		若干	
	夹紧工具		1套	
	刷子		1把	
	油壶		1把	
	清洗油		若干	
量具	0~150mm游标卡尺		1把	
	百分表		1只	
	磁性表座		1套	
其他	草稿纸		适量	
	计算器			自备
	工作服			自备
	护目镜			自备

注释:1.表列物品须在考试前一天准备妥当,整齐摆放;

　　　2.数量栏中的数字无特别限制,表示为考生1人的物品数量;

　　　3.如根据实际情况现场确需其他物品,须征得技能鉴定机构同意。

四、中级数控铣工技能考试评分表

工件编号_____　姓名_____　性别_____　单位_____

序号	鉴定项目及标准		配分	自检	检验结果	得分	备注
1	工艺准备 （35分）	工艺编制	8	——	——		
		程序编制及输入	15	——	——		
		工件装夹	3	——	——		
		刀具选择	4	——	——		
		切削用量选择	5	——	——		

序号	鉴定项目及标准				配分	自检	检验结果	得分	备注
2	工件加工 （60分）		用试切法对刀		10	——	——		
		工件质量 （50分）	Φ96	0 −0.054	10				
			2—R24		14				
			2—Φ6		6				
			2—深4		4				
			6		5				
			3	+0.02 −0.02	6				
			粗糙度		5				
3	精度检验及误差分析(5分)				5	——	——		
4	时间扣分	每超时3分钟扣1分							
	合计				100				

监考＿＿＿＿＿＿　考评员＿＿＿＿＿＿＿　考评组长＿＿＿＿＿＿　.

五、参考程序

O2008;（FANUC 0i 系统）

G40 G90 G80 G69 G49 G17; 　　设置初始参数

G54 G98 M03 S2200 T01(Φ16 立铣刀); 　　设定坐标系,进给方式,主轴运动方式

G00 X0 Y0 Z10; 　　快速定位

X0 Y65;

Z2;

G01 Z-3 F100; 　　Z 向进刀

G42 Y63 D01 F220; 　　建立刀具半径补偿

G03 Y-15 R39; 　　轮廓加工

G02 Y-45 R15;

G02 X69 Y24 R69;

G40; 　　取消刀具半径补偿

G01 Y-55;

G41 G01 Y-48; 　　建立刀具半径补偿

X0; 　　轮廓加工

G03 Y0 R24;

G02 Y48 R24;

G01 X2;

G01 Z2 ;

G40; 　　取消刀具半径补偿

X-60 Y-60；

G01 Z-6；

G41 X-55 Y-55；　　　　　　建立刀具半径补偿

Y0；　　　　　　　　　　　轮廓加工

G02 I55；

G01 Z2；

G40；　　　　　　　　　　　取消刀具半径补偿

G00 X60 Y-60；　　　　　　快速退刀

G01 Z-6 F100；　　　　　　Z 向进刀

G41 X-48 Y48；　　　　　　建立刀具半径补偿

X0；　　　　　　　　　　　轮廓加工

G02 J-48；

G01 X1；

Z2；

G40；　　　　　　　　　　　取消刀具半径补偿

G00 Z100；　　　　　　　　Z 向退刀

X-150 Y-150；　　　　　　　快速退刀

M05；　　　　　　　　　　　主轴停

M00；　　　　　　　　　　　程序停

T02(Φ6 钻头)；　　　　　　换钻头(手动换)

G90 G00 X0 Y0；　　　　　快速定位

S1500 M03；　　　　　　　主轴设定

Z10；　　　　　　　　　　　Z 向定位

X0 Y24；

G01 Z-4 F100；　　　　　　Z 向进刀

G04 X2；　　　　　　　　　暂停 2S

Z2；　　　　　　　　　　　Z 向退刀

G00 X0 Y-24；　　　　　　快速定位

G01 Z-4 F100；　　　　　　Z 向进刀

G04 X2；　　　　　　　　　暂停 2S

Z2；　　　　　　　　　　　Z 向退刀

G00 Z100；　　　　　　　　快速退刀

X150 Y150；

M05；　　　　　　　　　　　主轴停

M30；　　　　　　　　　　　程序停止并复位

%

附录B 数控铣床操作工职业技能鉴定(高级)应会考核试题

一、高级数控铣工技能考试评分记录表

（一）高级数控铣工技能考试总成绩表

项目名称	配分	考场表现	得 分
工件质量	80		
工具、设备的使用与维护	10		
安全及文明生产	10		
合 计	100		

总分统计人：＿＿＿＿＿＿＿ ２０＿＿年＿＿月＿＿日

（二）工具、设备的使用与维护评分记录表

序号	鉴定范围	鉴定项目	配分	考场表现	得 分
1	工具使用与维护	合理使用常用工具	2		
2		合理使用常用刀具			
3		合理使用及正确保养常用夹具			
4		合理使用及正确保养组合夹具			
5	设备使用与维护	正确操作自用设备	1		
6		爱护电器设备	1		
7		能及时发现设备故障并爱护电器设施	1		
8		按要求润滑设备	1		
9		按规定维护保养设备	1		
		合 计	10		

（三）安全及其他评分记录表

序号	鉴定范围	鉴定项目	配分	考场表现	得 分
1	安全	严格执行铣工安全操作规程	2		
2		严格执行砂轮机安全操作规程	1		
3		严格执行有关安全生产的各项制度、规定	2		
4	其他	严格执行有关文明生产的各项制度、规定	2		
5		按定置管理规定及要求，整齐摆放工件	1		
6		按定置管理规定及要求，整齐摆放工、刀、量具	1		
7		按文明生产规定，工作完毕，打扫干净工作场地	1		
		合 计	10		

监考评分：＿＿＿＿＿＿＿

２０＿＿＿＿＿年＿＿月＿＿日

二、高级工题目　铣削底座工件

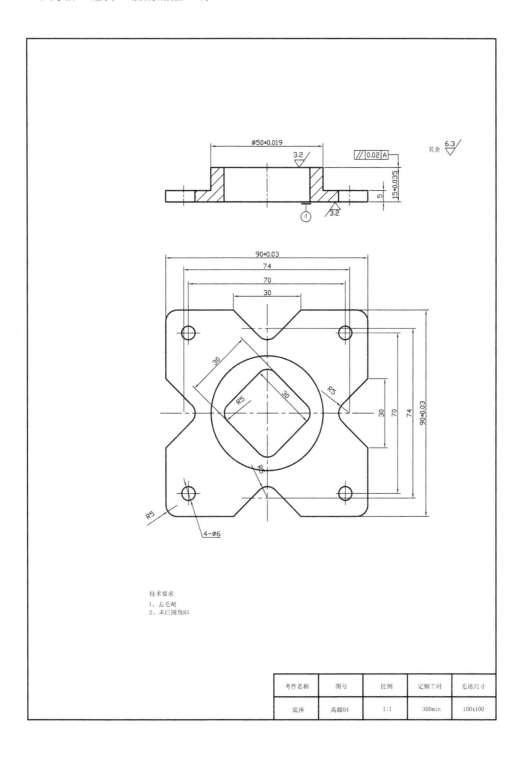

技术要求
1、去毛刺
2、未注圆角R5

考件名称	图号	比例	定额工时	毛坯尺寸
底座	高级04	1:1	300min	100x100

三、《数控铣床高级操作工》操作技能考核准备通知单

（一）材料准备

材质：铝材　　　尺寸：100×100×40mm　　　数量：1件

（二）设备、工具、刀具、量具

分类	名称	尺寸规格	数量	备注
设备	数控铣床		1台	
	计算机一台		1台	无编程软件
刀具	Φ20立铣刀		1把	
	Φ16立铣刀		1把	
	Φ10键槽铣刀		1把	
	Φ8键槽铣刀		1把	
	Φ3中心钻		1把	
	Φ6钻头		1把	
工具系统	强力铣刀刀柄		1～2个	相配的弹性套
	弹簧夹头刀柄		1～2个	相配的弹性套
	钻夹头及刀柄		1～2套	0～13mm
	面铣刀及刀柄		1套	
工具	锉刀		1套	修理工件
	铜片		若干	
	夹紧工具		1套	
	刷子		1把	
	油壶		1把	
	清洗油		若干	
量具	0～150mm游标卡尺		1把	
	百分表		1只	
	磁性表座		1套	
其他	草稿纸		适量	
	计算器			自备
	工作服			自备
	护目镜			自备

注释：

1. 表列物品须在考试前一天准备妥当，整齐摆放；

2. 数量栏中的数字无特别限制，表示为考生1人的物品数量；

3. 如根据实际情况现场确需其他物品，须征得技能鉴定机构同意。

四、高级数控铣工技能考试评分表

工件编号_____姓名_____性别_____单位_____

序号	鉴定项目及标准		配分	自检	检验结果	得分	备注
1	工艺准备（35分）	工艺编制	8	——	——		
		程序编制及输入	15	——	——		
		工件装夹	3	——	——		
		刀具选择	4	——	——		
		切削用量选择	5	——	——		

序号	鉴定项目及标准				配分	自检	检验结果	得分	备注
2	工件加工 （60分）		用试切法对刀			10	——	——		
		工件质量 （50分）	90	+0.03		5				
				−0.03						
			74			3				
			70			4				
			30			3				
			R5			3				
			4—Φ6			4				
			30	+0.021		5				
				0						
			Φ50	+0.019		5				
				−0.019						
			15	+0.035		3				
				−0.035						
			5			3				
			平行度			5				
			粗糙度			5				
3	精度检验 及误差分 析（5分）					5	——	——		
4	时间扣分		每超时3分钟扣1分							
合计						100				

监考＿＿＿＿＿考评员＿＿＿＿＿＿＿＿考评组长＿＿＿＿＿＿＿．

五、参考程序

O1013（FANUC 0i 系统）

G40 G90 G80 G69 G49 G17；　　　　　　　　设置初始参数

G54 G98 M03 S2200 T01（Φ16 立铣刀）；　　设定坐标系，进给方式，主轴运动方式

G00 X0 Y0 Z10；　　　　　　　　　　　　　快速定位

X-60 Y-60；

G01 Z-5.3 F100；　　　　　　　　　　　　　Z 向进刀

G41 X-46 Y-46 D01 F150；　　　　　　　　　建立刀具半径补偿

Y-10；　　　　　　　　　　　　　　　　　　轮廓加工

X-35；

Y10；

X-46；

Y46；

X-10；

Y35；

X10；

Y46；

X46；

Y10；

X35；

Y-10；

X46；

Y-46；

X10；

Y-35；

X-10；

Y-46；

X-50；

G01 Z5；	Z 向退刀
G40；	取消刀具半径补偿
G00 Z50；	快速退刀
X-150 Y-150；	
M05；	主轴停止
M00；	程序停止
T02(Φ10 键槽铣刀)；	换刀(手动换)
G90 G00 X0 Y0；	绝对值编程,快速定位
M03 S2200；	主轴设定
Z10；	快速定位
X-60 Y-60；	
G01 Z-5.3 F100；	Z 向进刀
G41 X-45 Y-45 F150；	建立刀具半径补偿
Y-20；	轮廓加工

G02 X-40 Y-15 R5；

G01 X-35；

G03 X-30 Y-10 R5；

G01 Y10；

G03 X-35 Y15 R5；

G01 X-40；

G02 X-45 Y20 R5；

G01 Y40；

G02 X-40 Y45 R5；

G01 X-20；

G02 X-15 Y40 R5；

G01 Y35；

G03 X-10 Y30 R5；

G01 X10；
G03 X15 Y35 R5；
G01 Y40；
G02 X20 Y45 R5；
G01 X40；
G02 X45 Y40 R5；
G01 Y20；
G02 X40 Y15 R5；
G01 X35；
G03 X30 Y10 R5；
G01 Y-10；
G03 X35 Y-15 R5；
G01 X40；
G02 X45 Y-20 R5；
G01 Y-40；
G02 X40 Y-45 R5；
G01 X20；
G02 X15 Y-40 R5；
G01 Y-35；
G03 X10 Y-30 R5；
G01 X-10；
G03 X-15 Y-35 R5；
G01 Y-40；
G02 X-20 Y-45 R5；
G01 X-40；
G02 X-45Y-40 R5；
G01 Y-10；
G01 Z2 F220；　　　　　　　　　　　　Z 向退刀
G40；　　　　　　　　　　　　　　　　取消刀具半径补偿
G00 X0 Y0；　　　　　　　　　　　　　快速退刀
Z2；
G01 Z-15 F100；　　　　　　　　　　　Z 向进刀
G01 X14.142；　　　　　　　　　　　　轮廓加工
X0 Y14.142；
X-14.142 Y0；
X0 Y-14.142；
X14.142 Y0；
X0；
G00 Z100；　　　　　　　　　　　　　快速退刀

X-150 Y-150；

M05；   主轴停止

M30；   程序停止并复位

%

附录 C　数控铣床操作工职业技能鉴定(技师)应会考核试题

一、数控铣工(技师)技能考试评分记录表

（一）数控铣工(技师)技能考试总成绩表

项目名称	配分	考场表现	得 分
工件质量	80		
工具、设备的使用与维护	10		
安全及文明生产	10		
合 计	100		

总分统计人：＿＿＿＿＿＿＿　　２０＿＿年＿＿月＿＿日

（二）工具、设备的使用与维护评分记录表

序号	鉴定范围	鉴定项目	配分	考场表现	得 分
1	工具使用与维护	合理使用常用工具	2		
2		合理使用常用刀具			
3		合理使用及正确保养常用夹具			
4		合理使用及正确保养组合夹具			
5	设备使用与维护	正确操作自用设备	1		
6		爱护电器设备	1		
7		能及时发现设备故障并爱护电器设施	1		
8		按要求润滑设备	1		
9		按规定维护保养设备	1		
		合 计	10		

（三）安全及其他评分记录表

序号	鉴定范围	鉴定项目	配分	考场表现	得 分
1	安全	严格执行铣工安全操作规程	2		
2		严格执行砂轮机安全操作规程	1		
3		严格执行有关安全生产的各项制度、规定	2		
4	其他	严格执行有关文明生产的各项制度、规定	2		
5		按定置管理规定及要求,整齐摆放工件	1		
6		按定置管理规定及要求,整齐摆放工、刀、量具	1		
7		按文明生产规定,工作完毕,打扫干净工作场地	1		
		合 计	10		

监考评分：＿＿＿＿＿＿＿＿

２０＿＿＿＿＿＿年＿＿月＿＿日

二、技师题目　模拟题

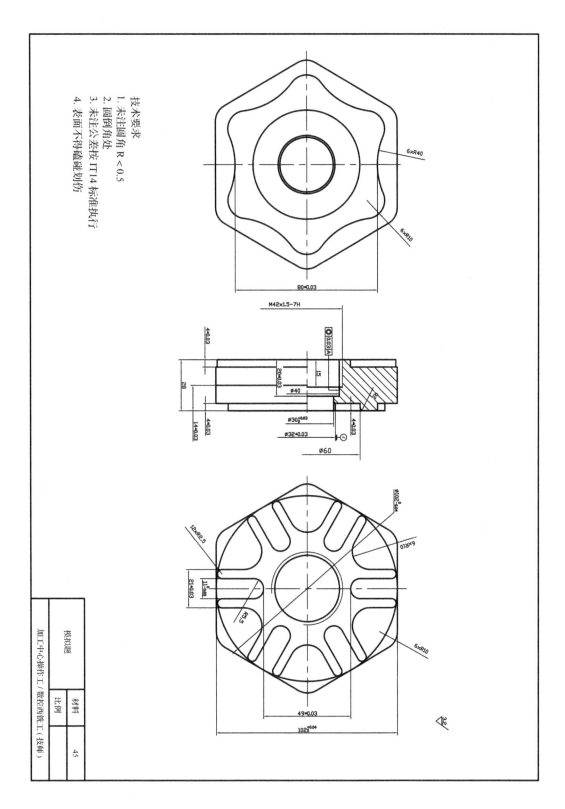

技术要求
1. 未注圆角 R < 0.5
2. 圆倒角处
3. 未注公差按 IT14 标准执行
4. 表面不得磕碰划伤

模拟题	材料	45
	比例	

加工中心操作工／数控铣镗工（技师）

三、《数控铣床操作工(技师)》操作技能考核准备通知单

（一）材料准备

材质:45钢　　尺寸:125×125×30mm　　数量:1件

（二）设备、工具、刀具、量具

分类	名称	尺寸规格	数量	备注
设备	数控铣床		1台	
	计算机一台		1台	无编程软件
刀具	面铣刀	Φ80	1把	配刀片
	立铣刀	Φ16	1把	
	可转位立铣刀	Φ32、Φ20	各1把	配刀片
	键槽铣刀	Φ6、Φ10	各1把	
	中心钻	Φ3	1把	
	麻花钻	Φ8.5	1把	
	铰刀	Φ10H7	1～2个	
	丝锥	M10x1.5	1～2个	
	微调镗刀	Φ18—Φ32	1～2套	配刀片
	螺纹铣刀	Φ16	1套	配刀片
工具	锉刀		1套	修理工件
	铜片		若干	
	寻边器		1只	
	刷子		1把	
	油壶		1把	
	等高垫块		1套	10～45mm
量具	0～150mm游标卡尺		1把	
	百分表及表座		1套	
	外径千分尺	0～125mm	各1把	25、50、75、100、125
	内径量杠表	18～35mm	1把	
	内径量杠表	35～50mm	1把	
	螺纹塞规	M28x1.5-6g	1把	
	螺纹塞规	M28x1.5-6g	1把	
	极限量规	Φ10H7	1把	
	万能角度尺		1把	
工具系统	削平型刀柄	BT40-XP32-65	1把	根据实际情况更改
	BT40-XP20-65	1把		
	强力铣刀柄	BT40-C32-95	3把	
	弹簧卡头刀柄	BT40-ER25-65	4把	
	攻丝刀柄	BT40-G13-105	1把	
	自紧钻夹头刀柄	BT40-	2把	
	卡簧	C32-16	2只	
	卡簧	C32-10	2只	无编程软件
	卡簧	ER25-10	2只	配刀片
	卡簧	ER25-8	2只	
	卡簧	ER25-6	2只	配刀片

分类	名称	尺寸规格	数量	备注
夹具	精密平口钳	GT150	1只	
其他	草稿纸		适量	
	计算器			自备
	工作服			自备
	护目镜			自备

注释：1. 表列物品须在考试前一天准备妥当，整齐摆放；

　　　2. 数量栏中的数字无特别限制，表示为考生1人的物品数量；

　　　3. 如根据实际情况现场确需其他物品，须征得技能鉴定机构同意。

四、数控铣工技师技能考试评分表

工件编号_____ 姓名_____ 性别_____ 单位_____

序号	名称	检测内容		配分	检测结果	得分	评分人
1	槽系	49	$+0.03$ / -0.03	3			
2		11	0 / -0.03	3			
3		21	$+0.03$ / -0.03	3			
4		12×R2.5		2			
5		R10		2			
6		R5.5		2			
7		102	0 / -0.04	2			
8		Ra3.2		2			
9	螺纹	M42×1.5-7H		5			
10		15	$+1$ / 0	1			
11		Ra3.2		2			
12	倒圆	R2		5			
13		Φ32	$+0.03$ / -0.03	4			
14		Φ60		1			
15		Ra12.5		2			

序号	名称	检测内容		配分	检测结果	得分	评分人
16	孔系	Φ30	+0.21 / 0	5			
17		Φ40		1			
18		20	+0.03 / −0.03	3			
19		同轴度 Φ0.03		3			
20		Ra3.2		2			
21	六边形轮廓	102	+0.04 / 0	6			
22		R10		2			
23		14	+0.03 / −0.03	3			
24		4	+0.03 / −0.03	3			
25		Ra3.2		2			
26	凸台轮廓	80	+0.03 / −0.03	6			
27		R40		2			
28		R10		2			
29		4	+0.03 / −0.03	3			
30		Ra3.2		2			
31	厚度	28		2			
32	外观	毛刺		2			
33		有无损伤		2			
34	完整	不缺项		10			
35	分数合计			100			

测量＿＿＿＿＿＿＿＿　　　　　日期＿＿＿＿＿＿＿＿＿＿＿

评定＿＿＿＿＿＿＿　　　　　　日期＿＿＿＿＿＿＿＿＿＿＿

五、参考程序

O2201（FANUC 0i 系统）

G40 G90 G80 G69 G49 G17；	设置初始参数
G54 G98 M03 S2200 T01（Φ80 面铣刀）；	设定坐标系,进给方式,主运动方式
G00 X-30 Y-110 Z100；	快速定位
Z10；	
M08；	切削液开
G01 Z0 F100；	Z 向进刀
G01 Y65 F150；	轮廓加工
X30；	
Y-110；	
M09；	切削液关
G00 Z220；	Z 向退刀
M30；	程序结束并复位
％	

O2202（FANUC 0i 系统）

G40 G90 G80 G69 G49 G17；	设置初始参数
G54 G98 M03 S2200 T02（Φ32 立铣刀）；	设定坐标系,进给方式,主运动方式
G00 X0 Y-80 Z100；	快速定位
Z10；	
M08；	切削液开
G01 Z-4 F100；	Z 向进刀
G41 X40 Y-80 D02 F220；	建立刀具半径补偿
G03 X15.713 Y-43.215 R40；	轮廓加工
G02 X-29.569 Y-35.215 R10；	
G03 X-45.282 Y-8 R40；	
G02 Y8 R10；	
G03 X-29.569 Y5.215 R40；	
G02 X-15.713 Y43.215 R10；	
G03 X15.713 R40；	
G02 X29.569 Y35.215 R10；	
G03 X45.282 Y8 R40；	
G02 Y-8 R10；	
G03 X29.569 Y-35.215 R40；	
G02 X15.713 Y-43.215 R10；	
G03 X-40 Y-80 R40；	
Z220；	Z 向退刀
G40；	取消刀具半径补偿
G00 X0 Y-80；	快速退刀

M09；   切削液关

M30；   程序结束并复位

%

O2203（FANUC 0i 系统）

G40 G90 G80 G69 G49 G17；   设置初始参数

G54 G98 M03 S2200 T02(Φ32 立铣刀)；   设定坐标系,进给方式,主运动方式

G00 X80 Y-70 Z100；   快速定位

Z10；

M08；   切削液开

G01 Z-14.5 F100；   Z 向进刀

G41 Y-51 D02 F220；   建立刀具半径补偿

X-29.445 R10；   轮廓加工

X-58.89 R10；

X-29.445 Y51 R10；

X29.445 R10；

X58.89 R10；

X29.445 Y-51 R10；

G03 X9.445 Y-71 R20；

G40；G00 X80 Y-70；   取消刀具半径补偿

G00 Z220 M09；   Z 向退刀,切削液关

M30；   程序结束并复位

%

O2204（FANUC 0i 系统）

G40 G90 G80 G69 G49 G17；   设置初始参数

G54 G98 M03 S2200 T03(Φ10 键槽铣刀)；设定坐标系,进给方式,主运动方式

G00 X0 Y23 Z100；   快速定位

Z10；

M08；   切削液开

G01 Z-4 F100；   Z 向进刀

G41 X7 Y23 D03 F220；   建立刀具半径补偿

G01 X-29.445 R10；   轮廓加工

G03 X0 Y30 R7；

J-30；

Y16 J-7；

G02 J-16；

G03 X7 Y23 R7；

G40 G01 X0 Y23；   取消刀具半径补偿

G00 Z220 M09；   Z 向退刀,切削液关

M30；   程序结束并复位

%

O2205（FANUC 0i 系统）

G40 G90 G80 G69 G49 G17；　　　　　　设置初始参数

G54 G98 M03 S2200 T04（Φ3 中心钻）；　设定坐标系,进给方式,主运动方式

G00 X0 Y0 Z100；　　　　　　　　　　快速定位

Z10；

M08；　　　　　　　　　　　　　　　切削液开

G01 Z-2.5 F100；　　　　　　　　　　Z 向进刀

G00 Z200 M09；　　　　　　　　　　Z 向退刀,切削液关

M30；　　　　　　　　　　　　　　程序结束并复位

%

O2206（FANUC 0i 系统）

G40 G90 G80 G69 G49 G17；　　　　　　设置初始参数

G54 G98 M03 S800 T05（Φ12 麻花钻）；　设定坐标系,进给方式,主运动方式

G00 X0 Y0 Z100；　　　　　　　　　　快速定位

Z10；

M08；　　　　　　　　　　　　　　　切削液开

G83 X0 Y0 Z-35 R2 Q1 F220；　　　　　G83 钻孔循环加工

G00 Z220 M09；　　　　　　　　　　Z 向退刀,切削液关

M30；　　　　　　　　　　　　　　程序结束并复位

%

O2207（FANUC 0i 系统）

G40 G90 G80 G69 G49 G17；　　　　　　设置初始参数

G54 G98 M03 S500 T06（Φ20 立铣刀）；　设定坐标系,进给方式,主运动方式

G00 X0 Y0 Z100；　　　　　　　　　　快速定位

Z10；

M08；　　　　　　　　　　　　　　　切削液开

G01 Z1 F100；　　　　　　　　　　　Z 向定位

G41 X15 Y0 D06 F220；　　　　　　　建立刀具半径补偿

M98 P1022L10；　　　　　　　　　　调用子程序

G40 G01 X0 Y0；　　　　　　　　　　取消刀具半径补偿

G00 Z220 M09；　　　　　　　　　　Z 向退刀,切削液关

M30；　　　　　　　　　　　　　　程序结束并复位

%

O1022（FANUC 0i 系统）　　　　　　　子程序名

G91 G03 I-15 Z-3 F220；　　　　　　　相对值编程,轮廓加工

M99；　　　　　　　　　　　　　　子程序返回

%

O2208（FANUC 0i 系统）

```
G40 G90 G80 G69 G49 G17;              设置初始参数
G54 G98 M03 S2200 T07(Φ30 镗刀);      设定坐标系,进给方式,主运动方式
G00 X0 Y0 Z100;                        快速定位
Z10;
M08;                                   切削液开
G76 X0 Y0 Z-35 R2 Q0.5 P200 F50;      G76 镗孔循环
G00 Z220 M09;                          Z 向退刀,切削液关
M30;                                   程序结束并复位
%
O2209(FANUC 0i 系统)
G40 G90 G80 G69 G49 G17;              设置初始参数
G54 G98 M03 S2200 T03(Φ10 键槽铣刀);  设定坐标系,进给方式,主运动方式
G00 X0 Y23 Z100;                       快速定位
Z10;
M08;                                   切削液开
G01 Z-2 F100;                          Z 向进刀
#1=0;                                  设定变量
#2=32-[2*COS[R1]-5];
#3=2*SIN[R1]-2;
G01 X0 Y[#2] Z[#3] F2200;              轮廓加工
G03 [J-#2];
#1=#1+3;
IF[#1 LE 90] GOTO 80;                  条件语句
N80 G00 Z220 M09;                      Z 向退刀,切削液关
M30;                                   程序结束并复位
%
O2210(FANUC 0i 系统)
G40 G90 G80 G69 G49 G17;              设置初始参数
G54 G98 M03 S2200 T03(Φ10 键槽铣刀);  设定坐标系,进给方式,主运动方式
G00 X0 Y0 Z100;                        快速定位
Z10;
M08;                                   切削液开
G01 Z-4 F100;                          Z 向进刀
G41 X50.301 D03 F220;                  建立刀具半径补偿
X-8;                                   轮廓加工
M98 P2022L6;                           调用子程序
G69;                                   取消坐标旋转
G01 X30;
G40 X40 Y75;                           取消刀具半径补偿
```

G00 Z220 M09；	Z向退刀,切削液关
M30；	程序结束并复位
％	
O2022（FANUC 0i 系统）	子程序名
G90 G02 X-5.5 Y47.836 R2.5 F220；	绝对值编程,轮廓加工
G01 Y30；	
G03 X5.5 R5.5；	
G01 Y47.836；	
G02 X10.5 R2.5；	
G01 Y18.187 R10；	
G01 X36.177 Y33.011；	
G02 X39.356 Y32.436 R2.5；	
G91 G68 X0 Y0 R-60；	相对值编程,坐标旋转
M99；	子程序返回
％	
O2211（FANUC 0i 系统）	
G40 G90 G80 G69 G49 G17；	设置初始参数
G54 G98 M03 S2200 T02（Φ32 立铣刀）；	设定坐标系,进给方式,主运动方式
G00 X-15 Y80 Z100；	快速定位
Z10；	
M08；	切削液开
G01 Z-14 F100；	Z向进刀
G41 G01 Y51 D03 F220；	建立刀具半径补偿
G01 X0；	轮廓加工
J-51；	
G01 X30；	
G40 X0 Y23；	取消刀具半径补偿
G00 Z220 M09；	Z向退刀,切削液关
M30；	程序结束并复位
％	
O2212（FANUC 0i 系统）	
G40 G90 G80 G69 G49 G17；	设置初始参数
G54 G98 M03 S2200 T06（Φ20 立铣刀）；	设定坐标系,进给方式,主运动方式
G00 X0 Y0 Z100；	快速定位
Z10；	
M08；	切削液开
Z1；	Z向定位
G41 G01 X20 Y0 D06 F220；	建立刀具半径补偿
M98 P3022L7；	调用子程序

G40 G01 X0 Y0；   取消刀具半径补偿

G00 Z220 M09；   Z 向退刀，切削液关

M30；   程序结束并复位

%

O3022（FANUC 0i 系统）   子程序名

G91 G03 I-20 Z-3 F220；   相对值编程，轮廓加工

M99；   子程序返回

%

O2213（FANUC 0i 系统）

G40 G90 G80 G69 G49 G17；   设置初始参数

G54 G98 M03 S2200 T09（Φ16 螺纹铣刀）；设定坐标系，进给方式，主运动方式

G00 X0 Y0 Z100；   快速定位

Z10；

M08；   切削液开

Z3.5；   Z 向定位

G42 G01 X21 Y0 D09 F220；   建立刀具半径补偿

M98P4022L16；   调用子程序

G40 G01 X0 Y0；   取消刀具半径补偿

G00 Z220 M09；   Z 向退刀，切削液关

M30；   程序结束并复位

%

O4022（FANUC 0i 系统）   子程序名

G91 G02 I-21 Z-1.5 F220；   相对值编程，轮廓加工

M99；   子程序返回

%

参考文献

［1］吴明友. 数控铣床培训教程. 北京：机械工业出版社，2007.

［2］龚仲华. FANUC—0iC 数控系统完全应用手册. 北京：人民邮电出版社，2009.

［3］俞鸿斌，林峰. 机械零件数控铣削加工. 北京：科学出版社，2010.

［4］周建强. 数控加工技术. 北京：中国人民大学出版社，2010.

［5］陈子银. 数控铣工技能实战演练. 北京：国防工业出版社，2007.

［6］何宏伟，李明. 数控铣床加工技术（华中系统）. 北京：机械工业出版社，2010.

［7］朱明松，王翔. 数控铣床编程与操作项目教程. 北京：机械工业出版社，2007.

［8］王荣兴. 加工中心培训教程. 北京：机械工业出版社，2006.

［9］徐衡. FANUC 系统数控铣床和加工中心培训教程. 北京：化学工业出版社，2008.

［10］李晓晖，昝华. 精通 SINUMERIK 802D 数控铣削编程. 北京：机械工业出版社，2008.

［11］沈建峰. 数控铣床/加工中心编程与操作实训. 北京：国防工业出版社，2008.

［12］李宏胜. 机床数控技术及应用. 北京：高等教育出版社，2001.

配套教学资源与服务

一、教学资源简介

本教材通过 www.51cax.com 网站配套提供两种配套教学资源：

● 新型立体教学资源库：**立体词典**。"立体"是指资源多样性，包括视频、电子教材、PPT、练习库、试题库、教学计划、资源库管理软件等等。"词典"则是指资源管理方式，即将一个个知识点(好比词典中的单词)作为独立单元来存放教学资源，以方便教师灵活组合出各种个性化的教学资源。

● 网上试题库及组卷系统。教师可灵活地设定题型、题量、难度、知识点等条件，由系统自动生成符合要求的试卷及配套答案，并自动排版、打包、下载，大大提升了组卷的效率、灵活性和方便性。

二、如何获得立体词典？

立体词典安装包中有：1)立体资源库。2)资源库管理软件。3)海海全能播放器。

● 院校用户(任课教师)

请直接致电索取立体词典(教师版)、51cax 网站教师专用帐号、密码。其中部分视频已加密，需要通过海海全能播放器播放，并使用教师专用帐号、密码解密。

● 普通用户(含学生)

可通过以下步骤获得立体词典(学习版)：1)在 www.51cax.com 网站注册并登录；2)点击右上方"输入序列号"键，并输入教材封底提供的序列号；3)在首页搜索栏中输入本教材名称并点击"搜索"键，在搜索结果中下载本教材配套的立体词典压缩包，解压缩并双击 Set-up.exe 安装。

四、教师如何使用网上试题库及组卷系统？

网上试题库及组卷系统仅供采用本教材授课的教师使用，步骤如下：

1)利用教师专用帐号、密码(可来电索取)登录 51CAX 网站 http://www.51cax.com；
2)单击网站首页右上方的"进入组卷系统"键，即可进入"组卷系统"进行组卷。

五、我们的服务

提供优质教学资源库、教学软件及教材的开发服务，热忱欢迎院校教师、出版社前来洽谈合作。

电话：0571-28811226,28852522
邮箱：market01@sunnytech.cn , book@51cax.com
QQ:592397921